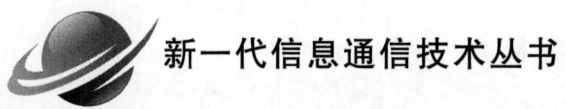
新一代信息通信技术丛书

无线携能通信系统性能优化与分析

蒋瑞红 等 著

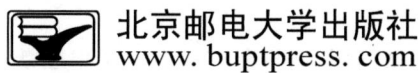
北京邮电大学出版社
www.buptpress.com

内 容 简 介

在物联网(IoT)设备以及5G技术快速发展的背景下,随着微型化、低功耗消费设备的激增,电池作为电子元件的传统能源,存在寿命有限和维护成本高的问题。为了解决这个问题,研究人员探索了无线能量收集(Energy Harvesting,EH)技术,EH技术可以提供电源,减少电池消耗。

本书基于与实际EH电路特性更匹配的非线性EH模型,针对非移动和移动的物联网典型场景,研究了无线信能同传(Simultaneous Wireless Information and Power Transfer,SWIPT)网络系统的性能优化与分析。在非移动场景中,本书从用户同构到异构、网络拓扑单跳到多跳,分别探究了系统传输功率最小化和网络中断性能界问题。在移动场景中,本书从地面到空中移动等方面分别研究了信息-能量域和网络覆盖问题。

图书在版编目(CIP)数据

无线携能通信系统性能优化与分析 / 蒋瑞红等著.
北京：北京邮电大学出版社，2025. -- ISBN 978-7-5635-7577-0

Ⅰ．TN92

中国国家版本馆CIP数据核字第2025P7J716号

策划编辑：马晓仟　　责任编辑：孙宏颖　　责任校对：张会良　　封面设计：七星博纳

出版发行：北京邮电大学出版社
社　　址：北京市海淀区西土城路10号
邮政编码：100876
发 行 部：电话：010-62282185　传真：010-62283578
E-mail：publish@bupt.edu.cn
经　　销：各地新华书店
印　　刷：保定市中画美凯印刷有限公司
开　　本：787 mm×1 092 mm　1/16
印　　张：10.5
字　　数：263千字
版　　次：2025年7月第1版
印　　次：2025年7月第1次印刷

ISBN 978-7-5635-7577-0　　　　　　　　　　　　定　价：58.00元

· 如有印装质量问题,请与北京邮电大学出版社发行部联系 ·

本书著者名单

著者：蒋瑞红　孙梦颖　穆司琪　胡小玲　郑海娜

前　　言

随着人类社会信息化、智能化和第五代移动通信网络(The 5th Generation Mobile Networks,5G)技术的推动,物联网、无线传感器网络等能量受限网络得到了快速的发展和部署,移动终端的数量和数据需求呈现指数级增加,这对无线网络系统的容量、可靠性、覆盖率以及能耗等关键指标提出了更高的要求。此外,网络节点携带的能量有限,难以保证长时间持续工作,已经成为制约网络大规模部署的主要瓶颈。如何在保证网络中无线节点能量供应和信息需求的前提下,降低网络能耗且延长工作时间是未来无线能量受限网络发展面临的重要问题。为了解决此问题,一方面通过不断发展和演进先进的无线通信技术,如多天线技术和中继技术等,来降低节点的能耗,提高网络能量效率和频谱效率;另一方面通过引入无线能量收集(Energy Harvesting,EH)技术,从周围的环境中采集可再生能源或可重复利用能源为网络节点持续供电。因此,结合无线信息传输和无线能量传输技术,研究无线网络系统的性能对推动无线 EH 在物联网等无线能量受限网络中的实用化极为重要。

本书主要内容包括:

① 为了寻求同构多用户 SWIPT 网络系统的最小功耗,本书构建了发射功率最小化问题,即在分别满足信息能量用户和信息用户的信干噪比需求,以及满足信息能量用户和能量用户的能量需求的约束下,最小化系统所需总发射功率。

② 为了寻求异构多用户 SWIPT 网络系统的最小功耗,本书构建了发射功率最小化问题,即在分别满足基于功率分割(Power Splitting,PS)接收机用户和基于时间切换(Time Switching,TS)接收机用户的信息速率和能量需求的约束下,最小化系统所需总发射功率。

③ 为了挖掘不完美信道状态信息(Channel State Information,CSI)下多中继 SWIPT 网络系统的中断性能界,本书提出了一种基于 J 次最佳中继选择和发射天线选择的传输协议,推导得到了系统中断概率和可靠吞吐量的闭式表达式,以及在低信噪比(Signal-to-Noise Ratio,SNR)和高 SNR 下相应的近似表达式。

④ 为了揭示地面移动 SWIPT 网络的信息和能量之间的折中关系,本书定义了信息-能量(Information-Energy,I-E)域,构建了相应的优化问题。对于基于逻辑 EH 模型的优化问题,本书提出了 SCA 算法,其能够以较低的复杂度刻画 I-E 域的下界。对于基于线性和分

段式 EH 模型的优化问题,本书利用拉格朗日对偶方法和 KKT 条件得到了相应的闭式解和半闭式解。

⑤ 为了探究低空移动 SWIPT 网络系统的覆盖率问题,本书考虑 UAV 辅助的 SWIPT 网络,利用二维泊松点过程理论对系统进行了建模,研究分析了系统信息、能量、联合信息-能量的覆盖性能界。针对该系统,本书利用随机几何和坎贝尔定理等理论分别推导出了基于 PS 和 TS 系统覆盖率的一般表达式和闭式表达式。

目 录

第1章 绪论 ·· 1

  1.1 无线能量受限网络 ·· 2

    1.1.1 无线能量收集 ·· 3

    1.1.2 无线信能同传 ·· 7

  1.2 无线能量收集模型 ·· 9

    1.2.1 线性能量收集模型 ··· 10

    1.2.2 非线性能量收集模型 ·· 10

    1.2.3 线性和非线性模型的对比 ··· 13

  1.3 国内外研究现状 ·· 15

    1.3.1 研究综述 ·· 15

    1.3.2 研究的不足 ··· 17

  1.4 章节安排 ··· 19

第2章 同构多用户SWIPT系统发射功率最小化设计 ·· 22

  2.1 引言 ·· 22

  2.2 系统模型 ··· 24

    2.2.1 信息和能量传输 ·· 25

    2.2.2 EH模型 ·· 26

  2.3 问题建模及求解 ·· 26

    2.3.1 问题建模 ·· 26

    2.3.2 问题求解 ·· 27

    2.3.3 全局最优性分析 ·· 28

  2.4 仿真结果与分析 ·· 31

    2.4.1 用户信息需求对系统性能的影响 ··· 31

    2.4.2 用户能量需求对系统性能的影响 ··· 33

    2.4.3 用户数量对系统性能的影响 ··· 34

    2.4.4 SDR结果最优性分析 ··· 36

  2.5 本章小结 ··· 36

第 3 章 异构多用户 SWIPT 系统发射功率最小化设计 ………… 38

3.1 引言 ………… 38
3.2 系统模型 ………… 40
3.2.1 EH 模型 ………… 40
3.2.2 传输协议 ………… 41
3.3 问题建模及求解 ………… 42
3.3.1 问题建模 ………… 43
3.3.2 两层算法 ………… 43
3.3.3 两层算法复杂度分析 ………… 47
3.3.4 SCA 算法 ………… 47
3.3.5 SCA 算法收敛性分析 ………… 50
3.3.6 SCA 算法复杂度分析 ………… 51
3.4 仿真结果与分析 ………… 52
3.4.1 两层算法和 SCA 算法对比 ………… 52
3.4.2 用户数量对系统性能的影响 ………… 54
3.4.3 用户信息和能量需求对系统性能的影响 ………… 55
3.4.4 用户距离对系统性能的影响 ………… 61
3.5 本章小结 ………… 62

第 4 章 非完美信道下多中继 SWIPT 系统中断性能分析 ………… 64

4.1 引言 ………… 64
4.2 系统模型 ………… 66
4.3 系统中断概率和可靠吞吐量 ………… 68
4.3.1 信道增益的分布 ………… 69
4.3.2 系统中断概率分析 ………… 71
4.3.3 高、低 SNR 下系统中断概率分析 ………… 74
4.3.4 系统可靠吞吐量分析 ………… 75
4.4 仿真结果与分析 ………… 75
4.4.1 中继数量对系统性能的影响 ………… 75
4.4.2 第 J 个最佳中继对系统性能的影响 ………… 76
4.4.3 天线数量对系统性能的影响 ………… 77
4.4.4 信道非完美性对系统性能的影响 ………… 78
4.4.5 其他参数对系统性能的影响 ………… 80
4.4.6 TS 和 PS 接收机架构下系统性能对比 ………… 82

4.5 本章小结 ……………………………………………………………… 85

第5章 地面移动 SWIPT 系统信息-能量域分析 …………………………… 86

5.1 引言 …………………………………………………………………… 86
5.2 系统模型 ……………………………………………………………… 88
　5.2.1 信息和能量传输 ……………………………………………… 88
　5.2.2 EH 模型 ………………………………………………………… 90
5.3 信息-能量域的定义及问题建模 …………………………………… 90
　5.3.1 计算信息 $I_{\max}$ 优化问题 ……………………………………… 91
　5.3.2 计算能量 $E_{\max}$ 优化问题 ……………………………………… 91
　5.3.3 计算信息-能量域 $C_{I\text{-}E}$ 边界点优化问题 ……………………… 91
5.4 联合功率和传输时间优化设计 …………………………………… 92
　5.4.1 线性 EH 模型下信息-能量域问题建模及求解 ……………… 92
　5.4.2 逻辑 EH 模型下信息-能量域问题建模及求解 ……………… 94
　5.4.3 分段式 EH 模型下信息-能量域问题建模及求解 …………… 97
　5.4.4 问题求解复杂度分析 ………………………………………… 100
5.5 仿真结果与分析 …………………………………………………… 101
　5.5.1 线性和分段式 EH 模型：最优 η^* …………………………… 101
　5.5.2 SCA 算法的收敛性 …………………………………………… 102
　5.5.3 信息-能量域与移动速度的关系 …………………………… 103
　5.5.4 准静态场景中的信息-能量域 ……………………………… 107
　5.5.5 移动场景中的信息-能量域 ………………………………… 107
　5.5.6 移动距离与 EH 电路的饱和效应 ………………………… 108
　5.5.7 收集的能量与移动速度的关系 …………………………… 109
　5.5.8 不同 EH 模型下信息-能量域的偏差 ……………………… 110
5.6 本章小结 …………………………………………………………… 111

第6章 低空移动 SWIPT 系统覆盖性能分析 …………………………… 112

6.1 引言 ………………………………………………………………… 112
6.2 系统模型 …………………………………………………………… 114
　6.2.1 最近 UAV 距离 ……………………………………………… 115
　6.2.2 信道衰落模型 ………………………………………………… 115
　6.2.3 EH 模型 ……………………………………………………… 115
6.3 信息和能量传输模型 ……………………………………………… 116
　6.3.1 基于 PS 系统 ………………………………………………… 116

6.3.2　基于 TS 系统 …… 116
6.4　系统覆盖率分析 …… 117
6.4.1　系统覆盖率的定义 …… 117
6.4.2　基于 PS 系统的覆盖率分析 …… 117
6.4.3　基于 TS 系统的覆盖率分析 …… 123
6.4.4　基于 PS 和 TS 系统的覆盖率汇总 …… 128
6.5　仿真结果与分析 …… 129
6.5.1　用户信息和能量需求对网络覆盖率的影响 …… 130
6.5.2　UAV 部署密度对网络覆盖率的影响 …… 132
6.5.3　UAV 部署高度和传输功率对网络覆盖率的影响 …… 132
6.5.4　PS 和 TS 因子对网络覆盖率的影响 …… 133
6.5.5　UAV 部署半径及高度对网络覆盖率的影响 …… 134
6.6　本章小结 …… 136

第 7 章　总结与展望 …… 138

7.1　总结 …… 138
7.2　展望 …… 140

参考文献 …… 142

第1章
绪 论

下一代无线网络,如第五代移动通信技术(The 5th Generation Mobile Networks,5G),将以更好的服务质量,提供大量应用和便利使人们的生活更轻松、更便捷、更舒适。其作为第三次信息化浪潮的代表技术和第四次工业革命的核心支撑,使得发展物联网(Internet of Things,IoT)已经成为中美等国抢占新一轮晋级、科技发展制高点的战略性新兴产业。随着 IoT 应用的普及,以智慧可穿戴设备、智能家电、智慧医疗、农田水利、市政建筑等为代表的新智能应用需求将接入网络,促进生产生活和社会管理方式的智能化、网络化、精细化,进而推动整个经济社会朝着更加智能高效的方向发展。

对于 IoT、无线传感器网络(Wireless Sensor Network,WSN)等无线能量受限网络,网络中无线设备节点通常依靠电池等存储式能源供电,然而其续航时间有限,很难保障网络的长时间工作,需要通过频繁地充电或者更换电池来维持正常工作。随着 WSN 设备的大规模部署,以电池为主的供能方式的弊端日渐严重。在特殊环境下(比如户外的有毒环境、山区等)部署的无线传感器节点、植入人体的医疗芯片以及嵌入建筑物墙体内的无线传感器设备等,无法直接连接电网进行供电,又不能频繁地更换电池,因此,如何为其提供持续且稳定的能量,延长其在网络中的工作时间是亟待解决和研究的问题。再如,在 IoT 中部署大量的无线节点,若采用人为的方式更换电池或者进行充电,将会消耗大量的时间并带来巨大的工作量,在实际网络中难以实施和应用。鉴于此,如何为 IoT 设备节点持续供电也是未来 IoT 设备大规模部署亟须解决的问题。另外,智能可穿戴设备的工作续航一直不如人意,同样也需要稳定、持续且方便的电源进行供电,因而解决续航问题也是促进智能可穿戴设备广泛应用的关键。

如何保障在网络信息需求下,降低网络能耗、延长网络工作时间是无线能量受限网络发展面临的重要问题之一。为了解决此问题,一种可行方案是通过设计低功耗设备、改进能量传输控制机制,以及优化分配网络资源等方式,改善网络的能量效率,进而达到减少网络总能量消耗的目标。然而,由于无线设备节点的可用能量有限,该方案仅具有缓解作用,无法从根本上解决网络能耗问题。因此,为了保证信息需求下缓解能量的问题,无线能量收集(Energy Harvesting,EH)技术引起了学术界和工业界的广泛关注,其可使系统中的无线设备节点从周边环境中获取能量,从而维持自身持续工作。

本章首先阐述了无线能量受限网络研究的背景和意义、相关技术概述及原理,以及现有无线线性和非线性 EH 模型和它们之间的区别;其次通过对基于非线性 EH 模型 SWIPT

网络的研究进行综述，指出了当前研究存在的不足；最后，给出了主要创新工作内容及其之间的关系，并对章节内容安排进行了详细介绍。

1.1 无线能量受限网络

随着移动互联网技术的不断发展和"互联网+"时代的到来，智慧城市、智慧医疗、智慧交通等新型产业相继涌现，各种服务人们日常生活的移动互联网的应用如雨后春笋般兴起[1]。以 5G、人工智能、区块链、云计算、大数据等为代表的新一代信息技术正在与 IoT 加速融合，为 IoT 的发展开启了"万物智联"的新时代[2]。为了支撑相关业务和应用，各种无线网络系统被大规模部署，使得有限的无线网络资源变得日益紧缺。同时，大量新兴业务的开展也使得无线用户的数量和无线网络的数据量不断增加[3]。

近年来，5G、大规模 IoT、传感器和其他新兴技术的主要关注点之一是确保低复杂度、低成本和低功耗的可靠通信[4]。由于各种应用的广泛发展，网络设备的能耗呈指数级增加。例如，贝尔实验室(Bell Lab)、思科(Cisco)和高德纳(Gartner)的数据报告显示，在 2020 年 IoT 设备部署的数量将从 260 亿增加到 460 亿[5]。全球信息和通信技术行业的电力消耗从 2013 年的 616 太瓦时(TW·h)持续攀升，根据国际能源署的最新报告，预计在 2025 年将增加到 1 340 太瓦时(同比增长 117%)[6]。此外，该领域碳排放强度同步上升，预计到 2025 年，全球数字基础设施的年度碳排放量将突破 3.8 亿吨[7-8]。在此背景下，构建能源效率优化的无线通信网络已成为 6G 演进和物联网规模化部署的关键问题。针对百亿级无线节点的电池管理，亟须建立涵盖梯次利用、逆向物流和环保拆解的闭环生命周期体系，以减少重金属污染并提升资源利用率。

无线能量受限网络通常是指网络节点因其体积、位置、环境等限制，只能采用小容量电池等存储式能源进行供电的网络，如 WSN、无线体域网(Wireless Body Area Network，WBAN)、无线个域网(Wireless Personal Area Network，WPAN)，以及新型的智慧交通、智慧医疗、智慧农业等无线物联网络，如图 1.1 所示。在这些网络中，无线设备节点大多由其携带的电池供电，而电池容量有限，难以保证长时间持续工作，已成为制约其大规模部署的主要瓶颈[9]。例如，在 WSN 中，传感器大多部署于环境恶劣的无人值守区域，更换电池操作难度大、成本高。采用一次性电池植入的供能方式已严重制约了无线网络的生存周期。在 WBAN 中，可穿戴设备，特别是植入人体的感测设备，由于体积限制，储电能力极度有限，通过频繁的手术定期更换设备电池延长网络生存周期并不现实。然而，为不断提升用户体验，WSN 和 WBAN 需要传感器节点和人体感测设备采集和发送的数据种类和规模越来越大，加快了节点的能耗，使得网络生存周期问题更加严峻。除此之外，在各种智能系统中，大量状态信息需要节点设备持续频繁感知、传输和计算，设备中集成的信息存储、处理和传输能力越来越强，节点能耗也会越来越大，对能量供给的持续性和稳定性要求也越来越高[10]。因此，如何在保证网络节点能量供给、延长网络生命周期的同时尽可能地提高网络系统性能，已经成为无线能量受限网络设计亟待解决的重要问题。此外，如何为无线能量受限网络提供持续稳定的电能也已经成为万物智联时代新的需求及挑战。

图 1.1　无线 EH 的典型应用场景

为解决上述问题，学术界和工业界一方面通过不断地发展和演进先进的无线通信技术（如多天线技术和协作通信技术等）来降低节点的能耗、提高网络能量效率和频谱效率，另一方面通过引入基于射频（Radio Frequency，RF）信号的 EH 技术从周围的环境中采集可再生能源或可重复利用能源为网络节点提供持续稳定的能源。进一步地，结合无线通信技术和基于 RF 信号的 EH 技术，高效且满足信息和能量传输需求的新技术相继被提出和研究。

1.1.1　无线能量收集

无线 EH 技术可以从周围的环境中收集能量，像常见的太阳能、热能、机械能等能量源，如图 1.2 所示[11]，其中基于 RF 信号的能量受环境、天气等影响小，人为可控，被认为是一种有前景且有效的无线 EH 的能量源[12]。然而，通过电磁辐射实现无线 EH 的想法并不新奇，比如早期的无线电能传输（Wireless Power Transfer，WPT）技术。

图 1.2　可用于 EH 的能量源

WPT 的历史可以追溯到 Heinrich Hertz 在 1880 年早期的研究工作,其目的是证明电磁波在自由空间中的存在和传播[13]。他在实验中使用火花间隙发射机(相当于偶极子天线)来产生高频,并在接收端进行检测,这类似于一个完整的 WPT 系统。几年后,1890 年著名电气工程师(物理学家)Nikola Tesla 在 Wardenclyffe Tower 项目中,建造了一个大型无线传输站,用于传输信息、电话和无线电源。Nikola Tesla 在实验中证明了可在没有电线的情况下点亮 25 英里(1 英里=1 069.34 m)以外的氖气照明灯,证实了 WPT 的概念[14]。1934 年,美国联邦通讯委员会(FCC)将 2.4~2.5 GHz 频段作为工业、科学和医疗领域的保留频段,进行重大意义的科学研究,从而促进了 WPT 的进一步发展。第二次世界大战期间,利用磁电管将电能转换成微波的技术被成功开发,然而将微波转换成电流的方法直到 1964 年才被发现。1964 年,William C. Brown 发明了硅整流二极管天线,成功地验证了将微波转换成电流的设想[14]。1968 年,Peter Glaser 提出了太阳能动力卫星(Solar Power Satellite,SPS)的概念,主要思想是利用地球同步卫星收集太阳能,将其转换成微波信号,然后通过微波束将微波信号传输到地球以供使用。SPS 被认为是解决能源短缺和温室气体排放问题的有效方法,并且在半个多世纪以来引起了业界广泛的研究兴趣[15]。1987 年,加拿大展示了第一架自由飞行的无线动力飞机,称为固定式高空中继平台(SHARP)。实验中,一架小型飞机能够依靠 RF 波束提供的能量在空中飞行,并开创了国际航空联盟同类实验的先河[16]。1992 年,日本在 MILAX 实验(微波升空飞机实验)中首次将电子扫描相控阵发射机应用于辐射功率传输实验,控制微波束进行跟踪,实现了为移动无燃料的飞机模型无线供电[17]。1994 年,林为干院士(中国电磁场与微波技术学科的主要奠基人)首次向国内学者介绍了微波电力传输技术,为后来国内无线电传输技术的研究和发展奠定了基础[18]。2001 年,G. Pignolet 在法国留尼汪岛(Reunion Island)利用微波无线传输电能够点亮 40 m 外一个 200 W 的灯泡。其后,2003 年 G. Pignolet 在岛上建立了 10 kW 的试验型微波电能传输装置,并以 2.45 GHz 的频率向位于 1 km 外的 Grand-Bassin 村庄进行点对点无线供电[19]。2007 年,美国麻省理工学院(MIT)的 Marin Soljacic 教授及其团队利用电磁共振原理成功地实现了相距 2.13 m 的两个线圈之间的无线能量传输,点亮了一只 60 W 的灯泡[20]。2008 年,在夏威夷的两个岛屿之间电能被成功地无线传输了 148 km。虽然只有 20 W 的功率被接收,但在夏威夷演示的电力传输范围明显大于先前的实验[21]。2015 年,日本宣布成功地将 1.8 kW 的功率精确地发射到 55 m 外的小型接收设备上[22]。

近年来,基于电磁辐射的 EH 技术得到了学术界和工业界的广泛关注和研究。根据近距离和远距离的应用,电磁能源主要分为近场和远场两类,如图 1.3 所示。在近场应用中,通常采用电磁感应和磁共振方法来产生电能并在波长范围内对设备进行无线电能传输。因此,这种方法被视为一种可预测且可控的专用能源,其能量传输效率在近场应用中可以超过 80%[23]。对于覆盖数千米的远场应用,以 RF 或者微波信号形式出现的电磁辐射能够通过天线接收,随后经由整流电路转换为可用功率。RF 微波能量源可以来自周围环境中的电磁辐射,也可以来自特定发送机传输的波束成形信号。环境中的电磁辐射源包括广播电视和音频广播服务发射塔、Wi-Fi、无线电发射机、蜂窝等信号(这些信号通常分布在 300 MHz~300 GHz 频段)。尽管周围的 RF 能量在城市地区是免费的并且足够,但在郊区却很少,收集能量的多少不可控。此外,像蜂窝功率塔之类的专用 RF 能源能够按需提供具有 QoS 约束的能源。虽然接收天线处的功率密度取决于可用信号源的功率和信号传播距离,但是如果预期的能量收集接收器是静态的,则这种能量通常是可控和可预测的。相反,如果接收器运动,则所收集的能量可以是随机的,如智能手机、笔记本计算机等[24]。

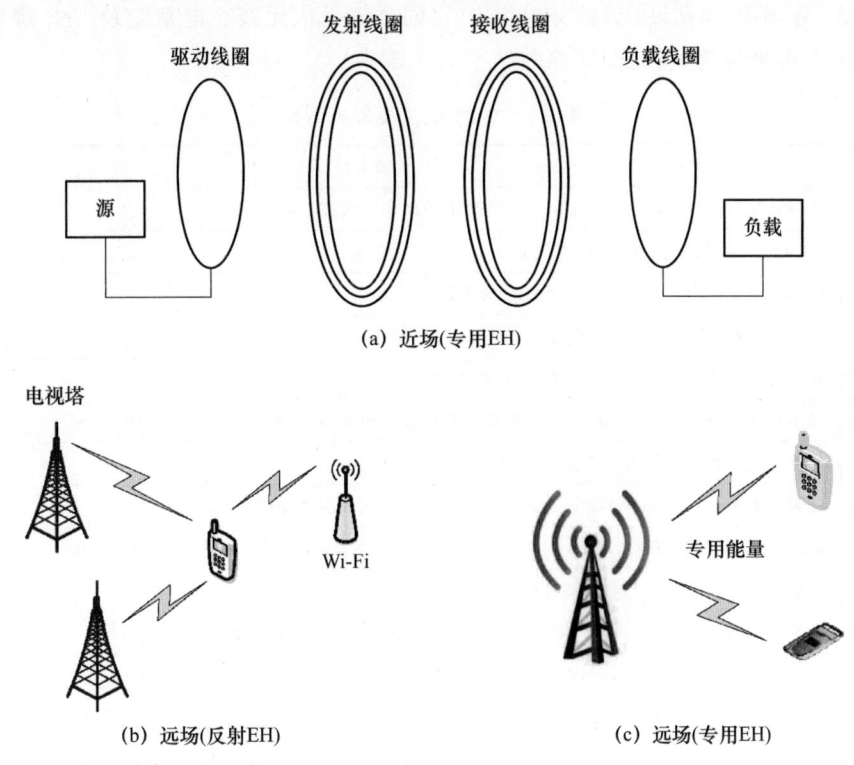

图 1.3　电磁辐射 EH:近场和远场

利用基于 RF 的 EH 技术,可以摆脱电源线和人工供电管理的束缚。相比于传统的太阳能、风能等自然能源,基于 RF 信号的 EH 技术具有其独特的优势,如受天气等外部环境影响较小,对 RF 信号的发射、传输和接收被认为人为可控等,因此基于 RF 信号的 EH 技术的应用设计可为无线设备提供相对稳定的电能供给[24]。由于 RF 能量的可持续性与功率可控性,其在网络的可靠性上比传统新能源更具优势。同时,RF 信号携带的能量可以被硅整流二极管天线接收后,通过适当的电路转换为直流电进行使用,这使得基于 RF 信号的 EH 可以在不远的将来成为现实。此外,实现基于 RF 信号的 EH,只需在无线设备节点增加 RF 信号到直流电转换电路模块,即 EH 电路模块,避免了架设大型、特殊的 EH 和传输装备(如太阳能板、风车设备等)。因为 RF 能量转换电路模块体积小、部署成本低,适合安装在移动设备终端和传感器节点上,所以基于 RF 信号的 EH 技术被业界广泛认为是可以为低功耗物联网等设备提供持续稳定电能的有效技术[25]。针对此技术,2017 年年底,美国的两家公司 PowerCast 和 Energous 的无线充电技术通过了 FCC 的认证许可。2018 年,美国的 PowerCast 公司在拉斯韦加斯举行的消费电子展上展出了一款能够为远在 80 英尺(约 24 m)外的无线设备充电的基于 RF 的无线充电系统,可穿戴设备厂商、智能手机厂商、智能配件厂商均可以通过部署 PowerCast 无线充电解决方案获取能量[26]。此外,美国公司 Energous 和欧洲半导体公司 Dialog 联合生产出了 RF 无线充电系统,无须线圈和底板,距离 4.5 m 左右可完成无线充电[27]。2019 年,美国 MIT 微技术实验室宣布研制出了新型硅整流管,可以从室内 Wi-Fi 信号中收集足以点亮手机并激活相关芯片的能量[28]。2020 年,新款 Mophile 无线充电板发布,可以同时为 4 款电子设备进行充电[29]。此外,小米手机宣布了首款 80 W 无线秒充,19 分钟充电 100%,创全球手机无线充电新纪录[30]。综上,WPT 的主要历史发展里程碑,按时间顺序总结于表 1.1 中。

表 1.1 WPT 的主要发展历程

年份	主要事件
1880	Heinrich Hertz 证明了电磁波在自由空间中的存在和传播
1890	Nikola Tesla 第一次进行 WPT 实验
1964	William C. Brown 发明了硅整流二极管天线
1968	Peter Glaser 提出了 SPS 的概念
1987	加拿大展示了第一架自由飞行的无线动力飞机
1992	日本在 MILAX 实验中首次将电子扫描相控阵发射机应用于 WPT
1994	林为干院士首次向国内学者介绍微波电力传输技术
2001	法国在 Reunion Island 项目中实现了向一个偏远的村庄输送 10 kW 的电力
2007	美国 MIT 实现了相距 2.13 m 的两个线圈之间的无线能量传输
2008	在夏威夷的两个岛屿之间电能被成功地无线传输了 148 km
2015	日本成功地将 1.8 kW 的功率精确地发射到 55 m 外的小型接收设备上
2017	美国的两家公司 PowerCast 和 Energous 的无线充电技术通过了 FCC 的认证许可
2018	PowerCast 公司实现了为远在 80 英尺(1 英尺=0.304 8 m)外的无线设备进行无线充电的功能
	Energous 和欧洲半导体公司 Dialog 生产出在距离 4.5 m 左右可完成无线充电的设备
2019	美国 MIT 实现了从室内 Wi-Fi 信号中收集足以点亮手机并激活相关芯片的能量
2020	新款 Mophile 无线充电板发布,可以同时为 4 款电子设备进行充电
	小米手机宣布首款 80 W 无线秒充,创全球手机无线充电新纪录

此外,由于无线电磁波可以在传输信息的同时承载能量,所以基于 RF 信号的 EH 技术具备了传统新能源不具备的优势,即可以进行能量与信息的并行传输。这使得它有望成为电池的替代方案,为各种场景下的无线能量受限网络或者低功耗的无线设备供应能量。根据远场辐射 WPT 的能量来源不同,当前对其分类主要存在两种方法[9,24]。第一类是能量定向传输,其中发射端通过发射天线发送 RF 能量,远场接收端通过固定方位的接收天线进行接收,该过程属于点对点的能量传输,通常能量转换效率相对较大。第二类是能量非定向传输,其中发射端多种多样,例如电视信号塔、Wi-Fi、蜂窝网络基站等,同时接收端没有固定位置,可以散布在空间的任意位置收集环境中存在的非定向 RF 能量,从而实现网络节点的供电或能量存储。

同时,基于 RF 信号的 EH 也存在着诸多实际挑战:①由于自由空间的损耗,RF 的功率密度会随着传播距离的二次方成比例地减小,这使得高效率的基于 RF 信号的 EH 只能在局部区域进行,除了传输距离的影响,设计出高效率的 RF 能量转直流的 EH 电路也是目前急需努力的方向[31];②信息接收机的功率灵敏度为 -60 dBm,而 EH 接收机的功率灵敏度仅为 -10 dBm,因此设计出实际可行的 EH 和信息解码(Information Decoding,ID)接收机架构尤为重要[32];③由于 EH 接收机的灵敏度低,所以只有距离 RF 信号发射端较近的节点才能有效地进行 EH[33]。如果 EH 节点恶意监听 ID 节点接收到的信号,将会造成严重的信息泄露,需要将高层的密钥设计和物理层安全等技术结合起来共同保护信息安全。总之,作为新兴事物,基于 RF 信号的 EH 技术可为网络中无线设备提供持久、稳定的能量供给,使无线网络具备自我能量维护的能力,其是构建万物智联 IoT 的重要技术。然而 RF 能量传输需要占用无线通信资源,采能和用能之间存在时间上的因果关系,也给保障网络的系统性能带来了困难和挑战。

1.1.2 无线信能同传

无线信能同传的全称是无线信息和能量同时传输(Simultaneous Wireless Information and Power Transfer,SWIPT),也被称为无线携能通信,是无线信息传输(Wireless Information Transfer,WIT)和 WPT 融合后的产物,其充分利用了 RF 信号既可以承载信息又能承载能量的物理特性[34]。因此,可以通过 RF 信号基于相同的频谱同时传输信息和能量。2008 年,美国麻省理工学院的 L. R. Varshney 首次在文献[35]中从信息论的角度讨论并研究了二进制信道和高斯信道下的能量和信息速率性能权衡的问题,提出了 SWIPT 的概念。目前,SWIPT 技术有两种机制:一是用户同时具有解调信息和收集能量的功能,即存在信息能量用户,且发送机通过同时携带信息和能量 RF 信号进行传输[36],如图 1.4(a)所示;二是用户具有解调信息和收集能量的功能,即存在信息用户和能量用户,且发送机通过分离的信息信号和能量信号进行传输[37],如图 1.4(b)所示。

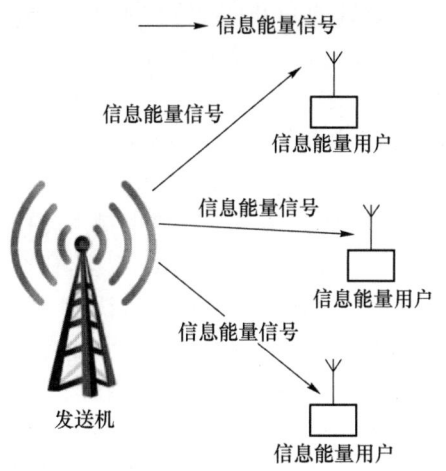
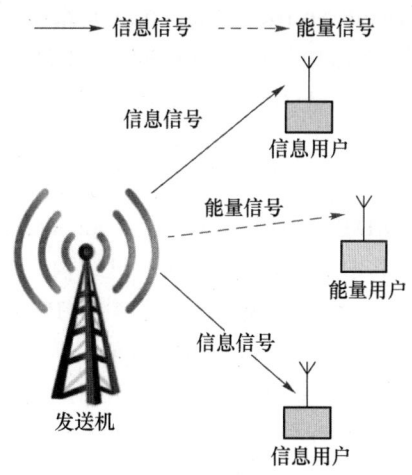

(a) 用户同时具有解调信息和收集能量的功能,且发送机通过同时携带信息和能量RF信号进行传输

(b) 用户分别具有解调信息和收集能量的功能,且传输的信息和能量信号分离

图 1.4 SWIPT 技术

由于在实际系统中接收机对 WIT 和 WPT 的功率灵敏度不同,对基于相同无线 RF 信号的信息与能量同时进行接收难以实现,因此,2012 年新加坡国立大学的 Zhang Rui 等人在文献[38]提出了两种能够实现 SWIPT 的接收机结构,即功率分割(Power Splitting,PS)接收机结构[如图 1.5(a)所示]和时间切换(Time Switching,TS)接收机结构[如图 1.5(b)

所示]。TS 接收机的工作原理是将给定的一段时间分成了两个子时隙,其中一个子时隙内 TS 接收机将接收到的 RF 信号送往 EH 电路模块进行 EH,即 WPT,另一个子时隙内 TS 接收机将接收到的 RF 信号送往信息解调电路模块进行 ID,即 WIT。PS 接收机的工作原理如下:接收机通过一个功率分割器将接收到的 RF 信号分割成了两个信号流,其中一个信号流被送往 EH 电路模块进行 EH,即 WPT,同时另一个信号流被送往信息解调电路模块进行 ID,即 WIT。除此之外,还存在两种传统的接收机用户:仅能进行 WIT 的信息用户(Information Receiver,IR)和仅能进行 WPT 的能量用户(Energy Receiver,ER),如图 1.4(b)中存在的用户类型。

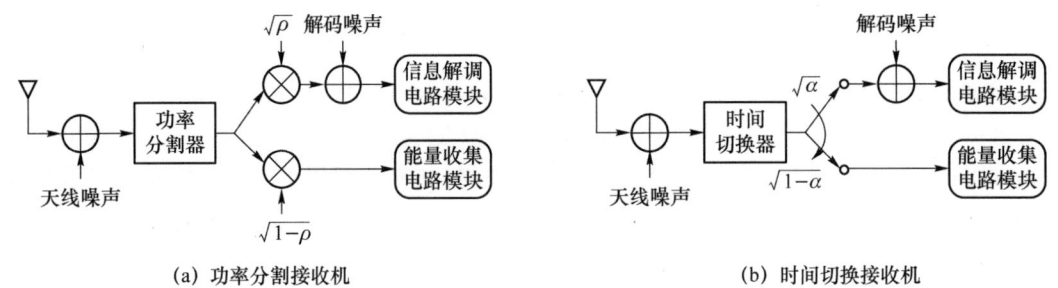

图 1.5 SWIPT 接收机结构

当前,TS 接收机和 PS 接收机自提出以来已经被广泛地应用到不同的无线网络中进行研究,包括单天线点对点系统[39]、多天线多用户多输入多输出(Multiple Input Multiple Output,MIMO)系统[40-41]、认知无线电系统[42]、正交频分复用(Orthogonal Frequency-Division Multiplexing,OFDM)系统[43]、中继协作系统[44-47]、MIMO-OFDM 协作系统[48]、非正交多址接入(Non-Orthogonal Multiple-Access,NOMA)系统[49-50]、设备到设备(Device-to-Device,D2D)网络系统[51-52]等。具体而言,文献[39]考虑完全和不完全信道状态(Channel State Information,CSI)下点对点系统,探究了系统中断-能量域最小化问题和速率-能量(Rate-Energy,R-E)域最大化问题,其中采用 TS 接收机结构。文献[40]针对多用户 MIMO 解码转发(Decode-and-Forward,DF)中继网络系统,研究端到端和速率最大化问题,其中中继采用 TS 接收机结构。文献[41]针对全双工多小区多用户 MIMO 系统,研究系统和吞吐量最大化问题,其中 PS 和 TS 接收机结构被采用。文献[42]考虑宽带认知无线网络系统,探究系统总收集能量最大化问题和最大-最小能量收集公平性问题,其中能量用户采用 PS 接收机结构。文献[43]考虑非再生 MIMO-OFDM 中继网络系统,采用 PS 和 TS 两种接收机结构并提出了两个对应传输协议,探究端到端可达信息速率最大化问题。文献[44]针对协作中继系统,结合无速率编码技术,研究系统可达速率最大化问题,其中中继考虑 PS 接收机结构。文献[45]考虑中继网络系统,从信息论角度研究系统最大-最小传输速率公平性问题,其中中继采用 PS 接收机架构。文献[46]考虑两用户协作网络,研究系统能耗最小化问题,其中用户采用 PS 接收机结构。文献[47]考虑多对双向中继 SWIPT 系统,研究系统发送机和用户传输功率最小化问题,其中采用 PS 接收机结构。文献[48]针对多用户 MIMO-OFDM 协作系统,研究最大化系统吞吐量问题。文献[49]针对 NOMA 系统,研究系统能量效率问题,其中采用 TS 接收机结构。文献[50]考虑 NOMA 系统网络,探究系统中断概率和吞吐量性能,其中 PS 接收机结构被采用。文献[51]针对蜂窝网络下的

D2D 网络,研究系统 D2D 和速率最大化问题,其中考虑 TS 接收机结构。文献[52]考虑多层 D2D 网络,基于 PS 和 TS 接收机结构探究系统能量效率问题。

1.2 无线能量收集模型

如 1.1.1 节所述,自 1890 年 WPT 被提出,通常采用线性 EH 模型对能量收集进行刻画,并认为接收端收集的能量随着输入功率的增加线性增加。实际上,无线传输信号在通过 RF 通道(这里所谓的 RF 通道是指 RF 收发信息通道,不包括空间段衰落信道)时会有一定程度的失真,失真可以分为线性失真和非线性失真。实际 EH 过程如图 1.6 所示,发送机传输 RF 信号给接收机,接收机通过整流天线将接收到的 RF 信号的能量转化为直流电(RF-Direct Current,RF-DC)进行存储或使用,而整流天线的组成原件整流器主要是由非线性电路元器件(如二极管、二极管连接的晶体管等)组成的。产生线性失真的主要是一些滤波器等无源器件,产生非线性失真的主要是一些放大器、混频器等有源器件。因此,受电子电路元器件等的影响,EH 电路的能量收集通常呈现的是非线性特性而不是线性特性[31,53]。由于实际电路的饱和效应,接收端收集到的能量并不会随电路输入功率的增大一直增大,而是先随之增大而后逐渐趋于饱和稳定。基于线性 EH 模型的研究与实际 EH 电路的非线性特性并不匹配,若将基于线性 EH 模型得到的结果用于实际 SWIPT 的设计中,将导致系统传输性能的错误评估,不能充分挖掘和实现 SWIPT 的效率。

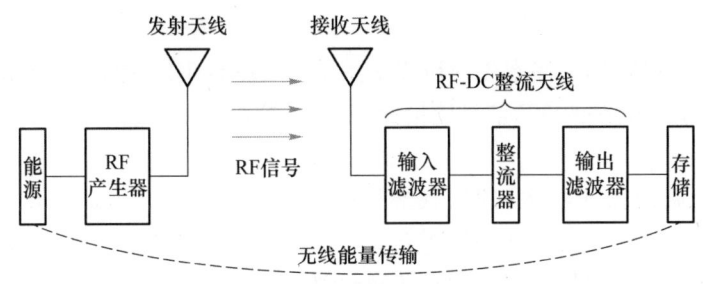

图 1.6 实际 EH 过程:RF-DC 接收机结构示意图

为了准确地刻画实际 EH 电路的特性,2015 年文献[54]提出了非线性逻辑 EH 模型。至此,基于非线性 EH 模型的研究便开始出现。对于能量转化效率,在线性 EH 模型里,通常利用一个常数来表示。因此,2016 年文献[55]指出能量转化效率不是常数而是一个非线性的变化量,利用一个多项式函数来表示,并提出了启发式 EH 模型。然而,这两种非线性 EH 模型的数学表达形式较复杂,在诸多研究问题中难于分析,很难得到所研究问题的闭式解析结果。此外,为了简化模型,便于理论分析并能够刻画 EH 模型的非线性特性,同年文献[56]提出了近似非线性分段式 EH 模型 I。为了刻画实际 EH 电路的敏感属性,即启动电压,2017 年文献[57]提出了修正逻辑 EH 模型。该模型在 EH 接收端的输入功率未达到输入电压要求时,输出的功率为零,表示 EH 电路还处在未工作状态。同年,由于逻辑 EH 模型和启发式 EH 模型在数学上不适用于复杂问题的分析及推导,通过数据拟合,文献[58]和文献[59]针对所研究的问题分别提出了二次多项式 EH 模型和分式 EH 模型。2018 年,为了探究远场实际 EH 系统的有限灵敏度和非线性特性,文献[60]提出了分段式 EH 模型Ⅱ。

综上所述,线性和非线性 EH 模型的发展如图 1.7 所示。在 2015 年之前,关于无线 EH 的研究,仅仅考虑线性 EH 模型的应用。直到 2015 年,非线性逻辑 EH 模型被提出,线性和非线性 EH 模型开始同时被考虑进行探究。

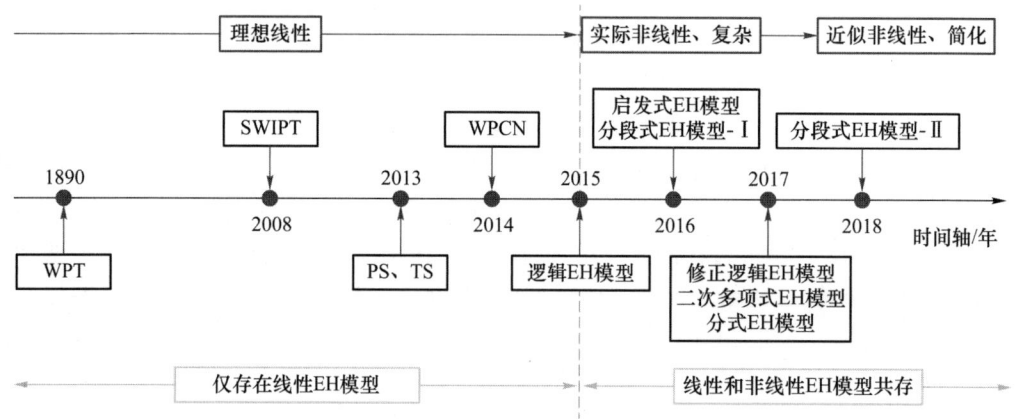

图 1.7 线性和非线性 EH 模型的发展

1.2.1 线性能量收集模型

关于 SWIPT 的研究,大多数先前研究采用了传统线性 EH 模型[61],即认为接收端收集到的能量与输入 EH 电路的 RF 信号能量成正比,被刻画为

$$f(x) = \eta x, \tag{1-1}$$

其中,x 为 EH 电路的输入功率(即接收端接收 RF 信号的功率),η 表示 RF 能量转化为 RF-DC 转化电路的能量的转换效率因子,$f(x)$ 表示 EH 电路的输出功率(即接收机可收集到的能量)①。从式(1-1)可以看出,能量转换效率(即 η)独立于 EH 电路的输入功率,并且接收端输出功率随 EH 电路输入功率的增大而一直增大。

1.2.2 非线性能量收集模型

1. 逻辑 EH 模型

针对传统线性 EH 模型在理想化假设下与实际 EH 电路特性之间的不匹配问题,2015 年德国研究者 E. Boshkovska(Robert Schober 团队)基于实际 EH 电路测量数据提出了一种非线性 EH 模型[54],即逻辑 EH 模型(logistic EH model)。该模型采用一个拟凹的逻辑函数(S 形)来刻画实际 EH 电路的非线性特性,可有效地刻画实际 EH 电路先增大然后进入饱和状态的特性,其对应的数学描述为

---

① 在本节中,x 和 $f(x)$ 的定义都与此类似。

$$f(x) = \frac{\dfrac{P_{\max}}{1+e^{-a(x-b)}} - \dfrac{P_{\max}}{1+e^{ab}}}{1 - \dfrac{1}{1+e^{ab}}}, \tag{1-2}$$

其中,$P_{\max}$,a 和 b 都是常量,$P_{\max}$ 表示 EH 电路达到饱和时的最大输出功率(直流),a 反映了关于输入功率的非线性能量转化速率,b 反映了 EH 电路的最小开启电压。也就是说,a 和 b 是由电阻、电容和电路灵敏度决定的,与实际 EH 电路的规格有关。因此,该逻辑 EH 模型①比理想的线性模型更加符合实际系统。

基于逻辑 EH 模型,学者 E. Boshkovska 对不同场景下的 SWIPT 和无线能量驱动网络(Wireless Powered Communication Networks,WPCN)进行了探究。例如,文献[54]考虑下行多用户 SWIPT 能量驱动网络系统,以最大化多个 ER 的总收集能量为目标,受限于多个 IR 的信干噪比(Signal to Interference plus Noise Ratio,SINR)约束,研究系统资源分配问题。文献[62]考虑下行多用户 SWIPT-WPCN 系统,研究目标和文献[54]相同,区别在于该系统在非完美 CSI 下考虑一个 IR 多个 ER 场景。文献[63]考虑下行多用户 SWIPT-WPCN 系统,联合研究用户调度长期功率分配的优化设计问题,最大化系统总收集的能量。文献[64]考虑非完美 CSI 下 MIMO 能量驱动网络系统,以最大化系统吞吐量和最大化最小的单个用户吞吐量为目标,研究联合设计时间和功率分配方案。文献[65-67]从安全角度研究 SWIPT 网络优化和能量效率问题。

2. 启发式 EH 模型

无线 EH 的能量转化效率 η 通常被假设为一个常数,如传统线性 EH 模型,但是在实际应用中能量转换效率表现出非线性行为,且高度依赖输入功率。因此,对于能量转化效率的刻画,文献[55]利用以输入功率为自变量的一个多项式函数提出了启发式 EH 模型(heuristic EH model)。基于该模型,通过 EH 电路输出的功率可以表示为

$$\begin{aligned} f(x) = \eta(x)x &= \frac{p_2 x^2 + p_1 x + p_0}{q_3 x^3 + q_2 x^2 + q_1 x + q_0} x \\ &= \frac{p_2 x^3 + p_1 x^2 + p_0 x}{q_3 x^3 + q_2 x^2 + q_1 x + q_0}, \end{aligned} \tag{1-3}$$

其中:$\eta(x)$ 是以输入功率为自变量的多项式函数,即能量转化效率函数;x 是 EH 电路的输入功率且单位一般是 mW;参数 p_0,p_1,p_2,q_0,q_1,q_2 和 q_3 都是常数,因 RF-DC 电路的不同而不同。相关通过拟合得到的参数配置可以在文献[55]的参数表Ⅱ中找到。此外,基于该模型,文献[68]针对 MIMO 能量驱动网络系统研究了功率分配问题,以最大化系统能量效率。

3. 分段式 EH 模型

由于逻辑 EH 模型和启发式 EH 模型的数学表达形式较复杂,即式(1-2)和式(1-3),且都为非线性非凸函数,对研究无线网络性能分析和优化问题分析会带来很大难度,很难得到研究问题的解析结果。为了简化 EH 模型,便于理论分析,并能有效地刻画实际 EH 电路的非线性特性,文献[56]在没有考虑 EH 电路敏感电压特性的情况下提出了非线性分段式 EH 模型(piecewise linear EH model,在本书中称为分段式 EH 模型-Ⅰ),该模型可以表示为

---

① 由于该模型是基于逻辑函数来刻画的,所以在本书中为了描述清晰,将其称为逻辑 EH 模型。

$$f(x)=\begin{cases}\eta x, & x\leqslant P_{\text{sat}},\\ \eta P_0, & x> P_{\text{sat}},\end{cases} \tag{1-4}$$

其中，P_{sat}是电路饱和功率，η是能量转化效率，类似于线性 EH 模型中的定义。

进一步地，考虑实际 EH 电路的敏感特性，文献[60]提出了分段式 EH 模型-Ⅱ，表示为

$$f(x)=\begin{cases}\eta\cdot 0, & x\in[0,P_{\text{sen}}],\\ \eta(x)x, & x\in[P_{\text{sen}},P_{\text{sat}}],\\ \eta(P_{\text{sat}})P_{\text{sat}}, & x\in[P_{\text{sat}},\infty],\end{cases} \tag{1-5}$$

其中：$\eta(x)$是一个关于输入功率的函数，用来表示能量转化效率；P_{sen}是电路能量收集的敏感阈值；其他参数的定义与式(1-4)相同。

4. 修正逻辑 EH 模型

修正逻辑 EH 模型(modified logistic EH model)由文献[57]提出，主要目标也是将输入和输出功率用一个非线性函数表示，并指出非线性 EH 模型应满足以下属性。

① 当 x 很小且低于实际 EH 电路的敏感阈值 P_0（启动电压）时，则输出功率为零，即 $f(x)=0$。

② $f(x)$ 是一个单调递增函数。

③ 随着 x 的增大，EH 模型的效率 $\frac{f(x)}{x}$ 先增大到最大值，然后再减小。

④ 对于所有的 x，$f(x)\leqslant P_{\max}$，其中 $P_{\max}$ 是实际 EH 电路达到饱和状态时输出功率的最大值。

满足上述属性，对应的非线性 EH 模型应为 S 形。虽然文献[54]已提出了基于逻辑函数的逻辑 EH 模型，即式(1-2)，但是逻辑 EH 模型没有考虑实际 EH 电路的敏感特性，不能满足属性①。为了解决该问题，文献[57]对逻辑 EH 模型进行了修正，提出了修正逻辑 EH 模型，其数学表达式为

$$f(x)=\left[\frac{P_{\max}}{\mathrm{e}^{-\tau P_0+\nu}}\left(\frac{1+\mathrm{e}^{\tau P_0+\nu}}{1+\mathrm{e}^{-\tau x+\nu}}-1\right)\right]^+, \tag{1-6}$$

其中，P_0是 EH 电路的敏感阈值，$P_{\max}$是实际 EH 电路达到饱和状态时输出功率的最大值，τ 和 ν 是常数且因实际 EH 电路规格的不同而不同。

5. 二次多项式 EH 模型

通过数据拟合且与逻辑 EH 模型进行对比，文献[58]提出了二次多项式 EH 模型(2-nd order polynomial EH model)，该模型能够在输入功率在微瓦区域内时得到较好的拟合效果。该模型可以表示为

$$f(x)=\alpha_1 x^2+\alpha_2 x+\alpha_3, \tag{1-7}$$

其中，$\alpha_1\leqslant 0$（可以得到一个拟合相对比较好的结果），$\alpha_2>0$（保证 $f(x)$ 有正解），$\alpha_3\leqslant 0$（涉及 EH 电路的敏感电压）。

6. 分式 EH 模型

由于逻辑 EH 模型和启发式 EH 模型的数学表达形式复杂，在数学上不适用于收集能量的平均值推导，为了在理论上推导出 EH 电路输出平均功率的概率密度函数(Probability Density Function, PDF)和累积分布函数(Cumulative Distribution Function, CDF)，文献[59]通过数据拟合提出了一个更简单的非线性模型作为逻辑 EH 模型和启发式 EH 模

型的修正，即分式 EH 模型（fractional EH model），其可以表示为

$$f(x)=\frac{ax+b}{x+c}-\frac{b}{c}, \tag{1-8}$$

其中，a，b 和 c 为常数，可以通过数据拟合进行配置。

1.2.3 线性和非线性模型的对比

各个非线性 EH 模型之间的对比如表 1.2 所示，可以看出不同非线性 EH 模型，其数学描述的复杂性和近似程度也有所不同。一些非线性 EH 模型的数学形式比较复杂且非凸，给无线网络中所探索的问题带来了挑战，比如网络资源优化问题的分析，相对于线性 EH 模型下的问题更难以求解。除此之外，现有非线性 EH 模型的提出及其对应的研究内容总结如表 1.3 所示，主要针对多用户、中继、端到端和 OFDMA 系统，基于 SWIPT 和 WPT 技术，提出了不同的非线性 EH 模型并分别探究了能量最大化、可达速率域最大化、传输功率最小化、系统中断和吞吐量性能分析，以及能量转化效率分析等问题。

表 1.2　非线性 EH 模型的对比

类型	敏感性	饱和性	优缺点
逻辑 EH 模型	×	√	准确、复杂
启发式 EH 模型	—	—	较准确、更复杂
分段式 EH 模型-Ⅰ	×	√	近似、较简单
分段式 EH 模型-Ⅱ	√	√	近似、较简单
修正逻辑 EH 模型	√	√	准确、复杂
二次多项式 EH 模型	—	—	近似、误差大
分式 EH 模型	—	—	近似、误差大

表 1.3　现有非线性 EH 模型的提出及其对应的研究内容总结

非线性 EH 模型	系统模型	EH 技术	研究目标
逻辑 EH 模型	多用户 MISO 系统	SWIPT、IR 和 ER	能量最大化
启发式 EH 模型	三节点中继系统	SWIPT、TS	中断概率和吞吐量分析
修正逻辑 EH 模型	双向中继系统	SWIPT、PS	可达速率域最大化
分段式 EH 模型-Ⅰ	三节点中继系统	SWIPT、TS	中断概率和端到端的 SNR 分析
分段式 EH 模型-Ⅱ	端到端系统	SWIPT、PS 和 TS	能量转化效率分析
二次多项式 EH 模型	OFDMA 系统	SWIPT、IR 和 ER	传输功率最小化
分式 EH 模型	多源单/多用户系统	WPT、ER	中断概率分析

为了更清楚地展示各个非线性 EH 模型的区别，以及其与线性 EH 模型之间的差异，本书基于逻辑 EH 模型①利用 MATLAB 进行拟合，结果如图 1.8 所示。从图中可以看出，在

---

① 多数研究表明逻辑 EH 模型是相对比较符合实际 EH 电路特性的[54-67]，因此本书基于文献[54]的拟合数据，通过 MATLAB 的数据拟合来展示各个 EH 模型之间的差异。

输入功率 x 比较低（0～20 mW）时，输出功率 $f(x)$ 可以近似为线性增长，所以在这个输入功率范围内，采用线性 EH 模型、分段式 EH 模型-Ⅰ、分段式 EH 模型-Ⅱ 相对合理且 $\eta=0.8$。当输入功率较大时，实际 EH 电路会达到饱和状态，采用逻辑和修正逻辑 EH 模型相对准确，而采用启发式、二次多项式和分式 EH 模型相对误差较大。因为分段式 EH 模型的误差主要出现在输入功率在 25 mW≤x≤36 mW 范围内时，所以采用分段式 EH 模型-Ⅰ和分段式 EH 模型-Ⅱ相对误差较小，采用线性 EH 模型来刻画收集的能量不合理也不准确。

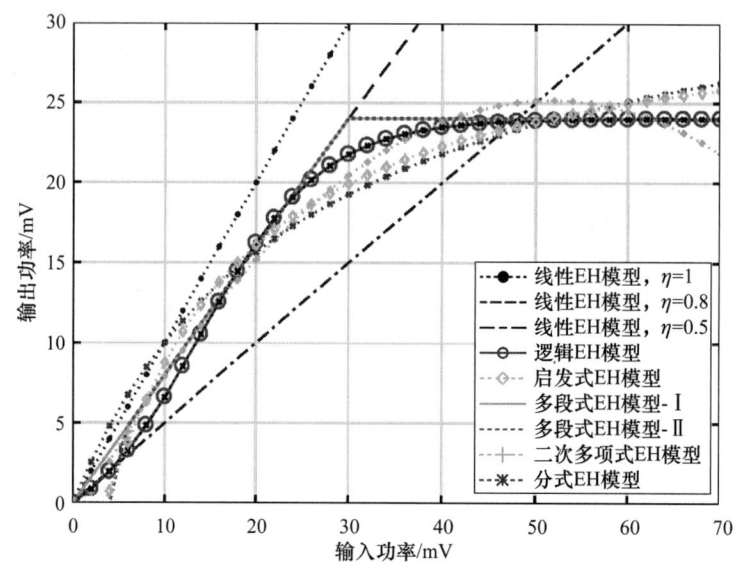

图 1.8　线性和非线性 EH 模型下输出功率对比

同时，从图 1.8 还可以看出，除了逻辑和修正逻辑 EH 模型比较切合实际 EH 电路的非线性特性，其他 EH 模型存在相对较大的误差。比如，对于二次多项式 EH 模型，当增大该模型的拟合阶数时，得到的拟合结果会相对较好，但同时也增大了相关问题求解的难度。文献[58]利用二次多项式 EH 模型的二次凹函数的属性使探究的问题变成了一个凸问题近似求解。此外，在输入功率较小时，利用二次多项式 EH 模型，由于误差的影响导致能量转化效率大于1，偏离了实际，但可以用来近似分析所研究的问题。分式 EH 模型与二次多项式 EH 模型类似，误差相对较大，目前仅在文献[59]中应用研究。如果近似求解问题，可以考虑采用具有 EH 电路饱和性的分段式 EH 模型-Ⅱ，因为其带来的误差相对较小[69-70]。对于逻辑和修正逻辑 EH 模型，由于两个模型比较相似，且逻辑 EH 模型的提出相对较早[54]，该模型应用研究相对比较广泛[54,62-67]。修正逻辑 EH 模型的提出较晚[57,71-72]，应用相对受限。

综上所述，逻辑 EH 模型与其他 EH 模型相比，和实际 EH 电路更契合、更贴合实际且应用广泛，因此本书将主要基于逻辑 EH 模型来开展相关研究。此外，为了近似分析问题并考虑相对较好的拟合精度，分段式 EH 模型-Ⅰ也会在本书的部分研究中得到应用。为了简单起见，在后面的章节中分段式 EH 模型-Ⅰ用分段式 EH 模型替代进行描述。

1.3 国内外研究现状

1.3.1 研究综述

目前关于 EH 模型的研究主要可分为两大主线：基于线性 EH 模型开展的研究和基于非线性 EH 模型开展的研究，如图 1.9 所示。在 2008 年之前，关于 WIT 和 WPT 的研究一直被分别展开进行，未考虑对两者融合的研究，也未考虑利用 RF 信号既能携带信息又能携带能量的特性同时实现 WIT 和 WPT 的研究。直到 2008 年，SWIPT 被提出，学者才开始开展对 WIT 和 WPT 融合的研究，即对无线信息和能量同传的研究。但是由于信息和能量的电路解调的敏感度不同，2013 年实现 SWIPT 的两种实际接收机结构被提出，即 PS 和 TS 接收机结构。次年，另一种结合 WIT 和 WPT 的 WPCN 技术也被提出，即 WPCN[73]。WPCN 具有广义和狭义之分。广义上是指采用 WPT 方式向无线节点发送能量从而驱动信息传输的技术，包括 SWIPT 技术。狭义上是指通过部署专用能量站进行 WPT，进而驱动信息传输的技术。在 SWIPT 技术中，一个 RF 信号同时传输能量和信息，而在 WPCN 技术中，一个 RF 信号要么用来传输信息，要么用来传输能量。这也是两种技术的主要区别。另外，在 SWIPT 网络系统中能量通常从周边的 RF 信号中获取，可用于供应较小功率设备的电量需求。在 WPCN 系统中，通过部署专用能量站，通信节点可获得较高的能量，从而能够驱动需要较高功率才能正常工作的设备。然而，SWIPT 真正地体现了信息和能量的同时传输，以探究信息和能量之间的关系，也是本书所考虑的主要研究网络类型。

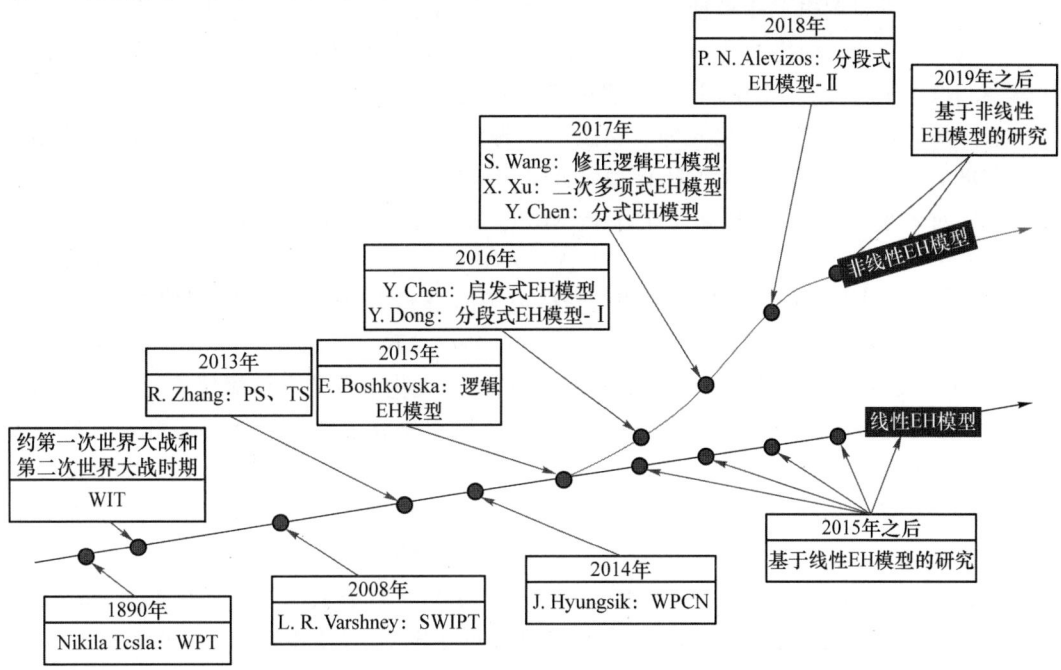

图 1.9 线性和非线性 EH 模型研究的历史与进展

此外，在非线性EH模型被提出之前，关于EH模型的研究大多基于线性EH模型进行。到2015年，非线性逻辑EH模型被提出，从而开辟了一条关于非线性EH模型的研究路线，同时基于线性EH模型的研究也一直受关注。虽然逻辑EH模型比较符合实际EH电路的特性，但是其形式比较复杂，且模型函数通常非凸非凹，这对一些对于系统性能优化问题的研究带来了很大挑战和难度，比如问题的优化求解、理论推导等。因此，非线性EH模型的近似形式也相继被提出，如于2016年被提出的分段式EH模型-Ⅰ和于2018年被提出的分段式EH模型-Ⅱ。为了与实际EH电路的非线性特性更加匹配，考虑EH电路的敏感特性，2017年修正逻辑EH模型被提出了，类似于逻辑EH模型。另外，还有启发式EH模型、二次多项式EH模型和分段式EH模型在2016—2018年间被提出。从而这些构成了一条关于非线性EH模型的研究路线。非线性EH模型与实际EH电路的特性更加匹配，基于其开展研究能够更加准确地挖掘出网络的性能特性及规律。因此，本书将基于非线性EH模型开展相关研究，并以基于线性EH模型做参考对比。

目前关于非线性EH模型的研究，主要由以下知名团队进行与跟进。首先是提出非线性EH模型的德国Robert Schober团队，由于非线性EH模型首次被其提出，因此该团队针对非线性EH模型展开的相关研究较多。其次是韩国Dong In Kim团队，其主要基于逻辑EH模型和分段式EH模型展开研究。再次是中国香港的Yik-Chung Wu团队，其提出了修正逻辑EH模型。最后也有其他研究小组对非线性EH模型进行探究，主要集中在SWIPT和WPCN技术的应用方面，具体相关研究如下。

针对多用户SWIPT网络系统，文献[62-63,65,67,74]基于逻辑EH模型对收集能量最大化、传输功率最小化、多目标优化、系统中断概率以及系统可靠吞吐量进行研究。文献[75-79]针对安全MISO SWIPT网络系统，基于逻辑EH模型探究了传输功率最小化、人工噪声功率和全局安全能量效率最大化问题。文献[80-81]考虑MISO NOMA认知无线电SWIPT网络，基于逻辑EH模型，研究了系统传输功率最小化问题。文献[82]针对多用户MIMO窃听SWIPT网络系统，基于逻辑EH模型研究了中断受限的完全容量最大化问题。文献[83]考虑下行安全MISO认知无线电SWIPT网络，基于逻辑EH模型研究了主网络和次级网络的传输功率最小化问题。文献[78]考虑下行MISO认知无线电SWIPT网络，基于逻辑EH模型和修正逻辑EH模型研究了传输功率最小化和能量收集最大化问题。文献[84]针对宏小区SWIPT网络下的下行MISO认知无线电小区网络系统，基于逻辑EH模型探究了系统吞吐量最大化、能耗和干扰最小化问题。文献[85-86]考虑多小区多用户MISO SWIPT网络系统，基于逻辑EH模型研究了能量效率最大化问题和传输功率最小化问题。文献[87]针对云无线接入网(Cloud Radio Access Network，CRAN)的下行和上行系统，基于逻辑EH模型优化设计了信号处理策略，以最大化上行信息传输速率。文献[88]考虑大规模MIMO SWIPT网络系统，基于逻辑EH模型研究了频谱效率和能量效率的最大化问题。文献[71-72]针对多用户MISO SWIPT网络系统，基于修正逻辑EH模型探究了系统传输功率最小化问题。文献[78]针对MISO无线电SWIPT网络系统，基于逻辑EH模型和修正逻辑EH模型研究了传输功率消耗和能量收集之间的权衡问题。

针对中继SWIPT网络系统，文献[89]考虑MIMO解码转发(Decode-and-Forward，DF)中继网络，基于逻辑EH模型最大化了端到端可达速率，其中继采用TS接收机结构。文献[90]针对安全两条DF中继SWIPT网络，基于逻辑EH模型研究了系统中断概率最小化问题,其中中继采用 PS 接收机结构。文献[91]研究在有窃听者存在的情况下针对两跳 DF 中继辅助的认知无线电网络,基于逻辑 EH 模型在时域上剩余能量(收集能量和消耗能量之差)最大化问题。文献[69,92-94]考虑中继 SWIPT 网络系统,分别基于分段式 EH 模型-Ⅰ探究分析了系统中断概率和误码率的性能。文献[95-96]针对两跳中继 SWIPT 网络系统,基于分段式 EH 模型-Ⅱ研究了系统容量能量效率最大化问题,其中中继采用 PS 接收机结构。文献[97]探究了全双工 DF 两跳中继 SWIPT 网络系统,基于分段式 EH 模型-Ⅱ最小化系统中断概率和最大化中断信息容量。文献[98]考虑放大转发(Amplify-and-Forward,AF)中继 SWIPT 网络系统,基于分段式 EH 模型-Ⅱ最大化系统可达吞吐量,其中中继采用了 PS 和 TS 接收机结构。文献[89]针对 MIMO DF 中继 SWIPT 网络系统,基于逻辑 EH 模型和启发式 EH 模型研究系统端到端可达速率最大化问题,其中中继考虑了 TS 接收机结构。文献[99]考虑 AF 中继 SWIPT 网络系统,基于分式 EH 模型探究分析了系统中断概率性能以及系统吞吐量最大化问题,其中中继联合考虑了 PS 和 TS 接收机结构传输协议。文献[100]针对 DF 中继网络系统,基于分式 EH 模型研究了系统信息容量最大化问题,其中中继考虑了 PS、TS 以及联合 PS 和 TS 接收机接收传输协议。文献[101]考虑多对 DF 中继 SWIPT 网络系统,基于修正逻辑 EH 模型研究了用户间最大-最小能量效率公平性问题,其中中继采用 TS 接收机结构。

针对移动 SWIPT 网络系统,文献[57]针对无线能量驱动的两跳中继网络系统,基于修改逻辑 EH 模型在固定和移动中继的情况下探究了信息可达速率域最大化问题。文献[102]考虑调度移动无线充电车辆为 WSN 的无线节点逐一进行充电网络系统,研究了在充电角度和充电距离受限的情况下移动无线充电车辆对传感器节点充电效率最大化问题,采用的 EH 模型是一个关于充电距离和充电角度的函数。文献[103]考虑无人机(Unmanned Aerial Vehicle,UAV)辅助的安全 NOMA SWIPT 网络系统,基于逻辑 EH 模型探究了地面无源接收机的安全传输,其中 PS 接收机结构被采用。文献[104]针对 UAV 辅助的 WPCN 系统,考虑集成和分离式 UAV 辅助场景分别基于逻辑 EH 模型最大化地面用户的最小吞吐量。文献[105]考虑地面用户为 UAV 供电且 UAV 利用收集的能量进行信息传输的无线通信网络场景(即 UAV 辅助的 WPCN 系统),基于逻辑 EH 模型探究了系统加权吞吐量最大化问题。文献[106-107]考虑 UAV 辅助的 WPT 网络,基于逻辑 EH 模型分别研究了地面用户收集能量最大-最小和收集能量最大化问题。

1.3.2 研究的不足

尽管关于 SWIPT 的研究已经取得了一些相应的成果,但仍然存在诸多基础理论和难点问题亟待探索和解决,例如非线性 EH 模型下同/异构多用户 SWIPT 网络系统性能的优化和分析、衰落信道(fading channel)对多中继和低空移动 SWIPT 网络系统性能(中断概率、可靠吞吐量和覆盖率)的影响,以及地面移动 SWIPT 网络中信息和能量之间的权衡(tradeoff)问题,具体如下。

① 现有研究大多仍基于理想的 EH 模型,在实际 EH 电路非线性特性下 SWIPT 网络系统的优化设计和性能分析有待进一步研究。理想线性 EH 模型仅能反映实际非线性 EH 系统在较小的输入功率范围内的特性,不能刻画较大输入功率范围内的 EH 饱和特

性，如图 1.8 所示。而在实际系统中，接收机接收到的 RF 信号功率受信道衰落的影响会在较大范围内变化，若采用基于线性 EH 模型所得的理论结果和最优传输方案来指导实际系统设计和部署，难以与实际 EH 电路系统的非线性特性完全匹配，必将引起较大设计偏差和系统性能损失。由于非线性 EH 模型更加接近实际系统，能够更加准确地刻画和反映实际 EH 电路对网络系统性能的影响，因此研究非线性 EH 模型下的 SWIPT 网络性能优化与分析具有理论和技术前瞻性，所得结论将对实际系统设计更具现实意义与指导意义，同时也将推动 SWIPT 理论更加接近实际系统应用，使其在未来无线网络中有更广泛的应用前景。

② 面向多用户 SWIPT 网络系统的研究还不完善。从网络模型上讲，现有研究大多数只考虑无线网络中仅存在单一类型、具有相同结构和相同配置的多用户场景。然而，在实际系统中，会存在不同类型、不同功能、不同厂商等提供的无线设备，例如，在 WSN 和 IoT 中，存在诸如测量湿度与温度、采集数据、检测环境、检测路况等各种各样的传感器设备。不同传感器可能还具有不同结构，比如基于 TS 和 PS 具有 SWIPT 功能的设备。通过调研发现在同一个 SWIPT 网络系统中，考虑同构和异构多类型用户（即同时含有能量用户、信息用户和基于 PS/TS 的用户）的场景还有待研究。因此，在 SWIPT 网络中考虑具有不同类型、不同结构、不同配置的多用户场景，更具实际性和普适性。

③ 衰落信道对 SWIPT 网络系统性能的影响还有待探究。由于衰落信道的不完美性和随机性，在实际应用中，加上信道估计误差和不完全反馈，很难获得完美理想的 CSI。此外，现有研究大多关注的是网络优化问题，假设知道确定的 SCI。虽然现有一些研究在 CSI 不确定的情况下考虑采用非线性 EH 模型对网络系统性能进行探究，但仅仅考虑基于 PS 用户的应用，而对基于 TS 用户在多中继 SWIPT 网络系统中的应用还有待进一步探究。此外，在 UAV 作为空中基站的移动场景中，如在智能农业系统中的信息采集、铁路系统的路基检测、森林环境监测等户外应用中，地面草地、建筑、树木等产生强烈的散射，使得发射端和接收端的信息和能量传输发送严重衰减，因此探究衰落信道对 UAV 辅助的网络系统性能犹然重要。

④ 面向移动场景的 SWIPT 系统性能研究欠缺。目前关于 SWIPT 网络系统的研究，大多数仅关注非移动或者静态/准静态网络场景。实际上，许多网络都在移动场景下运行。例如 UAV 场景包括小型移动汽车和 UAV，可以被用作移动发电站来为 WSN 和 IoT 中的无线节点充电，以及在各种车载网络中，即车到一切（Vehicle-to-Everything，V2X）场景，包括 V2V、车到路边（Vehicle-to-Roadside，V2R）、车到基础设施（Vehicle-to-Infrastructure，V2I）等。虽然目前已有一些研究对 UAV 辅助的网络场景或者移动 WPT 网络进行探究，但是大部分考虑采用线性 EH 模型。针对地面移动场景中的 SWIPT 网络系统性能还待研究，并且考虑采用接近实际 EH 电路的非线性 EH 模型，使研究更具实际指导意义。

针对上述研究的不足，本书将考虑同构/异构多用户网络、衰落环境下网络以及地面和空中移动网络，探究基于非线性 EH 模型，网络能耗、网络中断、信息－能量域以及网络覆盖的问题。研究场景主要是物联网中的典型场景，包括非移动（静态/准静态，如多用户、多中继）和移动（地面和空中移动）场景，具体如图 1.10 所示。

图 1.10　文章关注的物联网典型网络场景示意图

1.4 章节安排

基于 EH 电路的非线性特性，考虑非移动和移动场景，对 SWIPT 网络进行系统性能优化和分析，文章结构如图 1.11 所示。第 1 章绪论给出了本书研究的背景和意义。第 2 章、第 3 章和第 4 章的研究在非移动场景中具有代表性，用户是同构到异构，网络拓扑是从单跳到多跳，分别探究了系统传输功率最小化和网络中断性能界问题。第 5 章和第 6 章的研究在移动场景中具有代表性，从地面到空中移动分别研究了信息-能量域和网络覆盖问题，并且地面移动是二维场景，空中移动是三维场景，研究难度逐渐增加。第 7 章总结并展望了全文。具体章节内容安排如下。

第 2 章：同构多用户 SWIPT 系统发射功率最小化设计。基于非线性 EH 模型研究同构多用户 SWIPT 系统的传输功率最小化设计问题，在分别满足用户的能量和信息需求的约束下，联合优化波束赋形向量和 PS 因子。由于优化变量间的耦合性以及非线性 EH 模型的非凸性，优化问题难以求解，采用了 SDR 和变量替换的方法进行求解。在多个同构用户不完全共存的场景下，从理论上证明了所提出求解方法保证了优化问题的全局最优性。在多个同构用户完全共存的场景下，通过仿真讨论了问题的全局最优性。仿真结果验证了所提出求解方法的可行性和准确性，并且表明了基于非线性 EH 模型设计的系统比基于线性 EH 模型设计的系统消耗更少的发射功率。

第 3 章：异构多用户 SWIPT 系统发射功率最小化设计。基于非线性 EH 模型研究异构多 PS 用户和 TS 用户共存 SWIPT 网络系统的传输功率最小化设计问题，在分别满足 PS 用户和 TS 用户的信息和能量需求的约束下，联合优化波束赋形向量、PS 和 TS 因子。PS 用户和 TS 用户间存在干扰导致优化变量间的耦合性以及非线性 EH 模型的非凸性，系统优化问题非凸且难以求解。基于 SDR 和一维搜索的方法，提出了一种两层算法对优化问题

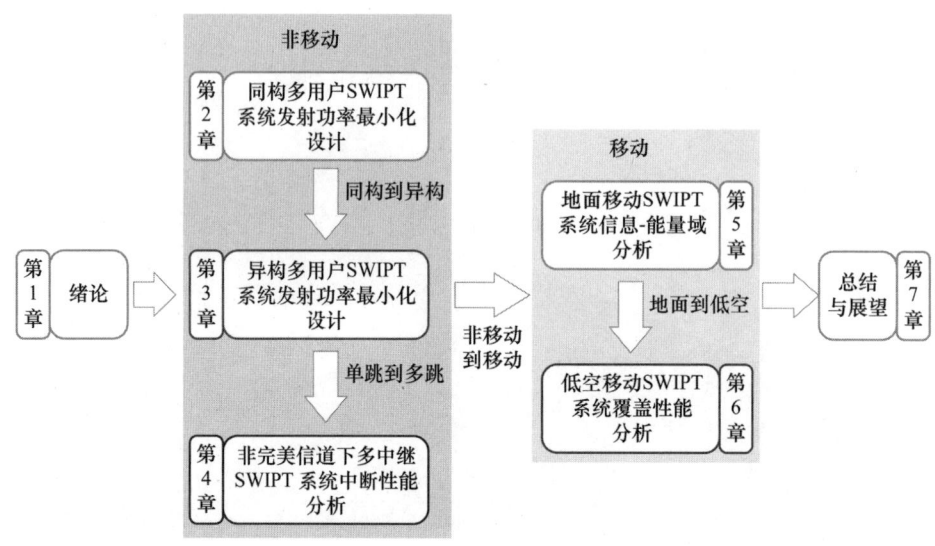

图 1.11 文章结构

进行求解,并从理论上证明了该算法的全局最优性。由于两层算法的外层循环采用了一维搜索机制,复杂度较高,还提出了一种基于 SCA 的算法,其能够利用一阶近似找到低复杂度的近似最优解。结果表明在相同 EH 需求下,TS 用户比 PS 用户更容易进入饱和区,TS 用户的 EH 效率高于 PS 用户。此外,在可行域内,非线性 EH 模型下的最小传输功率远低于线性 EH 模型下的最小传输功率。

第 4 章:非完美信道下多中继 SWIPT 系统中断性能分析。基于非线性 EH 模型研究并分析了非完美信道下多中继 SWIPT 系统中断概率和可靠吞吐量性能。提出了一种基于 J 次最佳中继选择和发射天线选择的传输协议,推导得到了系统中断概率和可靠吞吐量的闭式表达式。为了得到更简洁的结果,在低信噪比(Signal-to-Noise Ratio,SNR)和高 SNR 下,推导出了相应的近似表达式。结果表明得到的理论结果与蒙特卡洛(Monte Carlo)仿真结果相吻合,证明了理论分析结果的有效性及准确性。源-中继链路的不完美 CSI 对系统性能的影响要大于中继-目的节点链路的不完美 CSI 对系统性能的影响。此外,采用非线性 EH 模型可以减少线性 EH 模型对系统性能的错误评估。

第 5 章:地面移动 SWIPT 系统信息-能量域分析。基于线性、非线性分段和非线性逻辑 EH 模型研究移动场景下 SWIPT 系统的信息-能量(Information-Energy,I-E)域。为了刻画接收到信息和收集能量之间的折中关系,首先定义了 I-E 域,并建立了相应的优化问题,联合优化发射功率和接收端 PS 因子,探索了系统 I-E 域。为了有效地解决非线性逻辑 EH 模型下非凸优化问题,提出了一种基于 SCA 的算法,该算法能够以较低的复杂度得到系统 I-E 域的下界。针对线性和分段 EH 模型下凸的优化问题,利用拉格朗日对偶方法和 KKT 条件,得到了相应的闭式解和半闭式解。结果表明,与线性和分段 EH 模型下系统 I-E 域相比,由于实际 EH 电路特性的限制,逻辑 EH 模型下系统 I-E 域更小。在固定的移动速度下,当发射功率较大时,可以用分段 EH 模型代替逻辑 EH 模型,由于其对应的 I-E 域差距较小,并且分段 EH 模型下 I-E 域计算复杂度较低。此外,在给定的移动时间内,移动速度越快,3 种 EH 模型下 I-E 域越小。

第 6 章:低空移动 SWIPT 系统覆盖性能分析。基于非线性 EH 模型研究了 UAV 辅助 SWIPT 网络的信息和能量覆盖率问题,其中 UAV 部署服从二维泊松点过程(2-Dimension Poisson Point Process,2-D PPP)。利用 SG 方法,推导出了基于 PS 和 TS 系统的信息传递、能量收集和联合信息-能量覆盖率的一般和闭式表达式。虽然相邻 UAV 带来的干扰有利于 EH,但也给能量覆盖率的计算带来了很大挑战。为此,通过计算相邻 UAV 干扰的平均能量,并利用坎贝尔(Campbell)定理推导得到了相对较紧的能量覆盖率表达式。结果表明与非线性 EH 模型相比,线性 EH 模型引起的系统分析结果偏差明显,虽然非线性 EH 模型的覆盖率比线性 EH 模型低,但避免了线性 EH 模型带来的错误的系统性能评估。此外,非线性 EH 模型对基于 TS 系统的能量覆盖率的影响比对基于 PS 系统的能量覆盖率的大。但是,基于 PS 系统的覆盖性能优于基于 TS 系统的。

第 7 章:总结与展望。对全书进行了总结,探讨了无线 EH 技术的未来研究趋势。

第 2 章
同构多用户 SWIPT 系统发射功率最小化设计

本章考虑多用户 SWIPT 网络,其中所有用户采用相同类型单一结构的接收机,即采用 PS 接收机结构的信息能量用户(Information and Energy Receivers,IERs)、信息用户(IRs)和能量用户(ERs)。对于该系统,存在一个多天线混合接入点(Hybrid Access Point,H-AP)同时发送信息和能量给这些同构用户,在满足 IERs 和 IRs 的 SINR 需求以及 IERs 和 ERs 的能量需求约束下,本章基于非线性 EH 模型研究系统发射功率最小化问题,采用 SDR 和变量替换的方法求解该问题。在多个同构用户不完全共存的场景下,本章从理论上证明了所提求解方法保证了优化问题的全局最优性。在多个同构用户完全共存的场景下,本章通过仿真讨论了问题的全局最优性。此外,本章还对比分析了在传统线性 EH 模型和非线性 EH 模型下系统的性能,并表明了非线性系统比线性系统消耗更少的发射功率。

2.1 引 言

近年来,基于 RF 信号的 EH 被认为是延长无线能量受限网络(如 WSN、IoT 等)和电子设备(如传感器、低功耗移动设备等)寿命的一种有潜力的和应用前景的解决方案[108-109]。由于基于 RF 信号的 EH 比传统的太阳能、风能和振动等自然能源的 EH 更可控、更独立,因此基于 RF 信号的 EH 能够为无线通信网络提供更稳定的能量供应[110-111]。鉴于此,SWIPT 充分地利用了 RF 信号的特点,即其同时承载信息和能量的特性,引起了越来越多的关注[34,38,44]。

在 SWIPT 系统中,ERs 可以从接收的信号中仅收集能量,IRs 可以从接收的信号中仅解码信息,IERs 采用 PS 或者 TS 接收机结构从接收的信号中既可以收集能量又可以解码信息。目前,实现 SWIPT 的 PS 和 TS 接收机结构在不同无线通信系统中得到了广泛研究[43-44,112]。具体而言,文献[43]针对单天线单输入单输出(Single Input Single Output,SISO)SWIPT 系统,考虑采用 TS 和 PS 两种接收机结构,研究了最大化系统遍历速率问题。文献[44]针对协作中继 SWIPT 网络,中继考虑采用 PS 和 TS 接收机结构,探究了系统可达速率最大化问题。文献[112]考虑多用户 SIMO 下行链路 SWIPT 系统,其中单天线基站向 IRs 发送信息,向多个采用 PS 接收机结构的 ERs 传输能量,研究了系统的保密中断和保密容量性能。尽管如此,在这些研究中系统发射机采用单天线,并未涉及波束赋形技术的

|第 2 章| 同构多用户 SWIPT 系统发射功率最小化设计

研究。

众所周知,多天线技术通过在发射端采用波束赋形技术,可以将发射信号聚焦到特定方向,不仅可以提高能量传输效率,而且可以提高信息传输效率。因此,关于 SWIPT 系统的波束赋形设计开始被展开研究[37,113-114]。文献[37]针对多用户(包括 IRs 和 ERs)MISO 广播 SWIPT 系统,通过联合信息和能量发射波束赋形设计,最大化系统加权和功率(即收集的能量)。文献[113]和[114]为了最小化 MISO-SWIPT 系统的总发射功率,对 PS 因子和发射波束赋形向量进行联合优化设计,其中通过采用 PS 接收机结构,信息和能量可以在 IERs 上同时被接收。

然而,现有研究大多数基于线性 EH 模型对 SWIPT/WPCN 系统进行研究,其假设通过增大接收 RF 信号的输入功率可以线性地增加系统收集的能量。事实上,实际 EH 电路由于其非线性元件(如二极管)的存在,通常表现出非线性特性,而不是线性特性。因此,文献[54]基于逻辑函数对实测数据进行拟合,提出了一种非线性 EH 模型,即非线性逻辑 EH 模型。自此,基于逻辑 EH 模型的 SWIPT 和 WPCN 系统设计引起了越来越多的关注[62-64,115]。文献[63]和[62]基于逻辑 EH 模型,分别研究了具有多天线发射机的多用户 SWIPT 通信系统的联合功率分配与调度以及鲁棒波束赋形设计。文献[64]针对 MIMO-WPCN 系统,基于逻辑 EH 模型联合优化设计了时间和功率资源分配。文献[115]基于逻辑 EH 模型研究了 MIMO 广播 SWIPT 系统的速率-能量域性能。文献[54,62-64]得到的结果表明,由于线性 EH 模型与实际 EH 电路的非线性特性不匹配,如果将资源分配设计基于非线性 EH 模型而不是传统的线性 EH 模型,可以获得可观的性能增益。然而,上述关于逻辑 EH 模型的研究工作都仅针对 WPCN 系统进行,并没有涉及 PS 接收机结构,即没有考虑 IERs。虽然文献[69]针对 MIMOSWIPT 中继系统,考虑 PS 接收机结构,基于非线性 EH 模型研究了系统中断概率和可靠吞吐量性能,但其考虑的非线性 EH 模型是分段式 EH 模型,而不是文献[54]所提出的精确且符合实际 EH 电路特性的模型。

本章采用文献[54]提出的逻辑 EH 模型,对同构多用户 MISO-SWIPT 系统进行优化设计,以最小化系统总消耗功率。在该系统中,具有多天线的 H-AP 同时向多个单天线用户发送信息和能量。也就是说,多个 IERs、IRs 和 ERs 共存于一个网络系统中,从 H-AP 发送的 RF 信号同时接收信息和能量。目的是根据 IERs 和 IRs 所需的 SINR,以及 IERs 和 ERs 的能量需求约束,联合优化设计 H-AP 的波束赋形向量和 IERs 的 PS 因子,最小化系统总的发射功率。本章研究与已有研究的主要区别总结如下。

- 已有的研究大多采用了线性 EH 模型[37,113-114]。本章研究为了获得更接近实际系统的优化设计,考虑采用非线性逻辑 EH 模型。
- 已有的研究大部分仅考虑了 ERs、IRs 或 IERs[62-64]。相反,本章研究考虑同构多用户,即在单个系统中存在多个 IERs、IRs 和 ERs,考虑的系统场景更具普适性。

本章研究的主要贡献总结如下。

① 为了探究系统性能,在满足 IERs 和 IRs 最小 SINR 需求以及满足 IERs 和 ERs 最小能量需求约束下,建立 H-AP 总发射功率最小化的优化问题。

② 由于该问题是非凸的,并且采用非凸非凹逻辑 EH 模型使得求解更加困难,因此本章采用了 SDR 和变量代换法对其进行求解。在某些情况下,本章从理论上证明了利用所提出的方法可以保证问题的全局最优性,而在其他情况下,本章通过仿真讨论了全局最优解的

最优性。

③ 结果表明,虽然传统的线性 EH 模型在某些情况下对实际 EH 电路是可行的,但所设计的系统比非线性 EH 模型下的系统消耗更多的发射功率。与 IERs 的 SINR 需求相比,IRs 的 SINR 需求对 H-AP 的发射功率有更大的影响。同时,IERs 和 ERs 收集的能量对 H-AP 的发射功率产生类似的影响。与 IERs 的数量相比,IRs 的数量对 H-AP 发射功率的影响更大。此外,当天线数量较少时,ERs 的数量对 H-AP 的发射功率影响较小。

本章的各节内容安排:2.2 节介绍了同构多用户 SWIPT 网络系统模型;2.3 节对研究问题进行了建模并求解;2.4 节针对所研究的问题以及提出的解决方案进行了仿真验证;2.5 节对本章研究的内容进行了总结。

2.2 系统模型

考虑同构多用户 SWIPT 网络系统,其中存在一个 H-AP 期望向多个用户传输信息和能量,如图 2.1 所示。在该系统中,考虑了 3 种不同类型的用户,即 K 个 ERs、M 个 IRs 和 N 个 IERs。为了简单起见,第 k 个 IER、第 m 个 IR 和第 n 个 ER 分别用 $IER_k(k=1,\cdots,K)$、$IR_m(m=1,\cdots,M)$ 和 $ER_n(n=1,\cdots,N)$ 来表示。假设所有用户都配备一根天线,H-AP 配备 N_t 根天线,这种假设适用于实际系统且 $N_t \geq K+M$。例如,在 WSN 中,由于传感器节点尺寸有限,通常只配备一根天线,而汇聚节点通常具有足够大的尺寸,因此可以安装多根天线。IER 采用 PS 接收机结构,使得每个 IER 能够在解码接收 RF 信号的同时从中收集能量。从 H-AP 到 IER_k、IR_m 和 ER_n 的信道向量可分别表示为 $\bm{h}_k \in \mathbb{C}^{N_t \times 1}$,$\bm{f}_m \in \mathbb{C}^{N_t \times 1}$ 和 $\bm{g}_n \in \mathbb{C}^{N_t \times 1}$。在此系统中,块衰落信道模型被采用。也就是说,在每个传输块内,所有信道保持不变,并且从一个块变化到另一个块是独立的,服从瑞利(Rayleigh)分布。假设 H-AP 知道理想的 CSI,从而可以通过发射波束赋形来获得更好的系统性能。在每个时隙中,H-AP 通过其 N_t 根天线向同构用户发送信息和能量。

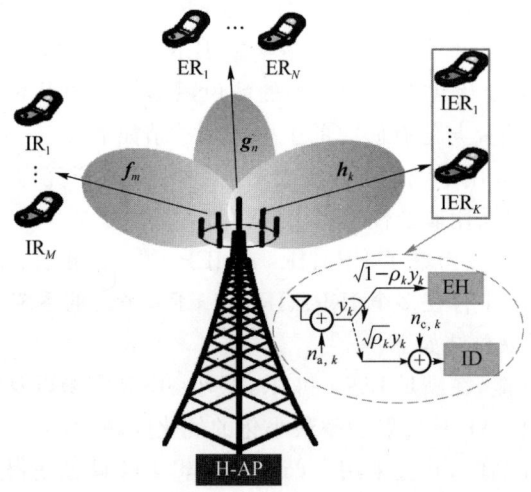

图 2.1 同构多用户 SWIPT 网络系统模型

2.2.1 信息和能量传输

1. IER$_k$ 接收到的 SINR 和能量

在系统中，PS 接收机结构被采用。因此，接收到的 RF 信号通过一个具有功率分割因子 ρ_k 的分割器被分为两部分，其中 $1-\rho_k$ 部分用于 ID，余下 ρ_k 部分用于 EH。用 $s_t \in \mathbb{C}$ 表示发送给用户 t 的源信号，其中 $s_t \sim \mathcal{CN}(0,1)$ 和 $t=\{k,m,n\}$。不失一般性，假定 $\mathbb{E}\{\|s_t\|^2\}=1$，其中 $\mathbb{E}\{\cdot\}$ 是统计期望值。设 $w_k, u_m, v_n \in \mathbb{C}^{N_t \times 1}$ 分别为 IERs、IRs 和 ERs 的波束赋形向量。IER$_k$ 从 H-AP 处接收并用于 ID 的 RF 信号可以表示为

$$y_{\text{ier},k}^{(\text{Inf})} = \sqrt{\rho_k} h_k^{\text{H}} \Big(\sum_{i=1}^{K} w_i s_i + \sum_{j=1}^{M} u_j s_j + \sum_{z=1}^{N} v_z s_z\Big) + \sqrt{\rho_k} n_{\text{a},k} + n_{\text{c},k}, \quad (2-1)$$

其中，$0<\rho_k<1$ 表示功率分割因子，$n_{\text{a},k} \sim \mathcal{CN}(0,\sigma_{\text{a},k}^2)$ 是均值为 0、方差为 $\sigma_{\text{a},k}^2>0$ 的加性高斯白噪声（Additive White Gaussian Noise，AWGN），$\sigma_{\text{a},k}^2$ 表示接收天线的噪声功率，$n_{\text{c},k} \sim \mathcal{CN}(0,\sigma_{\text{c},k}^2)$ 是由 RF 基带信号转换所引起的 AWGN，$\sigma_{\text{c},k}^2$ 表示其噪声功率。相应地，IER$_k$ 接收到的 SINR 可以表示为

$$\Gamma_{\text{ier},k}(\rho_k, w_k, u_m, v_n) = \frac{\rho_k |h_k^{\text{H}} w_k|^2}{\rho_k \Big(\sum_{i \neq k}^{K} |h_k^{\text{H}} w_i|^2 + \sum_{j=1}^{M} |h_k^{\text{H}} u_j|^2 + \sum_{z=1}^{N} |h_k^{\text{H}} v_z|^2\Big) + \sigma_{\text{ier}}^2}, \quad (2-2)$$

其中 $\sigma_{\text{ier}}^2 = \rho_k \sigma_{\text{a},k}^2 + \sigma_{\text{c},k}^2$。

同时，在 IER$_k$ 上接收到的用于 EH 的 RF 信号可以表示为

$$y_{\text{ier},k}^{(\text{EH})} = \sqrt{1-\rho_k} h_k^{\text{H}} \Big(\sum_{i=1}^{K} w_i s_i + \sum_{j=1}^{M} u_j s_j + \sum_{z=1}^{N} v_z s_z\Big) + \sqrt{1-\rho_k} n_{\text{a},k}, \quad (2-3)$$

因此，IER$_k$ 收集的能量可以表示为

$$E_{\text{ier},k} = (1-\rho_k)\Big(\sum_{i=1}^{K} |h_k^{\text{H}} w_i|^2 + \sum_{j=1}^{M} |h_k^{\text{H}} u_j|^2 + \sum_{z=1}^{N} |h_k^{\text{H}} v_z|^2\Big). \quad (2-4)$$

2. IR$_m$ 接收到的 SINR

IRs 只能从接收到的 RF 信号中解码信息。所以，IR$_m$ 从 H-AP 处可以接收到的 RF 信号可以表示为

$$y_{\text{ir},m} = f_m^{\text{H}} \Big(\sum_{i=1}^{K} w_i s_i + \sum_{j=1}^{M} u_j s_j + \sum_{z=1}^{N} v_z s_z\Big) + n_{\text{ir},m}, \quad (2-5)$$

其中 $n_{\text{ir},m}$ 是 IRs 的 AWGN。

相应地，IR$_m$ 接收的 SINR 可以表示为

$$\Gamma_{\text{ir},m}(u_m, w_k, u_m, v_n) = \frac{|f_m^{\text{H}} u_m|^2}{\sum_{j \neq m}^{M} |f_m^{\text{H}} u_j|^2 + \sum_{i=1}^{K} |f_m^{\text{H}} w_i|^2 + \sum_{z=1}^{N} |f_m^{\text{H}} v_z|^2 + \sigma_{\text{ir},m}^2}, \quad (2-6)$$

其中 $\sigma_{\text{ir},m}^2$ 是其噪声功率。

3. ER$_n$ 接收到的能量

ERs 只能从接收到的 RF 信号中收集能量。所以，ER$_n$ 从 H-AP 处可以接收到的 RF 信号可以表示为

$$y_{\text{er},n} = \bm{g}_n^{\text{H}}\Big(\sum_{i=1}^{K}\bm{w}_i s_i + \sum_{j=1}^{M}\bm{u}_j s_j + \sum_{z=1}^{N}\bm{v}_z s_z\Big) + n_{\text{er},n}, \quad (2\text{-}7)$$

其中 $n_{\text{er},n}$ 是 IRs 的 AWGN。

同时，由于 $n_{\text{er},n}$ 的功率相对于用户所期望收到的 RF 信号的功率来说较小，所以可忽略该噪声功率，ER_n 收集的能量可以表示为

$$E_{\text{er},n} = \sum_{i=1}^{K}|\bm{g}_n^{\text{H}}\bm{w}_i|^2 + \sum_{j=1}^{M}|\bm{g}_n^{\text{H}}\bm{u}_j|^2 + \sum_{z=1}^{N}|\bm{g}_n^{\text{H}}\bm{v}_z|^2. \quad (2\text{-}8)$$

2.2.2 EH 模型

如 1.2.2 节所述，关于基于 RF 信号的 EH 技术许多现有研究采用了线性 EH 模型，其中收集的能量被建模为输入功率的线性函数，即式(1-1)。为了表述清晰，本章采用的线性 EH 模型表示为 $P_{\text{eh}}^{(\text{l})}(P_{\text{in}}) = \eta P_{\text{in}}$，其中，$P_{\text{in}}$ 是 EH 电路的输入功率，$0 \leqslant \eta \leqslant 1$ 表示能量转化效率。

尽管如此，在实际系统中 EH 电路表现出非线性 EH 特性，可通过基于 P_{in} 的逻辑函数进行建模，即逻辑 EH 模型，如式(1-2)所示。基于此，本章采用的逻辑 EH 模型表示为

$$P_{\text{eh}}^{(\text{nl})}(P_{\text{in}}) = \frac{\dfrac{M}{1+e^{-a(P_{\text{in}}-b)}} - \dfrac{M}{1+e^{ab}}}{1 - \dfrac{1}{1+e^{ab}}}, \quad (2\text{-}9)$$

其中，M,a 和 b 都是常量，M 是当 EH 电路达到饱和时最大的收集功率，a 和 b 由实际 EH 电路特性(例如电阻、电容和二极管等)确定。

2.3 问题建模及求解

本节研究了发送波束赋形向量和 PS 因子联合优化设计的方案。本节首先创建了满足系统用户的最小 SINR 需求以及最小能量需求的优化问题，然后采用 SDR 和变量替换的方法设计了联合优化求解方案。

2.3.1 问题建模

对于所考虑的同构多用户 SWIPT 系统，研究联合优化波束赋形向量和 PS 因子、最小化 H-AP 的总发射功率，即 P_t。令 $\gamma_{\text{ier},k},Q_{\text{ier},k},\gamma_{\text{ir},m},Q_{\text{er},n}$ 分别为不同用户所需的最小 SINR 阈值和最小能量需求阈值。该问题可以用数学方法建模为

$$\bm{P}_0: \min_{\rho_k,\bm{w}_k,\bm{u}_m,\bm{v}_n} \sum_{k=1}^{K}\|\bm{w}_k\|^2 + \sum_{m=1}^{M}\|\bm{u}_m\|^2 + \sum_{n=1}^{N}\|\bm{v}_n\|^2, \quad (2\text{-}10\text{a})$$

$$\text{s.t.}\quad \Gamma_{\text{ier},k}(\rho_k,\bm{w}_k,\bm{u}_m,\bm{v}_n) \geqslant \gamma_{\text{ier},k}, \forall k, \quad (2\text{-}10\text{b})$$

$$P_{\text{eh}}^{(\text{nl})}(E_{\text{ier},k}) \geqslant Q_{\text{ier},k}, \forall k, \quad (2\text{-}10\text{c})$$

$$0 < \rho_k < 1, \forall k, \quad (2\text{-}10\text{d})$$

$$\Gamma_{\text{ir},m}(\boldsymbol{u}_m, \boldsymbol{w}_k, \boldsymbol{v}_n) \geq \gamma_{\text{ir},m}, \forall m, \quad (2\text{-}10\text{e})$$

$$P_{\text{eh}}^{(\text{nl})}(E_{\text{er},n}) \geq Q_{\text{er},n}, \forall n. \quad (2\text{-}10\text{f})$$

由于在约束条件(2-10b)和(2-10c)中变量 $\boldsymbol{w}_k$ 和 ρ_k 存在耦合关系,以及存在二次项 $\boldsymbol{w}_k$, $\boldsymbol{u}_m$ 和 $\boldsymbol{v}_n$,所以问题 P_0 是非凸的。因此,该问题不能使用常用的凸优化方法直接进行求解。

2.3.2 问题求解

为了求解问题 P_0,首先处理非凸约束即式(2-10b)、式(2-10c)、式(2-10d)和式(2-10e),然后通过采用 SDR 将该问题转化为凸问题。接下来,将讨论 SDR 是否为紧的。也就是说,当 SDR 是紧的时候,可以获得全局最优解;否则,可能无法获得全局最优解。

对于 SINR 约束,即 IERs 相关约束(2-10b)和 IRs 相关约束(2-10e),可以分别转化为

$$\frac{1}{\gamma_{\text{ier},k}}|\boldsymbol{h}_k^{\text{H}}\boldsymbol{w}_k|^2 - \sum_{i \neq k}^{K}|\boldsymbol{h}_k^{\text{H}}\boldsymbol{w}_i|^2 - \sum_{j=1}^{M}|\boldsymbol{h}_k^{\text{H}}\boldsymbol{u}_j|^2 - \sum_{z=1}^{N}|\boldsymbol{h}_k^{\text{H}}\boldsymbol{v}_z|^2 \geq \sigma_{\text{a},k}^2 + \frac{\sigma_{\text{c},k}^2}{\rho_k} \quad (2\text{-}11)$$

和

$$\frac{1}{\gamma_{\text{ir},m}}|\boldsymbol{f}_m^{\text{H}}\boldsymbol{u}_m|^2 - \sum_{j \neq m}^{M}|\boldsymbol{f}_m^{\text{H}}\boldsymbol{u}_j|^2 - \sum_{i=1}^{K}|\boldsymbol{f}_m^{\text{H}}\boldsymbol{w}_i|^2 - \sum_{z=1}^{N}|\boldsymbol{f}_m^{\text{H}}\boldsymbol{v}_z|^2 \geq \sigma_{\text{ir},m}^2. \quad (2\text{-}12)$$

为了处理 IERs 和 ERs 的能量需求的约束,即式(2-10c)和式(2-10f),首先需要处理非线性 EH 模型,即式(2-9),其可转化为

$$P_{\text{in}}(P_{\text{eh}}^{(\text{nl})}) = b - \frac{1}{a}\ln\left(\frac{e^{ab}(M - P_{\text{eh}}^{(\text{nl})})}{e^{ab}P_{\text{eh}}^{(\text{nl})} + M}\right). \quad (2\text{-}13)$$

设 $E_0 \triangleq P_{\text{in}}(Q_{\text{ier},k})$ 和 $F_0 \triangleq P_{\text{in}}(Q_{\text{er},n})$,约束(2-10c)和约束(2-10f)可以分别转化为

$$\sum_{j=1}^{K}|\boldsymbol{h}_k^{\text{H}}\boldsymbol{w}_j|^2 + \sum_{i=1}^{M}|\boldsymbol{h}_k^{\text{H}}\boldsymbol{u}_i|^2 + \sum_{z=1}^{N}|\boldsymbol{h}_k^{\text{H}}\boldsymbol{v}_z|^2 \geq \frac{E_0}{1-\rho_k} \quad (2\text{-}14)$$

和

$$\sum_{j=1}^{K}|\boldsymbol{g}_n^{\text{H}}\boldsymbol{w}_j|^2 + \sum_{i=1}^{M}|\boldsymbol{g}_n^{\text{H}}\boldsymbol{u}_i|^2 + \sum_{z=1}^{N}|\boldsymbol{g}_n^{\text{H}}\boldsymbol{v}_z|^2 \geq F_0. \quad (2\text{-}15)$$

通过此操作后,问题 P_0 可以等价转化为

$$P_1: \min_{\rho_k, \boldsymbol{w}_k, \boldsymbol{u}_m, \boldsymbol{v}_n} \sum_{k=1}^{K}\|\boldsymbol{w}_k\|^2 + \sum_{m=1}^{M}\|\boldsymbol{u}_m\|^2 + \sum_{n=1}^{N}\|\boldsymbol{v}_n\|^2, \quad (2\text{-}16)$$

s.t. 式(2-10d)、式(2-11)、式(2-12)、式(2-14)、式(2-15)。

尽管如此,由于在目标函数和约束条件中存在有关 $\boldsymbol{w}_k$, $\boldsymbol{u}_m$ 和 $\boldsymbol{v}_n$ 的二次项,问题 P_1 仍然是非凸的。通过定义矩阵变量 $\boldsymbol{X} \triangleq \boldsymbol{xx}^{\text{H}}$ 和 $\boldsymbol{Y} \triangleq \boldsymbol{yy}^{\text{H}}$,并且根据实际理论 $\boldsymbol{y}\boldsymbol{X}\boldsymbol{y}^{\text{H}} = \text{tr}(\boldsymbol{X}\boldsymbol{yy}^{\text{H}}) = \text{tr}(\boldsymbol{XY})$,其中 $\boldsymbol{x}$ 和 $\boldsymbol{y}$ 都是向量,$\text{tr}(\cdot)$ 是矩阵的迹,问题 P_1 可以等价地转化为问题 P_2,如式(2-17a)所示。由于秩-1 的约束(2-17h),问题 P_2 仍然是非凸的。

$$P_2: \min_{\rho_k, \boldsymbol{W}_k, \boldsymbol{U}_m, \boldsymbol{V}_n} \sum_{k=1}^{K}\text{tr}(\boldsymbol{W}_k) + \sum_{m=1}^{M}\text{tr}(\boldsymbol{U}_m) + \sum_{n=1}^{N}\text{tr}(\boldsymbol{V}_n), \quad (2\text{-}17\text{a})$$

s.t. $\frac{1}{\gamma_{\text{ier},k}}\text{tr}(\boldsymbol{H}_k\boldsymbol{W}_k) - \sum_{i \neq k}^{K}\text{tr}(\boldsymbol{H}_k\boldsymbol{W}_i) - \sum_{j=1}^{M}\text{tr}(\boldsymbol{H}_k\boldsymbol{U}_j) - \sum_{z=1}^{N}\text{tr}(\boldsymbol{H}_k\boldsymbol{V}_z) \geq \sigma_{\text{a},k}^2 + \frac{\sigma_{\text{c},k}^2}{\rho_k},$

$$(2\text{-}17\text{b})$$

$$\frac{1}{\gamma_{\text{ir},m}}\text{tr}(\boldsymbol{F}_m\boldsymbol{U}_m) - \sum_{j \ne m}^{M}\text{tr}(\boldsymbol{F}_m\boldsymbol{U}_j) - \sum_{i=1}^{K}\text{tr}(\boldsymbol{F}_m\boldsymbol{W}_i) - \sum_{z=1}^{N}\text{tr}(\boldsymbol{F}_m\boldsymbol{V}_z) \geqslant \sigma_{\text{ir},m}^2, \quad (2\text{-}17\text{c})$$

$$\sum_{j=1}^{K}\text{tr}(\boldsymbol{H}_k\boldsymbol{W}_i) + \sum_{j=1}^{M}\text{tr}(\boldsymbol{H}_k\boldsymbol{U}_j) + \sum_{z=1}^{N}\text{tr}(\boldsymbol{H}_k\boldsymbol{V}_z) \geqslant \frac{E_0}{1-\rho_k}, \quad (2\text{-}17\text{d})$$

$$\sum_{i=1}^{K}\text{tr}(\boldsymbol{G}_n\boldsymbol{W}_i) + \sum_{j=1}^{M}\text{tr}(\boldsymbol{G}_n\boldsymbol{U}_j) + \sum_{z=1}^{N}\text{tr}(\boldsymbol{G}_n\boldsymbol{V}_z) \geqslant F_0, \quad (2\text{-}17\text{e})$$

$$0 < \rho_k < 1, \forall k, \quad (2\text{-}17\text{f})$$

$$\boldsymbol{W}_k \geqslant 0, \forall k, \boldsymbol{U}_m \geqslant 0, \forall m, \boldsymbol{V}_n \geqslant 0, \forall n, \quad (2\text{-}17\text{g})$$

$$\text{Rank}(\boldsymbol{W}_k) = 1, \forall k, \text{Rank}(\boldsymbol{U}_m) = 1, \forall m, \text{Rank}(\boldsymbol{V}_n) = 1, \forall n. \quad (2\text{-}17\text{h})$$

然后,采用 SDR,丢掉问题 P_2 的秩-1 约束(2-17h),问题 P_2 可以放缩为问题 P_3,即

$$P_3: \min_{\rho_k, \boldsymbol{W}_k, \boldsymbol{U}_m, \boldsymbol{V}_n} \sum_{k=1}^{K}\text{tr}(\boldsymbol{W}_k) + \sum_{m=1}^{M}\text{tr}(\boldsymbol{U}_m) + \sum_{n=1}^{N}\text{tr}(\boldsymbol{V}_n), \quad (2\text{-}18)$$

s.t. 式(2-17b)、式(2-17d)、式(2-17c)、式(2-17e)、式(2-17f)、式(2-17g)。

因此,问题 P_3 是凸的。通过采用优化工具如 CVX[116],问题 P_3 可以被有效地求解,即问题 P_3 的最优解 $\{\boldsymbol{W}_k^*, \boldsymbol{U}_m^*, \boldsymbol{V}_n^*, \rho_k^*\}$ 可以被求得。尽管如此,原问题 P_0 的最优解应是 $\{\boldsymbol{w}_k^*, \boldsymbol{u}_m^*, \boldsymbol{v}_n^*, \rho_k^*\}$,而不是 $\{\boldsymbol{W}_k^*, \boldsymbol{U}_m^*, \boldsymbol{V}_n^*, \rho_k^*\}$。注意,只有当 $\text{Rank}(\boldsymbol{W}_k^*)=1$,$\text{Rank}(\boldsymbol{U}_m^*)=1$ 和 $\text{Rank}(\boldsymbol{V}_n^*)=1$ 时,问题的精确解 $\{\boldsymbol{w}_k^*, \boldsymbol{u}_m^*, \boldsymbol{v}_n^*, \rho_k^*\}$ 才会通过 $\boldsymbol{W}_k^*$,$\boldsymbol{U}_m^*$ 和 $\boldsymbol{V}_n^*$ 的特征值分解来恢复。否则,可以通过 $\boldsymbol{W}_k^*$,$\boldsymbol{U}_m^*$ 和 $\boldsymbol{V}_n^*$ 的最大特征值获得近似最优解。

2.3.3 全局最优性分析

如上小节所述,只有满足秩-1 约束条件,求解问题 P_3 才能保证原问题 P_0 解的全局最优性。所以,本小节将通过以下情况讨论所提算法的全局最优性。

通过考虑系统中 IERs、IRs 和 ERs 数量的不同,分析 $\boldsymbol{W}_k^*$,$\boldsymbol{U}_m^*$ 和 $\boldsymbol{V}_n^*$ 的秩-1 约束条件,讨论所提出的求解方法的全局最优性。

情况 1:K 个 IERs,0 个 IRs,0 个 ERs(即 $K \geqslant 1, M=0, N=0$)。该系统中只存在 K 个 IERs,没有 IRs 和 ERs。

情况 2:0 个 IERs,M 个 IRs,N 个 ERs(即 $K=0, M \geqslant 1, N \geqslant 1$)。该系统中只存在 M 个 IRs 和 N 个 ERs,没有 IERs。

情况 3:K 个 IERs,M 个 IRs,0 个 ERs(即 $K \geqslant 1, M \geqslant 1, N=0$)。该系统中只存在 K 个 IERs 和 M 个 IRs,没有 ERs。

情况 4:K 个 IERs,0 个 IRs,N 个 ERs(即 $K \geqslant 1, M=0, N \geqslant 1$)。该系统中只存在 K 个 IERs 和 N 个 ERs,没有 IRs。

情况 5:K 个 IERs,M 个 IRs,N 个 ERs(即 $K \geqslant 1, M \geqslant 1, N \geqslant 1$)。该系统中存在 K 个 IERs、M 个 IRs 和 N 个 ERs。

命题 2.1 对于考虑的系统和提出的解决方法,在情况 1,2,3 和 4 下,秩-1 约束条件始终成立,即在这 4 种情况下,原问题 P_0 的全局最优解可以被保证。

证明:对于情况 1,设 $\boldsymbol{W}_k^*$ 为问题 P_3 的最优解。λ_k^*,δ_k^* 和 $\boldsymbol{X}_k^*$ 是其对偶问题的最优解。为了证明秩-1 约束条件,需要的一些 KKT 条件表示如下:

$$\boldsymbol{I}_{N_t} - \frac{\lambda_k^*}{r_{\text{ier},k}}\boldsymbol{H}_k^{\text{H}} - \sum_{k=1}^{K}\delta_k^*\boldsymbol{H}_k^{\text{H}} - \boldsymbol{X}_k = \boldsymbol{0}, \tag{2-19}$$

$$\boldsymbol{W}_k\boldsymbol{X}_k = \boldsymbol{0}, \tag{2-20}$$

根据问题 $\boldsymbol{P}_3$ 的约束(2-17b),以及式(2-20),可以推导出 $\boldsymbol{W}_k^* \neq \boldsymbol{0}$ 和

$$\text{Rank}(\boldsymbol{X}_k^*) \leqslant N_t - 1. \tag{2-21}$$

依据式(2-19),可得

$$\text{Rank}(\boldsymbol{X}_k^*) = \text{Rank}\left(\boldsymbol{I}_{N_t} - \left(\frac{\lambda_k^*}{r_{\text{ier},k}} + \sum_{k=1}^{K}\delta_k^*\right)\boldsymbol{H}_k^{\text{H}}\right) \geqslant N_t - 1. \tag{2-22}$$

因此,$\text{Rank}(\boldsymbol{X}_k^*) = N_t - 1$。根据式(2-20),可以得到

$$\text{Rank}(\boldsymbol{W}_k^*) \leqslant N_t - \text{Rank}(\boldsymbol{X}_k^*) \leqslant 1. \tag{2-23}$$

由于 $\boldsymbol{W}_k^* \neq \boldsymbol{0}$,$\text{Rank}(\boldsymbol{W}_k^*) = 1$ 一直成立。

情况 2 的证明过程类似于情况 1,为了简单起见,在此省略该证明。

对于情况 3,设 $\boldsymbol{W}_k^*$ 和 $\boldsymbol{U}_m^*$ 是问题 $\boldsymbol{P}_3$ 的最优解。λ_k^*,δ_k^*,α_m^*,$\boldsymbol{X}_k^*$ 和 $\boldsymbol{Y}_m^*$ 是其对偶问题的最优解。

为了证明秩-1 约束条件,需要给出一些相应的 KKT 条件,如下:

$$\boldsymbol{I}_{N_t} - \frac{\lambda_k^*}{r_{\text{ier},k}}\boldsymbol{H}_k^{\text{H}} - \sum_{k=1}^{K}\delta_k^*\boldsymbol{H}_k^{\text{H}} + \sum_{m=1}^{M}\alpha_m^*\boldsymbol{F}_m^{\text{H}} - \boldsymbol{X}_k = \boldsymbol{0}, \tag{2-24}$$

$$\boldsymbol{W}_k\boldsymbol{X}_k = \boldsymbol{0}, \tag{2-25}$$

$$\boldsymbol{I}_{N_t} + \sum_{k=1}^{K}\lambda_k^*\boldsymbol{H}_k^{\text{H}} - \sum_{k=1}^{K}\delta_k^*\boldsymbol{H}_k^{\text{H}} - \frac{\alpha_m^*}{r_{\text{ir},k}}\boldsymbol{F}_m^{\text{H}} - \boldsymbol{Y}_m = \boldsymbol{0}, \tag{2-26}$$

$$\boldsymbol{U}_m\boldsymbol{Y}_m = \boldsymbol{0}. \tag{2-27}$$

将式(2-24)乘以 $\boldsymbol{W}_k^*$,并利用式(2-25),可以推导出

$$\left(\boldsymbol{I}_{N_t} + \sum_{m=1}^{M}\alpha_m^*\boldsymbol{F}_m^{\text{H}}\right)\boldsymbol{W}_k^* = \left(\frac{\lambda_k^*}{r_{\text{ier},k}} + \sum_{k=1}^{K}\delta_k^*\right)\boldsymbol{H}_k^{\text{H}}\boldsymbol{W}_k^*, \tag{2-28}$$

这意味着

$$\text{Rank}\left(\left(\boldsymbol{I}_{N_t} + \sum_{m=1}^{M}\alpha_m^*\boldsymbol{F}_m^{\text{H}}\right)\boldsymbol{W}_k^*\right) = \text{Rank}\left(\left(\frac{\lambda_k^*}{r_{\text{ier},k}} + \sum_{k=1}^{K}\delta_k^*\right)\boldsymbol{H}_k^{\text{H}}\right) \leqslant 1. \tag{2-29}$$

因为 $\boldsymbol{I}_{N_t} + \sum_{m=1}^{M}\alpha_m^*\boldsymbol{F}_m^{\text{H}} > \boldsymbol{0}$,下面的关系式成立:

$$\text{Rank}(\boldsymbol{W}_k^*) = \text{Rank}\left(\left(\boldsymbol{I}_{N_t} + \sum_{m=1}^{M}\alpha_m\boldsymbol{F}_m^{\text{H}}\right)\boldsymbol{W}_k^*\right). \tag{2-30}$$

最后,使用式(2-29)和式(2-30),期望的结果 $\text{Rank}(\boldsymbol{W}_k^*) \leqslant 1$ 可以被得到。由问题 $\boldsymbol{P}_3$ 的约束(2-17b),可以推导得到 $\boldsymbol{W}_k^* \neq \boldsymbol{0}$。因此,$\text{Rank}(\boldsymbol{W}_k^*) = 1$ 一直成立。

将式(3-21)乘以 $\boldsymbol{U}_m^*$,并使用式(3-22),可以得到

$$\left(\boldsymbol{I}_{N_t} - \frac{\alpha_m^*}{r_{\text{ir},k}}\boldsymbol{F}_m^{\text{H}}\right)\boldsymbol{U}_m = \left(\sum_{k=1}^{K}\delta_k^* - \sum_{k=1}^{K}\lambda_k^*\right)\boldsymbol{H}_k^{\text{H}}\boldsymbol{U}_m^*. \tag{2-31}$$

这意味着

$$\text{Rank}\left(\left(\boldsymbol{I}_{N_t} - \frac{\alpha_m^*}{r_{\text{ir},k}}\boldsymbol{F}_m^{\text{H}}\right)\boldsymbol{U}_m^*\right) = \text{Rank}\left(\left(\sum_{k=1}^{K}\delta_k^* - \sum_{k=1}^{K}\lambda_k^*\right)\boldsymbol{H}_k^{\text{H}}\boldsymbol{U}_m^*\right) \leqslant 1. \tag{2-32}$$

基于

$$\text{Rank}\left(\left(\boldsymbol{I}_{N_t} - \frac{\alpha_m^*}{r_{\text{ir},k}}\boldsymbol{F}_m^{\text{H}}\right)\boldsymbol{U}_m^*\right) \leqslant \min\left\{\text{Rank}\left(\boldsymbol{I}_{N_t} - \frac{\alpha_m^*}{r_{\text{ir},k}}\boldsymbol{F}_m^{\text{H}}\right), \text{Rank}(\boldsymbol{U}_m^*)\right\} \tag{2-33}$$

和

$$\text{Rank}\left(\boldsymbol{I}_{N_t} - \frac{\alpha_m^*}{r_{\text{ir},k}}\boldsymbol{F}_m^H\right) = N_t - 1, \tag{2-34}$$

利用式(2-32),可以推导出

$$\text{Rank}\left(\left(\boldsymbol{I}_{N_t} - \frac{\alpha_m^*}{r_{\text{ir},k}}\boldsymbol{F}_m^H\right)\boldsymbol{U}_m\right) \leqslant \text{Rank}(\boldsymbol{U}_m^*) \leqslant 1. \tag{2-35}$$

最后,由问题 $\boldsymbol{P}_3$ 的约束(2-17c),可以获得 $\boldsymbol{U}_m^* \neq \boldsymbol{0}$。因此,$\text{Rank}(\boldsymbol{U}_m) = 1$ 总是成立。
情况 4 的证明与情况 3 类似,为了简单起见,该证明在此省略。

□

命题 2.2 对于考虑的系统和提出的解决方案,在情况 1,2,3 和 4 下存在

$$\text{Rank}(\boldsymbol{W}_k^*) \leqslant N_t - \text{Rank}(\boldsymbol{X}_k^*),$$
$$\text{Rank}(\boldsymbol{U}_m^*) \leqslant N_t - \text{Rank}(\boldsymbol{Y}_m^*),$$
$$\text{Rank}(\boldsymbol{V}_n^*) \leqslant N_t - \text{Rank}(\boldsymbol{Z}_n^*).$$

其中 $\boldsymbol{W}_k^*$,$\boldsymbol{U}_m^*$ 和 $\boldsymbol{V}_n^*$ 是问题 $\boldsymbol{P}_3$ 的最优解。$\boldsymbol{X}_k^*$,$\boldsymbol{Y}_m^*$ 和 $\boldsymbol{Z}_n^*$ 为问题 $\boldsymbol{P}_3$ 的对偶问题的对偶变量。尤其是当 $\text{Rank}(\boldsymbol{V}_n^*) = 0$ 时,$\text{Rank}(\boldsymbol{W}_k^*) = 1$ 和 $\text{Rank}(\boldsymbol{U}_m^*) = 1$ 成立[①]。

证明:对于情况 5,设 $\boldsymbol{W}_k^*$,$\boldsymbol{U}_m^*$ 和 $\boldsymbol{V}_n^*$ 是问题 $\boldsymbol{P}_3$ 的最优解。λ_k^*,δ_k^*,α_m^*,β_n^*,$\boldsymbol{X}_k^*$,$\boldsymbol{Y}_m^*$ 和 $\boldsymbol{Z}_n^*$ 是其对偶问题的最优解。证明中需要的相关 KKT 条件如下:

$$\boldsymbol{I}_{N_t} - \frac{\lambda_k^*}{r_{\text{ier},k}}\boldsymbol{H}_k^H - \sum_{k=1}^{K}\delta_k^*\boldsymbol{H}_k^H + \sum_{m=1}^{M}\alpha_m^*\boldsymbol{F}_m^H - \sum_{n=1}^{N}\beta_n^*\boldsymbol{G}_n^H - \boldsymbol{X}_k^* = \boldsymbol{0}, \tag{2-36}$$

$$\boldsymbol{I}_{N_t} + \sum_{k=1}^{K}\lambda_k^*\boldsymbol{H}_k^H - \sum_{k=1}^{K}\delta_k^*\boldsymbol{H}_k^H - \frac{\alpha_m^*}{r_{\text{ir},k}}\boldsymbol{F}_m^H - \sum_{n=1}^{N}\beta_n^*\boldsymbol{G}_n^H - \boldsymbol{Y}_m^* = \boldsymbol{0}, \tag{2-37}$$

$$\boldsymbol{I}_{N_t} + \sum_{k=1}^{K}\lambda_k^*\boldsymbol{H}_k^H - \sum_{k=1}^{K}\delta_k^*\boldsymbol{H}_k^H + \sum_{m=1}^{M}\alpha_m^*\boldsymbol{F}_m^H - \sum_{n=1}^{N}\beta_n^*\boldsymbol{G}_n^H - \boldsymbol{Z}_n^* = \boldsymbol{0}, \tag{2-38}$$

$$\boldsymbol{W}_k\boldsymbol{X}_k^* = \boldsymbol{0}, \quad \boldsymbol{U}_m\boldsymbol{Y}_m^* = \boldsymbol{0}, \quad \boldsymbol{V}_n\boldsymbol{Z}_n^* = \boldsymbol{0}. \tag{2-39}$$

然后,用式(2-37)减去式(2-36),可以得到

$$\boldsymbol{X}_k^* = \boldsymbol{Z}_n^* - \left(\sum_{k=1}^{K}\lambda_k^* + \frac{\lambda_k^*}{r_{\text{ier},k}}\right)\boldsymbol{H}_k^H. \tag{2-40}$$

用式(2-38)减去式(2-37),可以得到

$$\boldsymbol{Y}_m^* = \boldsymbol{Z}_n^* - \left(\sum_{m=1}^{M}\alpha_m^* + \frac{\alpha_m^*}{r_{\text{ir},k}}\right)\boldsymbol{F}_m^H. \tag{2-41}$$

基于式(2-40)和式(2-41),当 $\boldsymbol{Z}_n^* \neq \boldsymbol{0}$,即 $\boldsymbol{Z}_n^* > \boldsymbol{0}$ 时,它们可以分别重新表示为

$$\boldsymbol{X}_k^* = \boldsymbol{Z}_n^{*\frac{1}{2}}\left(\boldsymbol{I}_{N_t} - \left(\sum_{k=1}^{K}\lambda_k^* + \frac{\lambda_k^*}{r_{\text{ier},k}}\right)\boldsymbol{Z}_n^{*-\frac{1}{2}}\boldsymbol{H}_k^H\boldsymbol{Z}_n^{*-\frac{1}{2}}\right)\boldsymbol{Z}_n^{*\frac{1}{2}}, \tag{2-42}$$

$$\boldsymbol{Y}_m^* = \boldsymbol{Z}_n^{*\frac{1}{2}}\left(\boldsymbol{I}_{N_t} - \left(\sum_{m=1}^{M}\alpha_m^* + \frac{\alpha_m^*}{r_{\text{ir},k}}\right)\boldsymbol{Z}_n^{*-\frac{1}{2}}\boldsymbol{F}_m^H\boldsymbol{Z}_n^{*-\frac{1}{2}}\right)\boldsymbol{Z}_n^{*\frac{1}{2}}. \tag{2-43}$$

因此,可以推导出

$$\text{Rank}(\boldsymbol{X}_k^*) = \text{Rank}\left(\boldsymbol{I}_{N_t} - \left(\sum_{k=1}^{K}\lambda_k^* + \frac{\lambda_k^*}{r_{\text{ier},k}}\right)\boldsymbol{Z}_n^{*-\frac{1}{2}}\boldsymbol{H}_k^H\boldsymbol{Z}_n^{*-\frac{1}{2}}\right), \tag{2-44}$$

[①] 注意:$\text{Rank}(\boldsymbol{V}_n^*) = 0$ 仅表示 H-AP 对于 ERs 的波束赋形向量为零,并不表示 ERs 的数量为零。它还表明,在这种情况下,只有获得最优的 $\boldsymbol{W}_k^*$ 和 $\boldsymbol{U}_m^*$,ERs 的 EH 需求才能得到满足。

$$\text{Rank}(\boldsymbol{Y}_m^*) = \text{Rank}\Big(\boldsymbol{I}_{N_t} - \big(\sum_{m=1}^{M}\alpha_m^* + \frac{\alpha_m^*}{r_{\text{ir},k}}\big)\boldsymbol{Z}_n^{*-\frac{1}{2}}\boldsymbol{F}_m^{\text{H}}\boldsymbol{Z}_n^{*-\frac{1}{2}}\Big). \tag{2-45}$$

因为 $\boldsymbol{H}_k \neq \boldsymbol{0}$ 和 $\boldsymbol{F}_m \neq \boldsymbol{0}$，可以得到

$$\text{Rank}(\boldsymbol{X}_k^*) = N_t - 1, \tag{2-46}$$
$$\text{Rank}(\boldsymbol{Y}_m^*) = N_t - 1. \tag{2-47}$$

根据式(2-39)、式(2-46)和式(2-47)，可以得到

$$\text{Rank}(\boldsymbol{W}_k^*) \leqslant N_t - \text{Rank}(\boldsymbol{X}_k^*) \leqslant 1, \tag{2-48}$$
$$\text{Rank}(\boldsymbol{U}_m^*) \leqslant N_t - \text{Rank}(\boldsymbol{Y}_m^*) \leqslant 1, \tag{2-49}$$
$$\text{Rank}(\boldsymbol{V}_n^*) \leqslant N_t - \text{Rank}(\boldsymbol{Z}_n^*). \tag{2-50}$$

此外，根据问题 P_2 的约束(2-17b)和约束(2-17c)，可以推断出 $\boldsymbol{W}_k^* \neq \boldsymbol{0}$ 和 $\boldsymbol{U}_m^* \neq \boldsymbol{0}$。因此，依据式(2-48)和式(2-49)，当 $\text{Rank}(\boldsymbol{V}_n^*) = 0$ 时①，可以得到 $\text{Rank}(\boldsymbol{U}_m^*) = 1$。

当 $\boldsymbol{Z}_n^* = \boldsymbol{0}$，即 $\text{Rank}(\boldsymbol{Z}_n^*) = 0$ 时，利用式(2-39)可以得到 $\boldsymbol{V}_n^* \neq \boldsymbol{0}$。根据式(2-50)，可以推导出 $\text{Rank}(\boldsymbol{V}_n^*) \leqslant N_t$。

除此之外，基于式(2-40)和式(2-41)，可以推导得到 $\text{Rank}(\boldsymbol{X}_k^*) = 1$ 和 $\text{Rank}(\boldsymbol{Y}_m^*) = 1$。根据式(2-48)和式(2-49)，可以得到 $\text{Rank}(\boldsymbol{W}_k^*) \leqslant N_t$ 和 $\text{Rank}(\boldsymbol{U}_m^*) \leqslant N_t$。因此，当 $\boldsymbol{Z}_n^* = \boldsymbol{0}$ 时，可以得到 $\text{Rank}(\boldsymbol{V}_n^*) \leqslant N_t$，$\text{Rank}(\boldsymbol{W}_k^*) \leqslant N_t$ 和 $\text{Rank}(\boldsymbol{U}_m^*) \leqslant N_t$。

□

对于情况5，当 $\text{Rank}(\boldsymbol{V}_n^*) \neq 0$ 时，对于 $\text{Rank}(\boldsymbol{W}_k^*) = 1$ 和 $\text{Rank}(\boldsymbol{U}_m^*) = 1$，理论上难以证明。因此，下一节将通过一些仿真实验来讨论其解的最优性。

2.4 仿真结果与分析

本节将通过一些仿真结果来讨论优化设计的同构多用户 SWIPT 系统的性能。在仿真实验中，除非另有说明，否则设置 $N_t = 10$，$K = 2$，$M = 2$，$N = 3$，$\sigma_{a,k}^2 = 10^{-6}$ W，$\sigma_{c,k}^2 = 10^{-5}$ W 和 $\sigma_{\text{ir}}^2 = 10^{-5.5}$ W。为了满足实际 EH 需求，由于 ID 和 EH 通常以不同的功率灵敏度执行操作(即 ID 为 -60 dBm，EH 为 -10 dBm)，所以 IER 和 ER 的位置相对靠近 H-AP。具体来说，在仿真中分别在 [15,20]m、[20,25]m 和 [10,15]m 的区域内随机设置从 H-AP 到 IER、IR 和 ER 的距离，其中路径损耗因子为2。为了进行对比，本小节还对线性 EH 模型下的系统进行了仿真，并将其能量转换效率 η 设置为0.5。对于非线性 EH 模型，分别设置 $M = 24$ mW，$a = 150$ 和 $b = 0.014$[64]。不失一般性，假设所有 IERs 和 IRs 具有相同的 SINR 需求，即 $\gamma_{\text{ier},k} = \gamma_{\text{ier}}$ 和 $\gamma_{\text{ir},m} = \gamma_{\text{ir}}$，所有 IERs 和 ERs 具有相同的能量收集需求，即 $Q_{\text{ier},k} = Q_{\text{ier}}$ 和 $Q_{\text{er},n} = Q_{\text{er}}$。

2.4.1 用户信息需求对系统性能的影响

图 2.2 绘制了在非线性和线性 EH 模型下系统总发射功率 P_t 分别与 γ_{ier} 和 γ_{ir} 的关系，其中 $Q_{\text{ier}} = 10$ mW 和 $Q_{\text{er}} = 15$ mW。从图中可以看出，P_t 随着 γ_{ier} 和 γ_{ir} 的增加而增加，因为为了满足 IERs 和 IRs 高的 QoS 需求，更多的功率将要被消耗。P_t 随着 γ_{ir} 下降的速率大于

---

① 根据式(2-39)，$\boldsymbol{Z}_n^* \neq \boldsymbol{0}$ 导致 $\boldsymbol{V}_n^* = \boldsymbol{0}$，即 $\text{Rank}(\boldsymbol{V}_n^*) = 0$。

其随着 γ_{ier} 下降的速率，这意味着 IRs 的 SINR 需求对于总发射功率 P_t 的影响要大于 IERs 的 SINR 需求。在线性 EH 模型下，P_t 可以根据问题 $\mathbf{P}_3$ 的约束条件进行优化得到，即采用与实际电路非线性特性不匹配的线性 EH 模型进行仿真实验。此外，由于基于线性 EH 模型设计的系统对于波束赋形向量和 PS 因子的优化不匹配性，优化得到的 P_t 比基于非线性 EH 模型设计的系统要大。

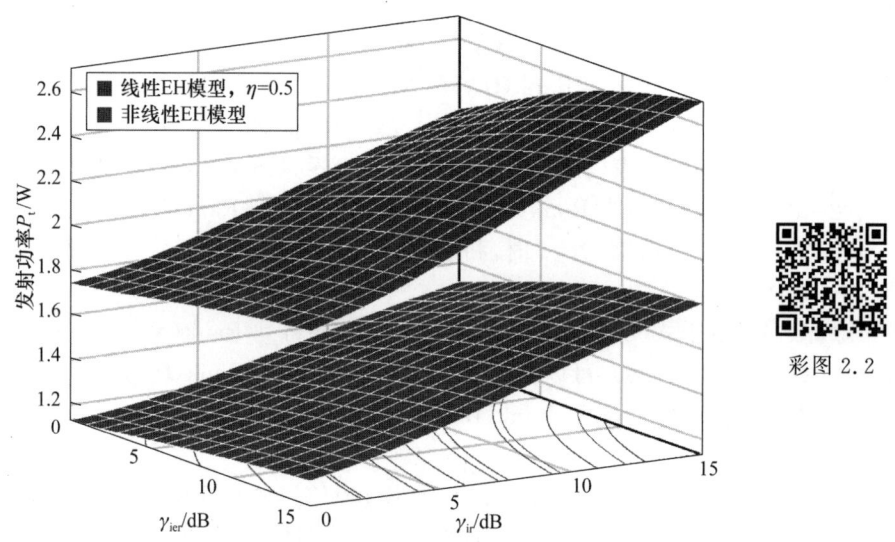

图 2.2　总发射功率 P_t 与 IERs 和 IRs 的信息需求，即 γ_{ier} 和 γ_{ir} 的关系

图 2.3 展示了总发射功率 P_t 与 γ_{ier} 的关系且 $\gamma_{\text{ir}} = 5$ dB，以及 P_t 与 γ_{ir} 的关系且 $\gamma_{\text{ier}} = 5$ dB，其中 $Q_{\text{ier}} = 10$ mW 和 $Q_{\text{er}} = 15$ mW。从图中可以观察到 P_t 随着 γ_{ier} 的增大而逐渐增加，并且逐渐趋于平缓。相对地，P_t 也随着 γ_{ir} 的增大而增加，但是增加的速率变大。这表明，与 IER 的 γ_{ier} 相比，IR 的 γ_{ir} 对 P_t 的影响更大，这与图 2.2 中的结果一致。

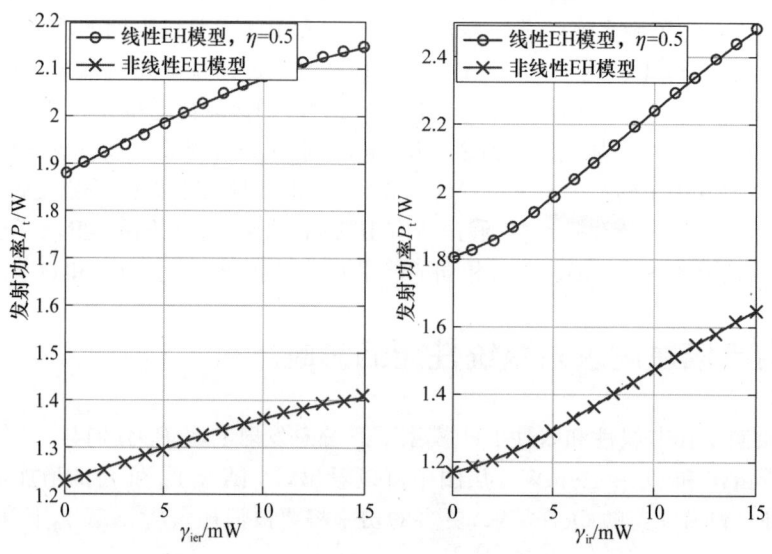

图 2.3　总发射功率 P_t 与 IERs 的信息需求（即 γ_{ier}）的关系（其中 IRs 的信息需求 $\gamma_{\text{ir}} = 5$ dB）和 P_t 与 IRs 的信息需求（即 γ_{ir}）的关系（其中 IERs 的信息需求 $\gamma_{\text{ier}} = 5$ dB）

2.4.2 用户能量需求对系统性能的影响

图 2.4 评估了在线性和非线性 EH 模型下 Q_{ier} 和 Q_{er} 对于系统总发射功率的影响,其中 $\gamma_{ier}=5$ dB 和 $\gamma_{ir}=10$ dB。结果显示基于线性 EH 模型系统,P_t 随着 Q_{ier} 和 Q_{er} 的增大而线性增加。而基于非线性 EH 模型系统,P_t 随着 Q_{ier} 和 Q_{er} 的增大而非线性增加,并且由于非线性 EH 电路特性的影响,对于 Q_{ier} 和 Q_{er} 会有一个对应的饱和区域。如图 2.4 所示,当 Q_{ier} 和 Q_{er} 为 24 mW 时,发射功率将趋于无穷大,因为在仿真中,设置了 $M=24$ mW。此外,与非线性和线性 EH 模型相关的两条曲线之间还存在一条交线 L。图 2.5 显示了关于 Q_{ier} 和 Q_{er} 图 2.4 的投影。可以看出当 Q_{ier} 和 Q_{er} 在浅蓝色区域时,基于线性 EH 模型优化得到的 P_t 比基于非线性 EH 模型得到的结果要大。这意味着对于实际的 EH 电路,尽管线性 EH 模型是可行的,但其优化的系统会消耗更多的发射功率 P_t。当 Q_{ier} 和 Q_{er} 在绿色区域时,基于非线性 EH 模型优化得到的 P_t 大于基于线性 EH 模型所得到的结果,但是在这种情况下,线性 EH 模型会导致错误的输出。因为在线性 EH 模型下获得的最优波束赋形向量和 PS 因子不能满足优化问题 $\mathbf{P}_2$ 的约束条件(2-17b)和(2-17c),即当 Q_{ier} 和 Q_{er} 位于绿色区域时,基于线性 EH 模型系统对应的优化问题没有可行解。同理,当 Q_{ier} 和 Q_{er} 在粉色区域时,基于线性 EH 模型的系统对应的优化问题同样没有可行解,并且在这种情况下,非线性 EH 模型超出了其饱和区域,对应的优化问题也没有可行解。

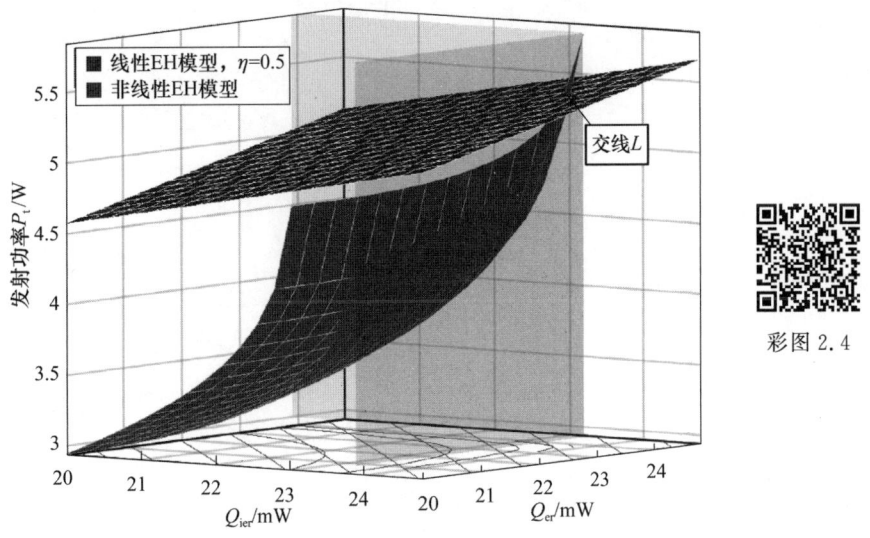

图 2.4 总发射功率 P_t 与 IERs 和 ERs 的能量需求(即 Q_{ier} 和 Q_{er})的关系

图 2.6 绘制了在线性和非线性 EH 模型下总发射功率 P_t 与 Q_{ier} 的关系且 $Q_{er}=23$ mW,以及 P_t 与 Q_{er} 的关系且 $Q_{ier}=23$ mW,其中 $\gamma_{ier}=5$ dB 和 $\gamma_{ir}=10$ dB。结果表明 Q_{ier} 和 Q_{er} 对于 P_t 有类似的影响,因为其 P_t 的下降速率之间几乎没有差异,这与图 2.4 中的结果一致。

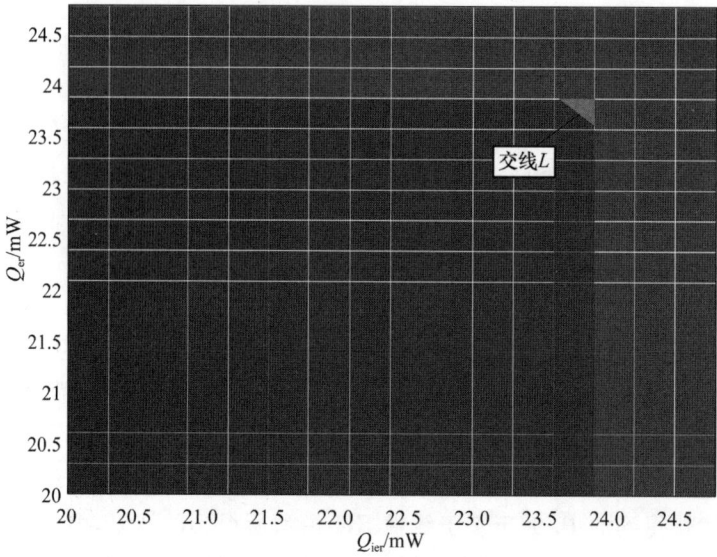

图 2.5　关于 IERs 和 ERs 的能量需求（即 Q_{ier} 和 Q_{er}）图 2.4 的投影

彩图 2.5

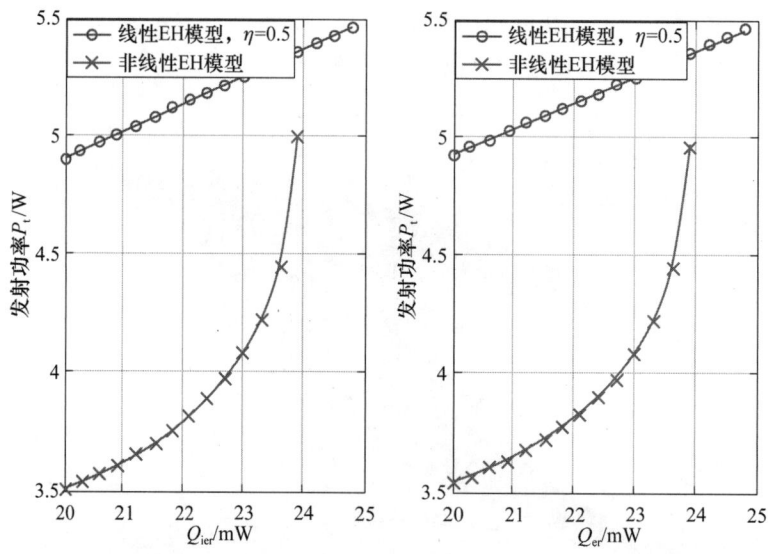

图 2.6　总发射功率 P_t 与 IERs 的能量需求（即 Q_{ier}）的关系（其中 ERs 的能量需求 $Q_{er,n}=23$ mW）和 P_t 与 ERs 的能量需求（即 Q_{er}）的关系（其中 IERs 的能量需求 $Q_{ier,n}=23$ mW）

2.4.3　用户数量对系统性能的影响

图 2.7 基于线性和非线性 EH 模型对比了 N_t 对发射功率 P_t 的影响且 ERs 的数量（即 N）不同，其中 $K=2$（IERs）和 $M=2$（IRs）。可以看出通过部署更多天线，可以减少 P_t 的消耗。但是，其减少速率随着 N_t 的增加而逐渐减小。此外，当 N_t 增大时，ERs 的数量对于总

发射功率 P_t 的影响逐渐变大。因为当 N_t 相对较小时，$\text{Rank}(\boldsymbol{V}_n^*)=0$，并且当 N_t 相对较大时，$\text{Rank}(\boldsymbol{V}_n^*)\leqslant N_t$，如命题 2.2 所述。

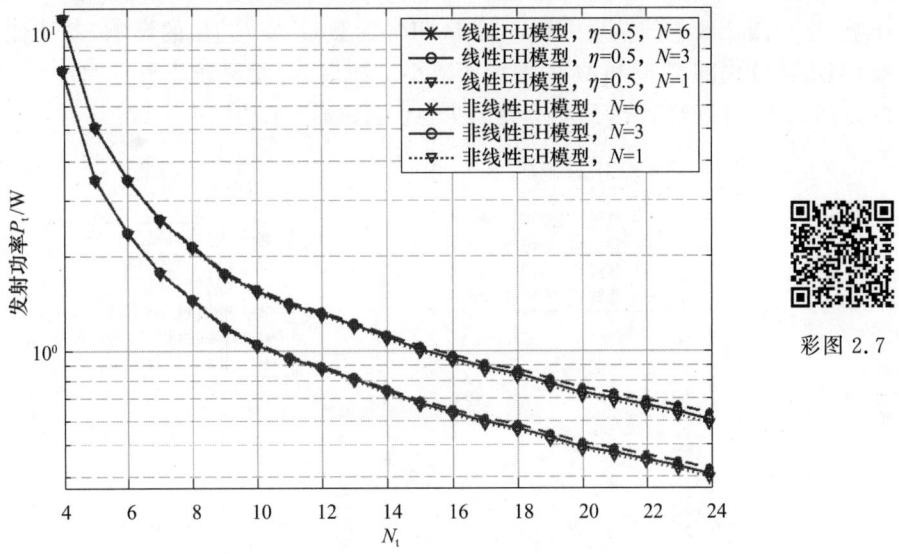

彩图 2.7

图 2.7　总发射功率 P_t 与天线根数 N_t 的关系，其中 ERs 的数量 N 不同

图 2.8 评估了基于线性和非线性 EH 模型总的发射功率 P_t 与 IERs 和 IRs（即 K 和 M）数量的关系，其中 ERs 的数量 $N=3$。可以看出，通过部署较少量的 IERs 和 IRs，可以减少 P_t 的需求，因为其对应的优化问题只需要满足较小的 SINR 和能量需求约束。此外，P_t 关于 K 的减少率小于其关于 M 的，这意味着 IRs 的数量对所需发射功率 P_t 的影响大于 IERs 的数量，因为 IRs 的 SINR 需求相对较高。

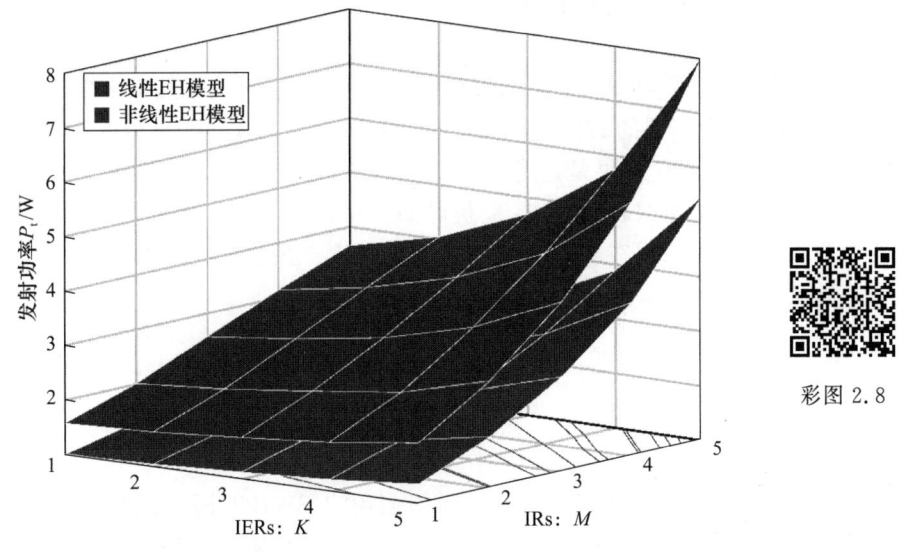

彩图 2.8

图 2.8　总发射功率 P_t 与 IERs 的数量（K）和 IRs 的数量（M）的关系，其中 ERs 的数量 $N=3$

图 2.9 展示了基于线性和非线性 EH 模型总的发射功率 P_t 与 K(IERs 的数量)且 $M=3$(IRs 的数量)和 M(IRs 的数量)且 $K=3$(IERs 的数量)的关系,其中 N(ERs 的数量)不同。可以看出,由于较少的 P_t 消耗,IRs 的数量 M 相对于 IERs 的数量 K 来说具有较大的影响,这和图 2.8 中的结果一致。对于 ERs 的数量 N 对 P_t 的影响,系统性能可以获得增益,但增益分别随着 K 和 M 的增加而减小。如果 N_t 相对较小或者固定,那么 IERs 和 IRs 的数量越多,分配给 ERs 的功率就越少,这与图 2.7 中的结果一致。

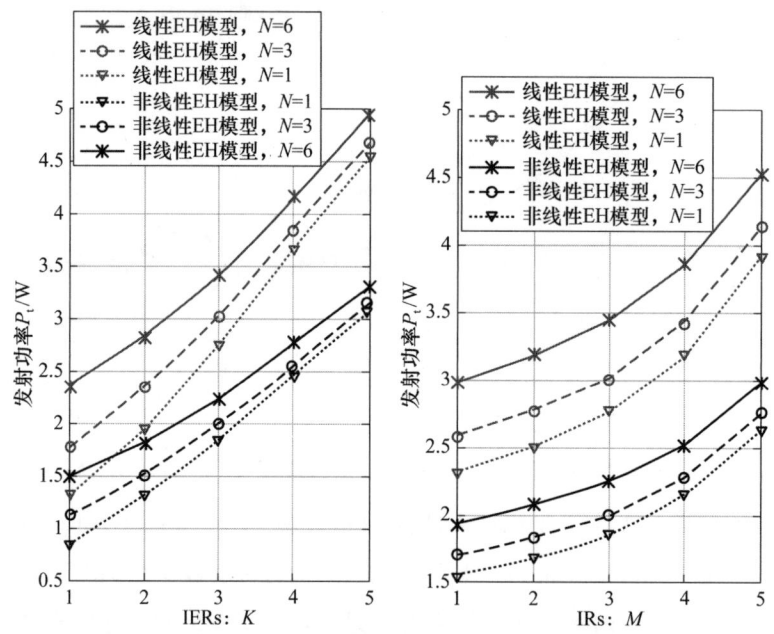

图 2.9 总发射功率 P_t 与 K(IERs 的数量)的关系〔其中 $M=3$(IRs 的数量)且 N(ERs 的数量)不同〕和 P_t 与 M 的关系(其中 $K=3$ 且 N 不同)

2.4.4 SDR 结果最优性分析

图 2.10 绘制了 P_t 的 SDR 结果和最优结果与 γ_{ier} 的关系且 $K=2$(IERs 的数量),$M=2$(IRs 的数量)和不同的 N(ERs 的数量),其中 $\gamma_{ir}=5$ dB。基于 SDR 的结果是通过求解问题 $\boldsymbol{P}_3$ 所得的,而最优结果是通过代入从问题 $\boldsymbol{P}_3$(采用 $\boldsymbol{W}_k^*$,$\boldsymbol{U}_m^*$ 和 $\boldsymbol{V}_n^*$ 的最大特征值分解)得到的最优值,从而求解问题 $\boldsymbol{P}_0$ 来获得的。可以看出,问题 $\boldsymbol{P}_3$ 的最优解与原问题 $\boldsymbol{P}_0$ 的最优解相匹配,这说明在 2.3.3 节中描述的情况 5 所提出的求解方法也实现了原问题 $\boldsymbol{P}_0$ 的全局最优。

2.5 本章小结

本章基于非线性 EH 模型研究了同构多用户 SWIPT 网络系统发射功率最小化问题。在该系统中,多天线 H-AP 同时向多个同构的单天线用户发送信息和功率。也就是说,多个 IERs、IRs 和 ERs 共存于单个网络系统中,分别从 H-AP 发送的 RF 信号中同时接收信

|第 2 章| 同构多用户 SWIPT 系统发射功率最小化设计

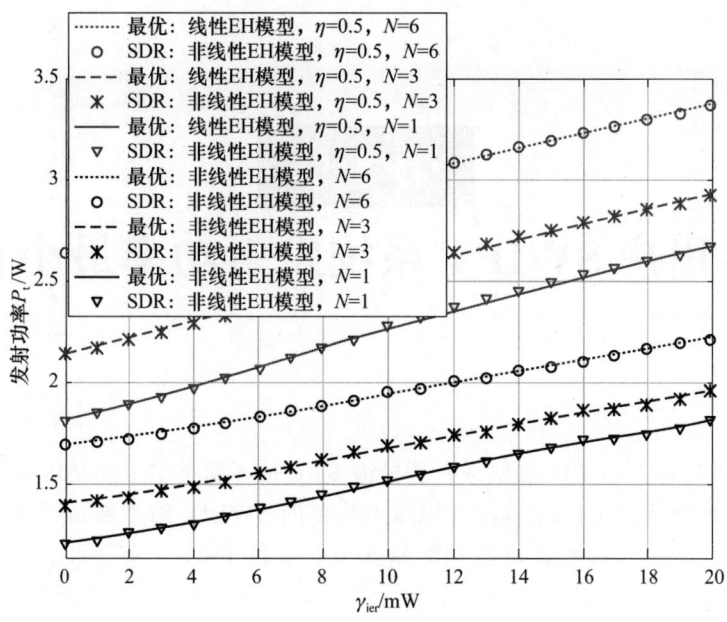

图 2.10 通过 SDR 得到的总发射功率 P_t 与最优结果的对比

息和能量。本章根据 IERs 和 IRs 所需的 SINR 以及 IERs 和 ERs 所收集能量的相关约束，联合优化 H-AP 的波束赋形向量和 IERs 的 PS 因子，最小化系统总的发射功率。本章主要包括以下创新点和结论。

- 为了最小化系统总发射功率，创建了对应的优化问题，其受限于 IERs 和 IRs 所需的 SINR 约束，以及 IERs 和 ERs 的能量收集约束。
- 由于该问题非凸，难以求解，采用 SDR 和变量代换的方法对该问题进行了求解。在多个同构用户不完全共存的场景下，从理论上证明了所提出求解方法保证了优化问题的全局最优性。在多个同构用户完全共存的场景下，通过仿真讨论了问题的全局最优性。
- 仿真结果表明，虽然传统的线性 EH 模型在某些情况下适用于实际的 EH 电路，但相应的设计系统比非线性 EH 模型下设计的系统消耗更多的发射功率。与 IERs 的 SINR 需求相比，IRs 的 SINR 需求对 H-AP 的发射功率的影响较大。IERs 和 ERs 收集的能量对 H-AP 的发射功率也有类似的影响。与 IERs 的数量相比，IRs 的数量对 H-AP 的发射功率有更大的影响。此外，当天线数量较少时，ERs 的数量对 H-AP 的发射功率的影响相对较小。

第 3 章
异构多用户 SWIPT 系统发射功率最小化设计

本章基于非线性逻辑 EH 模型研究了异构多用户(不同类型不同结构)〔即 PS 用户(PS Users,PSUs)和 TS 用户(TS Users,TSUs)〕共存的 SWIPT 网络系统发射功率最小化问题,其中多天线 H-AP 同时传输信息和能量给 PSUs 和 TSUs。通过联合优化 H-AP 的发射波束赋形向量、PSUs 的功率分割因子和 TSUs 的时间切换因子,建立满足用户信息速率和能量收集需求的系统传输功率最小化问题。由于该优化问题非凸,本章提出了一种基于 SDR 的两层算法,并从理论上证明了该算法的全局最优性。由于两层算法采用了一维搜索的方法,计算复杂度相对较大,因此本章还提出了一种基于 SCA 的算法,能够利用一阶泰勒近似找到低复杂度的近似最优解。此外,本章还对比分析了在传统线性 EH 模型和非线性逻辑 EH 模型下系统的性能,挖掘出在相同的 EH 需求下,TSUs 比 PSUs 更容易进入实际 EH 的电路饱和状态,但 EH 的效率高于 PSUs。

3.1 引 言

随着智能终端、传感器和 5G 通信的快速发展,包括 IoT、WSN、WPAN 和无线可穿戴网络在内的无线能量受限网络得到了广泛的应用或部署[61,117-118]。在无线能量受限的网络中,小型无线设备主要由容量有限的电池供电,在这种情况下更换电池可能不方便,且成本通常较高,特别是在恶劣环境和大规模部署的网络中。为了解决该问题,一种有效的方法是采用 EH 从周围的外部能源,如太阳、风、振动和 RF 信号中收集能量。其中,由于射频信号与天气和其他外部环境条件无关,因此这种方法能够提供稳定的能量供应,更适合为无线通信网络中的低功耗设备充电[22,119]。

基于 RF 信号的特点和优势,SWIPT 被提出并得到了广泛研究[43,113,120]。文献[43]针对非再生 MIMO-OFDM SWIPT 中继网络系统,研究了端到端可达速率的最大化问题。文献[113]考虑用户 MISO 下行链路 SWIPT 网络系统,通过优化发射波束赋形向量和 PS 因子研究了系统发射功率最小化问题。文献[120]考虑 SWIPT MIMO 广播网络系统,在满足用户最大发射功率和最小收集能量的约束条件下研究了系统能量效率最大化问题。但是,这些现有的研究采用的是传统的线性 EH 模型,其中理想地假设收集的能量随接收到的 RF 信号的输入功率线性增加。实际上,由于实际的 EH 电路主要由二极管、电阻和电容等非线

第 3 章 异构多用户 SWIPT 系统发射功率最小化设计

性元器件构成,表现出非线性特性而不是线性特性,收集的能量随着收到 RF 信号功率的增加而非线性增加并逐渐进入电路饱和状态。采用线性 EH 模型研究 SWIPT 系统的设计可能会导致不匹配的结果和系统配置。因此,本章将采用非线性逻辑 EH 模型,其通过对实际测量数据的拟合,能够更准确地描述实际 EH 电路的特性[54]。到目前为止,对于非线性逻辑 EH 模型,学者已经在多种 SWIPT 网络中进行了研究[79-80,86,115,121-122]。文献[79-80,86]分别研究了非线性逻辑 EH 模型下安全协作 MISO-NOMA、多小区和多用户 MISO 下行链路系统的人工噪声辅助波束赋形设计。文献[115,121-122]研究了非线性逻辑 EH 模型下具有分离和共存 EH 和 ID 接收机的 SWIPT 网络系统的信息-能量折衷问题。

本章基于非线性 EH 模型将研究异构多个 PS 和 TS 用户共存①的 SWIPT 网络系统的优化与设计。本章研究与现有研究的主要区别如下。

- 现有研究主要针对 SWIPT 系统分别考虑 PS 和 TS 接收机的应用进行[37,43,79-80,86,113,115,120-124]。也就是说,在其考虑的系统中,仅涉及 PS 接收机结构或仅涉及 TS 接收机结构。实际上,不同传感器由不同制造商生产且具有不同接收机结构,并且不可避免地会将这些传感器部署在单个无线通信网络中。因此,研究具有不同接收机结构的多用户 SWIPT 网络具有一定的实际意义。

- 关于 SWIPT 大多数现有研究采用传统的线性 EH 模型而不是非线性 EH 模型,与实际的 EH 电路非线性特性不匹配,并可能导致错误的系统配置结果输出[79-80,86,115,121-122]。为了避免线性 EH 模型造成系统性能损失,本章考虑非线性逻辑 EH 模型,更接近实际 EH 系统。

- 由于现有研究仅考虑 PS 或 TS 接收机结构,并且采用传统的线性 EH 模型,因此本章提出的问题求解方法与现有研究不同。例如,在基于 TS 接收机结构的系统中,可以使用投影函数方法来解决相应的优化问题[123-124]。在基于 PS 接收机结构的系统中,SDR 和二阶锥规划(Second-Order Cone Programming,SOCP)松弛是常用的有效的解决方法[37,113]。相比之下,在多个 PSUs 和 TSUs 并存的 SWIPT 网络系统中,由于 PS 和 TS 因子的耦合,上述方法不再有效。因此,需要设计新的解决方案。另外,在传统的线性 EH 模型下,相应的约束通常是线性且凸的,相对易于处理。但是,对于非线性逻辑 EH 模型,其相关的约束是非线性且非凸的,难以处理。本章同时考虑了 PS 和 TS 用户共存的场景以及非凸非凹的非线性逻辑 EH 模型的应用,因此设计的解决方案与现有研究存在很大不同且有难度。

本章主要创新点包括:

① 为了实现绿色物联网设计,同时探索系统在所需发射功率方面的性能极限,本章通过联合优化发射波束赋形向量、PSUs 的 PS 因子和 TSUs 的 TS 因子,建立了满足用户信息速率和能量收集需求约束的系统发射功率最小化问题。

② 优化变量的耦合性和非线性逻辑 EH 模型的非凸性使得问题的求解比较困难。因此,本章利用 SDR 提出了一种两层算法,并在理论上证明了该算法能够保证问题全局最优解。由于在两层算法中采用了一维搜索算法,复杂度相对较高,因此,通过采用 SDR 和一阶泰勒近似,本章还提出了 SCA 算法,以进行求解。该算法能够找到具有较低复杂度的近优

---

① 在实际网络场景中服务的用户可能由不同的厂商提供,且具有不同的功能和架构。

解,本章从理论上证明了该算法收敛于满足KKT条件的解。

③ 仿真实验对比分析了线性和非线性逻辑EH模型下系统的性能,挖掘出了不同的系统性能规律及特性。比如,在相同的EH需求下,TSUs比PSUs更容易进入EH电路饱和区域,且TSUs的EH效率高于PSUs。此外,在系统EH的可行域内,非线性EH模型下的系统最小发射功率远低于线性EH模型下的系统最小发射功率。

本章的各节内容安排:3.2介绍了多个PS和TS用户共存的SWIPT网络系统模型,以及信息和能量的传输过程;3.3节创建了系统发射功率最小化优化问题,提出了双层算法和SCA算法来进行求解,并对比分析了两种算法的复杂度;3.4节针对所研究的系统以及所设计的优化传输方案进行了仿真实验验证;3.5节对本章内容进行了总结。

3.2 系统模型

本章考虑异构PS和TS多用户共存的SWIPT网络系统,如图3.1所示,其中配备$N_t \geqslant 1$根天线的H-AP希望将信息传输给多个传感器用户。传感器受能量限制,需要定期供电。通过采用SWIPT接收机架构,每个传感器都能够从H-AP传输的RF信号中收集能量。考虑传感器可能由不同的制造商生产,其中一些具有TS的SWIPT功能,另一些具有PS的SWIPT功能。为了方便起见,采用PS接收机架构的传感器称为PSUs,采用TS接收机架构的传感器称为TSUs。为了更加清晰地表述,第m个PSU表示为PSU_m,其中$m=1,\cdots,M$;第n个TSU表示为TSU_n,其中$n=1,\cdots,N$。由于TSUs和PSUs的尺寸较小,假设它们都配备了一根天线。此外,假设该系统采用块衰落信道模型,使得所有信道系数在每个衰落块中保持恒定,并且可以独立地从一个块变化到下一个块。

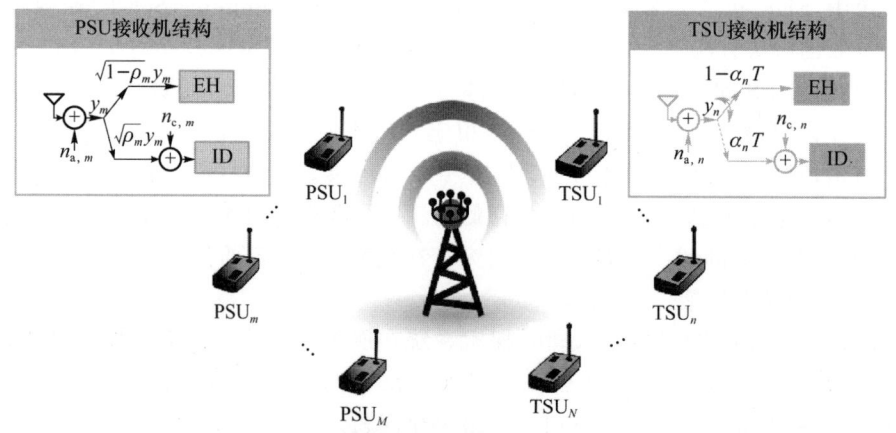

图3.1 异构PS和TS多用户共存的SWIPT网络系统模型

3.2.1 EH模型

如1.2.2节所述,对于SWIPT系统现有大部分研究均采用了传统线性EH模型,即假设收获的能量随着输入的接收功率线性增加。根据式(1-2),本章采用的线性 EH 模型可以表示为 $\Psi_{\mathrm{Lr}}=\eta P_{\mathrm{in}}$,其中 P_{in} 表示 EH 电路的输入功率,η 为能量转换效率。

然而,实际的 EH 电路由于整流器的饱和特性而表现出非线性 EH 行为,基于式(1-2),本章采用的非线性逻辑 EH 模型可以表示为

$$\Psi_{\mathrm{nLr}}(P_{\mathrm{in}})=\frac{\dfrac{P_{\max}}{1+\exp(-a(P_{\mathrm{in}}-b))}-\dfrac{P_{\max}}{1+\exp(ab)}}{1-\dfrac{1}{1+\exp(ab)}}, \tag{3-1}$$

其中,$P_{\max}$,a 和 b 都是常量,$P_{\max}$ 表示 EH 电路达到饱和状态时接收机的最大收集能量,a 反映了关于输入功率 P_{in} 的非线性 EH 速率,b 反映了 EH 电路的最小开启电压。也就是说,a 和 b 是由电阻、电容和电路灵敏度决定的,与 EH 电路的规格有关。

3.2.2 传输协议

在系统中,H-AP 到 PSUs 和 TSUs 的信道系数分别表示为 $\boldsymbol{h}_m\in\mathbb{C}^{N_{\mathrm{t}}\times 1}$ 和 $\boldsymbol{g}_n\in\mathbb{C}^{N_{\mathrm{t}}\times 1}$,并设一个块的时间段为 T。在每个时间块 T 中,H-AP 同时向 PSUs 和 TSUs 发送信息和能量。设 $\boldsymbol{w}_m\in\mathbb{C}^{N_{\mathrm{t}}\times 1}$ 和 $\boldsymbol{v}_n\in\mathbb{C}^{N_{\mathrm{t}}\times 1}$ 分别是与 PSUs 和 TSUs 相关的 H-AP 发射的波束赋形向量。H-AP 发射的 RF 信号可以表示为

$$\boldsymbol{s}=\sum_{m=1}^{M}\boldsymbol{w}_m s_m+\sum_{n=1}^{N}\boldsymbol{v}_n s_n,$$

其中 s_m 和 s_n 分别表示 PSU_m 和 TSU_n 的数据传输符号,且 $\mathbb{E}\{\|s_m\|^2\}=\mathbb{E}\{\|s_n\|^2\}=1$。①因此,H-AP 的发射功率可以表示为

$$P_{\mathrm{t}}=\sum_{m=1}^{M}\|\boldsymbol{w}_m\|^2+\sum_{n=1}^{N}\|\boldsymbol{v}_n\|^2。$$

1. PSU_m 可达的信息速率和能量

如图 3.1 所示,PSU_m 从 H-AP 收到的 RF 信号通过一个具有 $\rho_m\in(0,1)$ 的能量分割器被分成了两部分,其中 ρ_m 部分用于 ID。因此,PSU_m 收到的 RF 信号用于 ID 的信号可以表示为

$$y_m^{(\mathrm{PSI})}=\underbrace{\sqrt{\rho_m}\boldsymbol{h}_m^{\mathrm{H}}\boldsymbol{w}_i s_i}_{\mathrm{PSU}_m\text{期望收到的信号}}+\underbrace{\sum_{i\neq m}^{M}\sqrt{\rho_m}\boldsymbol{h}_m^{\mathrm{H}}\boldsymbol{w}_i s_i}_{\text{其他PSUs带来的干扰}}+\underbrace{\sum_{j=1}^{N}\sqrt{\rho_m}\boldsymbol{h}_m^{\mathrm{H}}\boldsymbol{v}_j s_j}_{\text{TSUs带来的干扰}}+\underbrace{\sqrt{\rho_m}n_{\mathrm{a},m}+n_{\mathrm{c},m}}_{\text{噪声}},$$

其中:$n_{\mathrm{a},m}\sim\mathcal{CN}(0,\sigma_{\mathrm{a},m}^2)$ 表示接收天线噪声,且噪声功率为 $\sigma_{\mathrm{a},m}^2$;$n_{\mathrm{c},m}\sim\mathcal{CN}(0,\sigma_{\mathrm{c},m}^2)$ 是 RF 信号到基带信号转换 AWGN,且噪声功率为 $\sigma_{\mathrm{c},m}^2$。因此,PSU_m 接收到的 SINR 是

$$\Gamma_m^{(\mathrm{PS})}=\frac{\rho_m|\boldsymbol{h}_m^{\mathrm{H}}\boldsymbol{w}_m|^2}{\rho_m\left(\sum_{i\neq m}^{M}|\boldsymbol{h}_m^{\mathrm{H}}\boldsymbol{w}_i|^2+\sum_{j=1}^{N}|\boldsymbol{h}_m^{\mathrm{H}}\boldsymbol{v}_j|^2+\sigma_{\mathrm{a},m}^2\right)+\sigma_{\mathrm{c},m}^2}。$$

不失一般性,在后续章节中 T 被归一化为 1。因此,PSU_m 的可达速率可以表示为

---

① 注意:$\mathbb{E}\{\cdot\}$ 是统计期望算子。

$$R_m^{(\text{PS})}(\rho_m, w_m, v_n) = \log(1 + \Gamma_m^{(\text{PS})})\text{。} \tag{3-2}$$

同时，$1-\rho_m$ 部分用于 EH，即 $\sqrt{1-\rho_m}(h^H s + n_{a,m})$。所以，$\text{PSU}_m$ 用于 EH 的接收的 RF 信号功率①可以表示为

$$P_m^{(\text{PSE})} = (1-\rho_m)\Big(\sum_{i=1}^{M}|h_m^H w_i|^2 + \sum_{j=1}^{N}|h_m^H v_j|^2\Big)\text{。}$$

基于非线性 EH 模型，如式(3-1)，PSU_m 在一个时隙中收集的能量可以表示为

$$Q_m^{(\text{PS})}(\rho_m, w_m, v_n) = \Psi_{\text{nLr}}(P_m^{(\text{PSE})})\text{。} \tag{3-3}$$

2. TSU_n 可达的信息速率和能量

对于 TSU_n，其通过 TS 因子 $\alpha_n \in (0,1)$ 把每个时间块都分成两个正交的时隙。如图 3.1 所示，其中第一个时隙 $\alpha_n T$ 用于 ID，第二个时隙 $(1-\alpha_n)T$ 用于 EH。

在第一个时隙，TSU_n 收到的 RF 信号且用于 ID 的 RF 信号可以表示为

$$y_n^{(\text{TSI})} = \underbrace{g_n^H v_i s_i}_{\text{TSU}_n\text{期望收到的信号}} + \underbrace{\sum_{i \neq n}^{N} g_n^H v_i s_i}_{\text{其他 TSUs 带来的干扰}} + \underbrace{\sum_{j=1}^{N} g_n^H w_j s_j}_{\text{PSUs 带来的干扰}} + \underbrace{n_{a,n} + n_{c,n}}_{\text{干扰}},$$

其中，$n_{a,n} \sim \mathcal{CN}(0, \sigma_{a,n}^2)$ 是接收天线的 AWGN 且噪声功率为 $\sigma_{a,n}^2$，$n_{c,n} \sim \mathcal{CN}(0, \sigma_{c,n}^2)$ 是 RF 转基带信号的 AWGN 且噪声功率为 $\sigma_{c,n}^2$。相应地，TSU_n 接收到的 SINR 可以表示为

$$\Gamma_n^{(\text{TS})} = \frac{|g_n^H v_n|^2}{\sum_{j \neq n}^{N}|g_n^H v_j|^2 + \sum_{i=1}^{M}|g_n^H w_i|^2 + \sigma_{a,n}^2 + \sigma_{c,n}^2}\text{。}$$

因此，TSU_n 的可达速率可以表示为

$$R_n^{(\text{TS})}(\alpha_n, v_n, w_m) = \alpha_n \log(1 + \Gamma_n^{(\text{TS})})\text{。} \tag{3-4}$$

在第二个时隙 $(1-\alpha_n)T$ 中，TSU_n 从 H-AP 中接收到的用于 EH 的 RF 功率可以表示为

$$P_n^{(\text{TSE})} = \sum_{i=1}^{M}|g_n^H w_i|^2 + \sum_{j=1}^{N}|g_n^H v_j|^2\text{。}$$

通过采用非线性 EH 模型，即式(3-1)，在时隙 $(1-\alpha_n)T$ 中 TSU_n 收集的能量可以表示为

$$Q_n^{(\text{TS})}(\alpha_n, v_n, w_m) = (1-\alpha_n)\Psi_{\text{nLr}}(P_n^{(\text{TSE})})\text{。} \tag{3-5}$$

3.3 问题建模及求解

本节研究了发射波束赋形向量和 PS 因子联合优化设计的方案。本节首先创建了保证系统用户的最小 SINR 需求以及最小能量需求的最小化系统发射功率的优化问题，然后基于 SDR 和变量替换的方法联合优化设计了求解方案。

---

① 由于与接收的 RF 信号功率相比，噪声功率 $n_{a,m}$ 相对较小，类似于文献[38,124,143]，该噪声功率可以忽略不计。

3.3.1 问题建模

在该多用户系统中，不同的用户可能有不同的信息速率和能量收集需求。令 $\gamma_m^{(\mathrm{PS})}$ 和 $\gamma_n^{(\mathrm{TS})}$ 分别为 PSU_m 和 TSU_n 最小的信息速率需求阈值；$q_m^{(\mathrm{PS})}$ 和 $q_n^{(\mathrm{TS})}$ 分别为 PSU_m 和 TSU_n 最小的能量收集需求阈值。因此，该多用户系统的设计应满足约束：

$$\text{对于 PSUs}: \begin{cases} R_m^{(\mathrm{PS})}(\rho_m, \boldsymbol{w}_m, \boldsymbol{v}_n) \geqslant \gamma_m^{(\mathrm{PS})}, \ \forall m, & (3\text{-}6) \\ Q_m^{(\mathrm{PS})}(\rho_m, \boldsymbol{w}_m, \boldsymbol{v}_n) \geqslant q_m^{(\mathrm{PS})}, \ \forall m & (3\text{-}7) \end{cases}$$

和

$$\text{对于 TSUs}: \begin{cases} R_n^{(\mathrm{TS})}(\alpha_n, \boldsymbol{v}_n, \boldsymbol{w}_m) \geqslant \gamma_n^{(\mathrm{TS})}, \ \forall n, & (3\text{-}8) \\ Q_n^{(\mathrm{TS})}(\alpha_n, \boldsymbol{v}_n, \boldsymbol{w}_m) \geqslant q_n^{(\mathrm{TS})}, \ \forall n。 & (3\text{-}9) \end{cases}$$

系统研究目标是在保证所有用户〔即式(3-6)、式(3-7)、式(3-8)和式(3-9)〕满足所需的最低信息速率和能量收集需求的同时，最小化 H-AP 所需的总发射功率。因此，该优化问题可以用数学形式表示为

$$\boldsymbol{P}_0: \min_{\{\rho_m, \boldsymbol{w}_m, \alpha_n, \boldsymbol{v}_n\}} \sum_{m=1}^{M} \|\boldsymbol{w}_m\|^2 + \sum_{n=1}^{N} \|\boldsymbol{v}_n\|^2, \tag{3-10a}$$

$$\text{s.t.} \quad \text{式(3-6)、式(3-7)、式(3-8)、式(3-9)},$$
$$0 < \rho_m, \alpha_n < 1, \ \forall m, n。 \tag{3-10b}$$

由于在约束条件(3-6)、(3-7)、(3-8)和(3-9)中优化变量 $\boldsymbol{w}_m, \boldsymbol{v}_n, \rho_m$ 和 α_n 的耦合，以及目标函数和约束条件中存在关于 $\boldsymbol{w}_m$ 和 $\boldsymbol{v}_n$ 的二次项，所以问题 $\boldsymbol{P}_0$ 是非凸的。因此，该问题不能采用传统的凸优化方法直接求解[116,125]。

3.3.2 两层算法

为了有效地求解问题 $\boldsymbol{P}_0$，首先处理与 PSUs 相关的非凸约束(3-6)和(3-7)，并将它们转换为凸约束。确切地说，约束(3-6)可以被等价地表示为

$$\frac{1}{2^{\gamma_m^{(\mathrm{PS})}} - 1} |\boldsymbol{h}_m^{\mathrm{H}} \boldsymbol{w}_m|^2 - \sum_{i \neq m}^{M} |\boldsymbol{h}_m^{\mathrm{H}} \boldsymbol{w}_i|^2 - \sum_{j=1}^{N} |\boldsymbol{h}_m^{\mathrm{H}} \boldsymbol{v}_j|^2 \geqslant \sigma_{\mathrm{a},m}^2 + \frac{\sigma_{\mathrm{c},m}^2}{\rho_m}。 \tag{3-11}$$

此外，基于式(3-1)，$\Psi_{\mathrm{nLr}}(P_{\mathrm{in}})$ 的反函数可以表示为

$$P_{\mathrm{in}}(\Psi_{\mathrm{nLr}}) \triangleq b - \frac{1}{a} \ln\left(\frac{\mathrm{e}^{ab}(P_{\max} - \Psi_{\mathrm{nLr}})}{\mathrm{e}^{ab}\Psi_{\mathrm{nLr}} + P_{\max}}\right)。 \tag{3-12}$$

通过应用式(3-12)，约束(3-7)可被转换为

$$\sum_{i=1}^{M} |\boldsymbol{h}_m^{\mathrm{H}} \boldsymbol{w}_i|^2 + \sum_{j=1}^{N} |\boldsymbol{h}_m^{\mathrm{H}} \boldsymbol{v}_j|^2 \geqslant \frac{P_{\mathrm{in}}(q_m^{(\mathrm{PS})})}{1 - \rho_m}。 \tag{3-13}$$

类似于式(3-6)和式(3-7)，与 TSU_n 相关的约束条件(3-8)和(3-9)可以被分别重写为

$$\frac{1}{2^{\frac{\gamma_n^{(\mathrm{TS})}}{1-\alpha_n}} - 1} |\boldsymbol{g}_n^{\mathrm{H}} \boldsymbol{v}_n|^2 - \sum_{j \neq n}^{N} |\boldsymbol{g}_n^{\mathrm{H}} \boldsymbol{v}_j|^2 - \sum_{i=1}^{M} |\boldsymbol{g}_n^{\mathrm{H}} \boldsymbol{w}_i|^2 \geqslant \sigma_{\mathrm{a},n}^2 + \sigma_{\mathrm{c},n}^2 \tag{3-14}$$

和

$$\sum_{i=1}^{M} |\boldsymbol{g}_n^H \boldsymbol{w}_i|^2 + \sum_{j=1}^{N} |\boldsymbol{g}_n^H \boldsymbol{v}_j|^2 \geqslant P_{\text{in}}\left(\frac{q_n^{(\text{TS})}}{\alpha_n}\right)\text{。} \tag{3-15}$$

因此,问题 P_0 可以等价地转换为

$$P_1: \min_{\{\rho_m,\boldsymbol{w}_m,\alpha_n,\boldsymbol{v}_n\}} \sum_{m=1}^{M} \|\boldsymbol{w}_m\|^2 + \sum_{n=1}^{N} \|\boldsymbol{v}_n\|^2, \tag{3-16}$$

s.t. 式(3-10b)、式(3-11)、式(3-13)、式(3-14)、式(3-15)。

尽管如此,由于关于 $\boldsymbol{w}_m$ 和 $\boldsymbol{v}_n$ 的二次项的存在,问题 P_1 仍然非凸。为了解决此问题,引入两个新的矩阵变量 $\boldsymbol{W}_m = \boldsymbol{w}_m \boldsymbol{w}_m^H$ 和 $\boldsymbol{V}_n = \boldsymbol{v}_n \boldsymbol{v}_n^H$,以及两个中间辅助变量 $\boldsymbol{H}_m = \boldsymbol{h}_m \boldsymbol{h}_m^H$ 和 $\boldsymbol{G}_n = \boldsymbol{g}_n \boldsymbol{g}_n^H$,然后可得

$$\begin{cases} |\boldsymbol{h}_m^H \boldsymbol{w}_m|^2 = \boldsymbol{h}_m^H \boldsymbol{w}_m \boldsymbol{w}_m^H \boldsymbol{h}_m = \text{tr}(\boldsymbol{W}_m \boldsymbol{h}_m \boldsymbol{h}_m^H) = \text{tr}(\boldsymbol{H}_m \boldsymbol{W}_m), \\ |\boldsymbol{h}_m^H \boldsymbol{v}_n|^2 = \boldsymbol{h}_m^H \boldsymbol{v}_n \boldsymbol{v}_n^H \boldsymbol{h}_m = \text{tr}(\boldsymbol{V}_n \boldsymbol{h}_m \boldsymbol{h}_m^H) = \text{tr}(\boldsymbol{H}_m \boldsymbol{V}_n) \end{cases}$$

和

$$\begin{cases} |\boldsymbol{g}_n^H \boldsymbol{v}_n|^2 = \boldsymbol{g}_n^H \boldsymbol{v}_n \boldsymbol{v}_n^H \boldsymbol{g}_n = \text{tr}(\boldsymbol{V}_n \boldsymbol{g}_n \boldsymbol{g}_n^H) = \text{tr}(\boldsymbol{G}_n \boldsymbol{V}_n), \\ |\boldsymbol{g}_n^H \boldsymbol{w}_m|^2 = \boldsymbol{g}_n^H \boldsymbol{w}_m \boldsymbol{w}_m^H \boldsymbol{g}_n = \text{tr}(\boldsymbol{W}_m \boldsymbol{g}_n \boldsymbol{g}_n^H) = \text{tr}(\boldsymbol{G}_n \boldsymbol{W}_m)\text{。} \end{cases}$$

$$P_2: \min_{\substack{\{\rho_m,\boldsymbol{W}_m,\\\alpha_n,\boldsymbol{V}_n\}}} \sum_{m=1}^{M} \text{tr}(\boldsymbol{W}_m) + \sum_{n=1}^{N} \text{tr}(\boldsymbol{V}_n), \tag{3-17a}$$

s.t. $\dfrac{1}{2^{r_m^{\text{PS}}}-1}\text{tr}(\boldsymbol{H}_m \boldsymbol{W}_m) - \sum_{i \neq m}^{M} \text{tr}(\boldsymbol{H}_m \boldsymbol{W}_i) - \sum_{j=1}^{N} \text{tr}(\boldsymbol{H}_m \boldsymbol{V}_j) \geqslant \sigma_{a,m}^2 + \dfrac{\sigma_{c,m}^2}{\rho_m}, \forall m,$

$$\tag{3-17b}$$

$$\sum_{i=1}^{M} \text{tr}(\boldsymbol{H}_m \boldsymbol{W}_i) + \sum_{j=1}^{N} \text{tr}(\boldsymbol{H}_m \boldsymbol{V}_j) \geqslant \frac{P_{\text{in}}(q_m^{(\text{PS})})}{1-\rho_m}, \forall m, \tag{3-17c}$$

$$\frac{1}{2^{\frac{r_n^{\text{TS}}}{\alpha_n}}-1}\text{tr}(\boldsymbol{G}_n \boldsymbol{V}_n) - \sum_{j \neq n}^{N} \text{tr}(\boldsymbol{G}_n \boldsymbol{V}_j) - \sum_{i=1}^{M} \text{tr}(\boldsymbol{G}_n \boldsymbol{W}_i) \geqslant \sigma_{a,n}^2 + \sigma_{c,n}^2, \forall n, \tag{3-17d}$$

$$\sum_{i=1}^{M} \text{tr}(\boldsymbol{G}_n \boldsymbol{W}_i) + \sum_{j=1}^{N} \text{tr}(\boldsymbol{G}_n \boldsymbol{V}_j) \geqslant P_{\text{in}}\left(\frac{q_n^{(\text{TS})}}{1-\alpha_n}\right), \forall n, \tag{3-17e}$$

$$0 < \rho_m, \alpha_n < 1, \boldsymbol{W}_m \geqslant 0, \boldsymbol{V}_n \geqslant 0, \forall m,n, \tag{3-17f}$$

$$\text{Rank}(\boldsymbol{W}_m) = 1, \text{Rank}(\boldsymbol{V}_n) = 1, \forall m,n\text{。} \tag{3-17g}$$

因此,问题 P_1 可以被转化为问题 P_2,如式(3-17a)所示。然而,由于秩-1 的约束(3-17g),问题 P_2 仍是非凸的。通过采用 SDR 去掉秩-1 的约束,可以将问题 P_2 放缩为

$$P_3: \min_{\{\rho_m,\boldsymbol{W}_m,\alpha_n,\boldsymbol{V}_n\}} \sum_{m=1}^{M} \text{tr}(\boldsymbol{W}_m) + \sum_{n=1}^{N} \text{tr}(\boldsymbol{V}_n), \tag{3-18}$$

s.t. 式(3-17b)、式(3-17c)、式(3-17d)、式(3-17e)、式(3-17f)。

由于优化变量 α_n 和 $\boldsymbol{V}_n$ 的耦合,所以问题 P_3 仍然是非凸的。尽管如此,我们发现当 α_n 固定时,问题 P_3 变为凸的。因此,本节提出了一个两层算法,如算法 3.1 所示,其中,在内层算法中,SDR 被采用,并通过求解在给定 α_n 的情况下松弛凸问题 P_3 获得 $\{\boldsymbol{W}_m^*, \boldsymbol{V}_n^*$ 和 $\rho_m^*\}$;在外层算法中,采用一维搜索法寻找最优的 α_n^*。

算法 3.1 两层算法：问题 P_3

1. 初始化 $\gamma_m^{(\text{PS})}, q_m^{(\text{PS})}, \gamma_n^{(\text{TS})}, q_n^{(\text{TS})}$；
2. **for** 以步长 δ 搜索 $\alpha_n \in (0,1)$ **do**
3.   通过采用 CVX 求解问题 P_3，得到 W_m^*, V_n^* 和 ρ_m^*；
4. **end for**
5. 找到 α_n^*；
6. 输出 W_m^*, V_n^*, ρ_m^* 和 α_n^*。

通过算法 3.1，可以得到问题 P_3 的最优解，即 $\{W_m^*, V_n^*, \rho_m^*, \alpha_n^*\}$。注意：目标是找到原问题 P_0 的最优解，即 $\{w_m^*, v_n^*, \rho_m^*, \alpha_n^*\}$，而不是 $\{W_m^*, V_n^*, \rho_m^*, \alpha_n^*\}$。一旦求得 $\{W_m^*, V_n^*, \rho_m^*, \alpha_n^*\}$，$\{w_m^*, v_n^*, \rho_m^*, \alpha_n^*\}$ 就可以被复原。当 $\text{Rank}(W_m) = 1$ 和 $\text{Rank}(V_n) = 1$ 时，通过 W_m^* 和 V_n^* 的特征值分解，可以得到原问题 P_0 精确的最优解 $\{w_m^*, v_n^*, \rho_m^*, \alpha_n^*\}$。否则，利用高斯随机化方法[77,125,127]，得到问题 P_3 的秩－1 近似最优解，生成具有 W_m^* 和 V_n^* 协方差的高斯分布随机向量，并选择最优向量来分别近似 w_m^* 和 v_n^*。幸运的是，问题 P_3 的最优解，即 W_m^* 和 V_n^*，总是能满足秩－1 约束，因此可以使用秩－1 分解来恢复问题 P_0 的最优解 w_m^* 和 v_n^*，该结论在引理 3.1 中得到了证明。

引理 3.1 对于问题 P_3，其最优解，即 $\{W_m^*, V_n^*, \rho_m^*, \alpha_n^*\}$，总是满足 $\text{Rank}(W_m^*) = 1$ 和 $\text{Rank}(V_n^*) = 1$。

证明：令 W_m^* 和 V_n^* 为问题 P_2 的最优解。$\lambda_m^*, \mu_m^*, \nu_n^*, \delta_n^*, X_m^*$ 和 Y_n^* 是问题 P_2 的对偶问题的对偶变量。

为了证明问题 P_2 中秩－1 约束(3-17g)，需要一些相应的 KKT 条件，如下：

$$I_{N_t} - \frac{\lambda_m^*}{2^{r_m^{\text{PS}}}-1} H_m^{\text{H}} - \sum_{m=1}^M \mu_m^* H_m^{\text{H}} + \sum_{n=1}^N \nu_n^* G_n^{\text{H}} - \sum_{n=1}^N \delta_n^* G_n^{\text{H}} - X_m^* = 0, \tag{3-19}$$

$$W_m^* X_m^* = 0, \tag{3-20}$$

$$I_{N_t} + \sum_{m=1}^M \lambda_m^* H_m^{\text{H}} - \sum_{m=1}^M \mu_m^* H_m^{\text{H}} - \frac{\nu_n^*}{2^{\frac{r_n^{\text{TS}}}{\alpha_n}}-1} G_n^{\text{H}} - \sum_{n=1}^N \delta_n^* G_n^{\text{H}} - Y_n^* = 0, \tag{3-21}$$

$$V_n^* Y_n^* = 0。\tag{3-22}$$

将式(3-19)乘以 W_m^*，并使用式(3-20)，可以得到

$$\left(I_{N_t} - \left(\frac{\lambda_m^*}{2^{r_m^{\text{PS}}}-1} + \sum_{m=1}^M \mu_m^*\right) H_m^{\text{H}}\right) W_m^* = \left(\sum_{n=1}^N \delta_n^* - \sum_{n=1}^N \nu_n^*\right) G_n^{\text{H}} W_m^*, \tag{3-23}$$

这意味着

$$\text{Rank}\left(\left(I_{N_t} - \left(\frac{\lambda_m^*}{2^{r_m^{\text{PS}}}-1} + \sum_{m=1}^M \mu_m^*\right) H_m^{\text{H}}\right) W_m^*\right) = \text{Rank}\left(\left(\sum_{n=1}^N \delta_n^* - \sum_{n=1}^N \nu_n^*\right) G_n^{\text{H}} W_m^*\right) \leqslant 1。\tag{3-24}$$

通过利用式(3-24)，并根据

$$\mathrm{Rank}\Bigg(\bigg(\boldsymbol{I}_{N_\mathrm{t}}-\Big(\frac{\lambda_m^*}{2^{r_m^{\mathrm{PS}}}-1}+\sum_{m=1}^M\mu_m^*\Big)\boldsymbol{H}_m^\mathrm{H}\bigg)\boldsymbol{W}_m^*\Bigg)\leqslant$$

$$\min\Bigg\{\mathrm{Rank}\bigg(\boldsymbol{I}_{N_\mathrm{t}}-\Big(\frac{\lambda_m^*}{2^{r_m^{\mathrm{PS}}}-1}+\sum_{m=1}^M\mu_m^*\Big)\boldsymbol{H}_m^\mathrm{H}\bigg),\mathrm{Rank}(\boldsymbol{W}_m^*)\Bigg\}$$

和

$$\mathrm{Rank}\bigg(\boldsymbol{I}_{N_\mathrm{t}}-\Big(\frac{\lambda_m^*}{2^{r_m^{\mathrm{PS}}}-1}+\sum_{m=1}^M\mu_m^*\Big)\boldsymbol{H}_m^\mathrm{H}\bigg)=N_\mathrm{t}-1, \quad (3\text{-}25)$$

可以推导得到

$$\mathrm{Rank}\Bigg(\bigg(\boldsymbol{I}_{N_\mathrm{t}}-\Big(\frac{\lambda_m^*}{2^{r_m^{\mathrm{PS}}}-1}+\sum_{m=1}^M\mu_m^*\Big)\boldsymbol{H}_m^\mathrm{H}\bigg)\boldsymbol{W}_m^*\Bigg)\leqslant\mathrm{Rank}(\boldsymbol{W}_m^*)\leqslant 1. \quad (3\text{-}26)$$

最后，由于问题 $\boldsymbol{P}_2$ 的约束(3-17b)，可以得到 $\boldsymbol{W}_m^*\neq 0$。因此，$\mathrm{Rank}(\boldsymbol{W}_m^*)=1$ 总是成立。

同理，将式(3-21)乘以 $\boldsymbol{V}_n^*$，并根据式(3-22)，可以得到

$$\bigg(\boldsymbol{I}_{N_\mathrm{t}}-\Big(\frac{\nu_n^*}{2^{\frac{r_n^{\mathrm{TS}}}{a_n}}-1}+\sum_{n=1}^N\delta_n^*\Big)\boldsymbol{G}_n^\mathrm{H}\bigg)\boldsymbol{V}_n^*=\Big(\sum_{m=1}^M\mu_m^*-\sum_{m=1}^M\lambda_m^*\Big)\boldsymbol{H}_m^\mathrm{H}\boldsymbol{V}_n^*, \quad (3\text{-}27)$$

这意味着

$$\mathrm{Rank}\Bigg(\bigg(\boldsymbol{I}_{N_\mathrm{t}}-\Big(\frac{\nu_n^*}{2^{\frac{r_n^{\mathrm{TS}}}{a_n}}-1}+\sum_{n=1}^N\delta_n^*\Big)\boldsymbol{G}_n^\mathrm{H}\bigg)\boldsymbol{V}_n^*\Bigg)=\mathrm{Rank}\Big(\Big(\sum_{m=1}^M\mu_m^*-\sum_{m=1}^M\lambda_m^*\Big)\boldsymbol{H}_m^\mathrm{H}\boldsymbol{V}_n^*\Big)\leqslant 1. \quad (3\text{-}28)$$

通过式(3-28)，并根据

$$\mathrm{Rank}\Bigg(\bigg(\boldsymbol{I}_{N_\mathrm{t}}-\Big(\frac{\nu_n^*}{2^{\frac{r_n^{\mathrm{TS}}}{a_n}}-1}+\sum_{n=1}^N\delta_n^*\Big)\boldsymbol{G}_n^\mathrm{H}\bigg)\boldsymbol{V}_n^*\Bigg)\leqslant$$

$$\min\Bigg\{\mathrm{Rank}\bigg(\boldsymbol{I}_{N_\mathrm{t}}-\Big(\frac{\nu_n^*}{2^{\frac{r_n^{\mathrm{TS}}}{a_n}}-1}+\sum_{n=1}^N\delta_n^*\Big)\boldsymbol{G}_n^\mathrm{H}\bigg),\mathrm{Rank}(\boldsymbol{V}_n^*)\Bigg\}$$

和

$$\mathrm{Rank}\bigg(\boldsymbol{I}_{N_\mathrm{t}}-\Big(\frac{\nu_n^*}{2^{\frac{r_n^{\mathrm{TS}}}{a_n}}-1}+\sum_{n=1}^N\delta_n^*\Big)\boldsymbol{G}_n^\mathrm{H}\bigg)=N_\mathrm{t}-1, \quad (3\text{-}29)$$

可以推导得到

$$\mathrm{Rank}\Bigg(\bigg(\boldsymbol{I}_{N_\mathrm{t}}-\Big(\frac{\nu_n^*}{2^{\frac{r_n^{\mathrm{TS}}}{a_n}}-1}+\sum_{n=1}^N\delta_n^*\Big)\boldsymbol{G}_n^\mathrm{H}\bigg)\boldsymbol{V}_n^*\Bigg)\leqslant\mathrm{Rank}(\boldsymbol{V}_n^*)\leqslant 1. \quad (3\text{-}30)$$

最后，由于问题 $\boldsymbol{P}_2$ 中的约束(3-17d)，可以推断获得 $\boldsymbol{V}_n^*\neq 0$。因此，可以得到 $\mathrm{Rank}(\boldsymbol{V}_n^*)=1$。

□

命题 3.1 原问题 $\boldsymbol{P}_0$ 的全局最优解可以通过采用提出的两层算法 3.1 被保证。

证明： 在内层算法中，当 $\mathrm{Rank}(\boldsymbol{W}_m^*)=1$ 和 $\mathrm{Rank}(\boldsymbol{V}_n^*)=1$ 时，问题 $\boldsymbol{P}_2$ 和 $\boldsymbol{P}_3$ 是等价的。在这种情况下，通过分别对 $\boldsymbol{W}_m^*$ 和 $\boldsymbol{V}_n^*$ 的特征值分解，可以唯一地恢复原问题 $\boldsymbol{P}_0$ 的最优解 $\boldsymbol{w}^*$ 和 $\boldsymbol{v}^*$。在外层算法中，使用一维搜索法查找最优的 α_n^*，这是一种穷举的方法，可以得到最优解。根据引理 3.1，问题 $\boldsymbol{P}_0$ 的全局最优解可以被保证。 □

接下来，将从理论上分析 TSUs 和 PSUs 对系统性能的影响。

命题 3.2 和 TSU_n 的信息速率阈值 $\gamma_n^{(TS)}$ 相比，PSU_m 的信息速率阈值 $\gamma_m^{(PS)}$ 对系统性能的影响较大。

证明：设 $f_1(x)=\dfrac{1}{2^x}$ 和 $f_2(x)=\dfrac{1}{2^{\frac{x}{\alpha_n}}}$。由于 $0<\alpha_n<1$，$f_1(x)$ 关于 x 大于 $f_2(x)$。因此，PSUs 的相关约束 (3-17b) 对问题 $\boldsymbol{P}_2$ 的影响大于 TSUs 的相关约束 (3-17d)。□

命题 3.3 对于该系统，与相同 EH 需求的 PSUs 相比，TSUs 更容易进入实际 EH 电路的饱和区域。

证明：根据式 (3-3) 和式 (3-5)，如果 $Q_n^{(TS)}=Q_m^{(PS)}$，则

$$\Psi_{\text{nLr}}(P_m^{(PSE)}) = (1-\alpha_n)\Psi_{\text{nLr}}(P_n^{(TSE)})。 \quad (3\text{-}31)$$

因为 $0<\alpha_n<1$，可以推导得到

$$\Psi_{\text{nLr}}(P_m^{(PSE)}) < \Psi_{\text{nLr}}(P_n^{(TSE)})。 \quad (3\text{-}32)$$

进一步地，PSU_m 和 TSU_n 收集的最大能量不能超过 EH 电路的饱和值，即 $P_{\max}$，可以得到

$$\Psi_{\text{nLr}}(P_m^{(PSE)}) < \Psi_{\text{nLr}}(P_n^{(TSE)}) \leqslant P_{\max}， \quad (3\text{-}33)$$

这意味着随着输入 RF 功率的增加，TSU_n 获得的能量在 PSU_m 之前达到 $P_{\max}$。达到 $P_{\max}$ 后，实际 EH 电路则进入饱和区域[54]。因此，与 PSUs 相比，TSUs 会更快地进入饱和区域。□

此外，根据式 (3-5) 和式 (3-9)，可以得到 $q_n^{(TS)} \leqslant Q_n^{(TS)} = (1-\alpha_n)\Psi_{\text{nLr}}(P_n^{(TSE)})$。由于 $\Psi_{\text{nLr}}(P_{\text{in}}) \leqslant P_{\max}$，如式 (3-1) 所示，可以得到 $q_n^{(TS)} \leqslant (1-\alpha_n)P_{\max}$。类似地，对于 PSUs 存在 $q_m^{(PS)} \leqslant P_{\max}$。因此，$\alpha_n$ 必须在区间 $\left(0, 1-\dfrac{q_n^{(TS)}}{P_{\max}}\right)$ 取值。所以，在算法 3.1 中，可以通过将 α_n 的搜索区域设置在 $\left(0, 1-\dfrac{q_n^{(TS)}}{P_{\max}}\right)$ 内，替代 (0, 1)，降低搜索最优 α_n^* 的算法复杂度。

3.3.3 两层算法复杂度分析

由于问题 $\boldsymbol{P}_3$ 的约束都是线性矩阵不等式 (Linear Matrix Inequality, LMI)，因此可以根据文献 [86, 128]，使用标准内点法 (Interior-Point Method, IPM) 分析两层算法的计算复杂度。

对于两层算法，其计算复杂度包括两部分，分别用 $\mathcal{O}_{\text{outer}}$ 和 $\mathcal{O}_{\text{inter}}$ 来表示。在外层算法中，采用一维搜索法，其复杂度为 $\mathcal{O}_{\text{outer}} = \mathcal{O}\left(\left(\dfrac{1}{\delta}\right)^N\right)$。在内层算法中，存在大小为 1 的 LMI 约束 $3M+2N$ 个和大小为 N_t 的 LMI 约束 $M+N$ 个，故该复杂度为 $\mathcal{O}_{\text{inter}} = \mathcal{O}(\sqrt{(3M+2N)+(M+N)N_t}[\hat{n}((3M+2N)+(M+N)N_t^3)+\hat{n}^2((3M+2N)+(M+N)N_t^2)+\hat{n}^3])$，其中 $\hat{n}$ 是阶为 $(M+N)N_t^2+M$ 的决策变量 (decision variable)。因此，本节提出的两层算法的复杂度可以表示为 $\mathcal{O}_{\text{outer}} \times \mathcal{O}_{\text{inter}}$，即 $\mathcal{O}_{\text{outer}} \times \mathcal{O}_{\text{inter}} \mathcal{O}\left(\left(\dfrac{1}{\delta}\right)^N\right)\sqrt{(3M+2N)+(M+N)N_t}[\hat{n}((3M+2N)+(M+N)N_t^3)+\hat{n}^2((3M+2N)+(M+N)N_t^2)+\hat{n}^3])$。

3.3.4 SCA 算法

尽管通过使用提出的两层算法，可以获得问题 $\boldsymbol{P}_0$ 的全局最优解，但是由于采用一维搜

索法来寻找最优 α_n，复杂度相对较高，为了改善方案，本小节提出了一种基于 SCA 的算法来近似求解 $\boldsymbol{P}_0$ 的最优解。首先，类似 3.3.2 节所述，SDR 方法被用来处理非凸二次项。其次，通过使用变量替换和一阶泰勒近似来处理与 TSUs 相关的信息速率和能量收集需求约束。

此处，约束(3-6)和(3-7)的处理方式与 3.3.2 节中描述的类似，但是非凸约束(3-8)和(3-9)的处理方式与 3.3.2 节中描述的不同。尤其是在 SDR 松弛之后，问题 $\boldsymbol{P}_0$ 的约束条件(3-8)和(3-9)可以分别重写为

$$\operatorname{tr}(\boldsymbol{G}_n \boldsymbol{V}_n) \geqslant (2^{\frac{\gamma_n^{(\mathrm{TS})}}{\alpha_n}} - 1)\Big(\sum_{j \neq n}^{N} \operatorname{tr}(\boldsymbol{G}_n \boldsymbol{V}_j) + \sum_{i=1}^{M} \operatorname{tr}(\boldsymbol{G}_n \boldsymbol{W}_i) + \sigma_{\mathrm{a},n}^2 + \sigma_{\mathrm{c},n}^2\Big) \tag{3-34}$$

和

$$\Psi_{\mathrm{nLr}}\Big(\sum_{i=1}^{M} \operatorname{tr}(\boldsymbol{G}_n \boldsymbol{W}_i) + \sum_{j=1}^{N} \operatorname{tr}(\boldsymbol{G}_n \boldsymbol{V}_j)\Big) \geqslant \frac{q_n^{(\mathrm{TS})}}{1 - \alpha_n}. \tag{3-35}$$

由于式(3-34)和式(3-35)仍然非凸，所以利用变量替换进一步进行处理。通过引入两个新的松弛变量，即

$$\mathrm{e}^{x_n} = 2^{\frac{\gamma_n^{(\mathrm{TS})}}{\alpha_n}} - 1, \tag{3-36}$$

和

$$\mathrm{e}^{y_n} = \sum_{j \neq n}^{N} \operatorname{tr}(\boldsymbol{G}_n \boldsymbol{V}_j) + \sum_{i=1}^{M} \operatorname{tr}(\boldsymbol{G}_n \boldsymbol{W}_i) + \sigma_{\mathrm{a},n}^2 + \sigma_{\mathrm{c},n}^2, \tag{3-37}$$

约束(3-34)可以转化为一组不等式，即

$$\begin{cases} \operatorname{tr}(\boldsymbol{G}_n \boldsymbol{V}_n) \geqslant \mathrm{e}^{x_n + y_n}, & (3\text{-}38\mathrm{a}) \\ \mathrm{e}^{x_n} \geqslant 2^{\frac{\gamma_n^{(\mathrm{TS})}}{\alpha_n}} - 1, & (3\text{-}38\mathrm{b}) \\ \mathrm{e}^{y_n} \geqslant \sum_{j \neq n}^{N} \operatorname{tr}(\boldsymbol{G}_n \boldsymbol{V}_j) + \sum_{i=1}^{M} \operatorname{tr}(\boldsymbol{G}_n \boldsymbol{W}_i) + \sigma_{\mathrm{a},n}^2 + \sigma_{\mathrm{c},n}^2. & (3\text{-}38\mathrm{c}) \end{cases}$$

同理，通过引入辅助变量 z_n，以及根据文献[64]，约束(3-35)可以被等价地转换为

$$\begin{cases} \Psi_{\mathrm{nLr}}(z_n) \geqslant \dfrac{q_n^{(\mathrm{TS})}}{1 - \alpha_n}, & (3\text{-}39\mathrm{a}) \\ z_n \leqslant \sum_{i=1}^{M} \operatorname{tr}(\boldsymbol{G}_n \boldsymbol{W}_i) + \sum_{j=1}^{N} \operatorname{tr}(\boldsymbol{G}_n \boldsymbol{V}_j). & (3\text{-}39\mathrm{b}) \end{cases}$$

通过以上操作，问题 $\boldsymbol{P}_0$ 被转化为

$$\hat{\boldsymbol{P}}_1: \min_{\{\rho_m, \boldsymbol{W}_m, \alpha_n, \boldsymbol{V}_n, x_n, y_n, z_n\}} \sum_{m=1}^{M} \operatorname{tr}(\boldsymbol{W}_m) + \sum_{n=1}^{N} \operatorname{tr}(\boldsymbol{V}_n), \tag{3-40}$$

s.t. 式(3-10b)、式(3-17b)、式(3-17c)、式(3-38a)、
式(3-38b)、式(3-38c)、式(3-39a)、式(3-39b)。

由于目标函数的单调性，问题 $\hat{\boldsymbol{P}}_1$ 的最优解可以在其约束集的边界处取得。也就是说，只有当从式(3-38a)到式(3-39b)的不等式约束保持相等时，才能获得问题 $\hat{\boldsymbol{P}}_1$ 的最优解。因此，可以得到如下结论。

注释 3.1 约束(3-34)等价于约束(3-38a)、(3-38b)和(3-38c)。约束(3-35)等价于约

束(3-39a)和(3-39b)。

尽管如此,由于非凸约束(3-38b)、(3-38c)和(3-39a),问题 $\hat{P}_1$ 仍然非凸。接下来进一步对问题进行处理。设 $\{\bar{x}_n, \bar{y}_n, \bar{z}_n\}$ 是问题 $\hat{P}_1$ 的可行点,e^{x_n}、e^{y_n} 和 $\Psi_{\text{nLr}}(z_n)$ 的一阶下届和上届可以分别表示为

$$e^{x_n} \geq e^{\bar{x}_n} + e^{\bar{x}_n}(x_n - \bar{x}_n), \tag{3-41}$$

$$e^{y_n} \geq e^{\bar{y}_n} + e^{\bar{y}_n}(y_n - \bar{y}_n) \tag{3-42}$$

和

$$\Psi_{\text{nLr}}(z_n) \leq \Psi_{\text{nLr}}(\bar{z}_n) + \nabla_{z_n} \Psi_{\text{nLr}}(\bar{z}_n)(z_n - \bar{z}_n), \tag{3-43}$$

其中,梯度 $\nabla_{z_n} \Psi_{\text{nLr}}(z_n)$ 是函数 $\Psi_{\text{nLr}}(z_n)$ 关于 z_n 的导数[64,125]。

通过利用松弛变量(3-41)、(3-42)和(3-43)来分别代替约束(3-38b)、(3-38c)和(3-39a),问题 $\hat{P}_1$ 可以被转换为问题 $\hat{P}_2$,如式(3-47a)所示。问题 $\hat{P}_2$ 仍然是非凸的,但是当给定一个可行点 $\{\bar{x}_n, \bar{y}_n, \bar{z}_n\}$ 时,问题 $\hat{P}_2$ 变成凸的。因此,通过不断地更新可行点 $\{\bar{x}_n, \bar{y}_n, \bar{z}_n\}$,并基于 SCA 的迭代方式求解相应的凸问题,问题 $\hat{P}_2$ 的最优解可以被找到,即 $\{\hat{W}_m, \hat{V}_n, \hat{\rho}_m, \hat{\alpha}_n\}$。此外,在第 k 次迭代中,可行点 $\{\bar{x}_n(k), \bar{y}_n(k), \bar{z}_n(k)\}$ 被更新为

$$\begin{cases} \bar{x}_n(k+1) = \ln(2^{\frac{r_n^{\text{TS}}}{\hat{\alpha}_n(k)}} - 1), & (3\text{-}44) \\ \bar{y}_n(k+1) = \ln\left(\sum_{j \neq n}^{N} \text{tr}(G_n \hat{V}_j(k)) + \sum_{i=1}^{M} \text{tr}(G_n \hat{W}_i(k)) + \sigma_{a,n}^2 + \sigma_{c,n}^2\right), & (3\text{-}45) \\ \bar{z}_n(k+1) = \sum_{i=1}^{M} \text{tr}(G_n \hat{W}_i(k)) + \sum_{j=1}^{N} \text{tr}(G_n \hat{V}_j(k))。 & (3\text{-}46) \end{cases}$$

$$\hat{P}_2: \min_{\{\rho_m, W_m, \alpha_n, V_n, x_n, y_n, z_n\}} \sum_{m=1}^{M} \text{tr}(W_m) + \sum_{n=1}^{N} \text{tr}(V_n), \tag{3-47a}$$

$$\text{s.t.} \quad \frac{1}{2^{r_m^{\text{PS}}} - 1} \text{tr}(H_m W_m) - \sum_{i \neq m}^{M} \text{tr}(H_m W_i) - \sum_{j=1}^{N} \text{tr}(H_m V_j) \geq \sigma_{a,m}^2 + \frac{\sigma_{c,m}^2}{\rho_m}, \forall m, \tag{3-47b}$$

$$\sum_{i=1}^{M} \text{tr}(H_m W_i) + \sum_{j=1}^{N} \text{tr}(H_m V_j) \geq \frac{P_{\text{in}}(q_m^{(\text{PS})})}{1 - \rho_m}, \forall m, \tag{3-47c}$$

$$\text{tr}(G_n V_n) \geq e^{x_n + y_n}, \forall n, \tag{3-47d}$$

$$e^{\bar{x}_n} + e^{\bar{x}_n}(x_n - \bar{x}_n) \geq 2^{\frac{r_n^{\text{TS}}}{\alpha_n}} - 1, \forall n, \tag{3-47e}$$

$$e^{\bar{y}_n} + e^{\bar{y}_n}(y_n - \bar{y}_n) \geq \sum_{j \neq n}^{N} \text{tr}(G_n V_j) + \sum_{i=1}^{M} \text{tr}(G_n W_i) + \sigma_{a,n}^2 + \sigma_{c,n}^2, \forall n, \tag{3-47f}$$

$$\Psi_{\text{nLr}}(\bar{z}_n) + \nabla_{z_n} \Psi_{\text{nLr}}(\bar{z}_n)(z_n - \bar{z}_n) \geq \frac{q_n^{(\text{TS})}}{1 - \alpha_n}, \forall n, \tag{3-47g}$$

$$z_n \leq \sum_{i=1}^{M} \text{tr}(G_n W_i) + \sum_{j=1}^{N} \text{tr}(G_n V_j), \forall n, \tag{3-47h}$$

$$0 < \rho_m, \alpha_n < 1, W_m \geq 0, V_n \geq 0, \forall m, n, \tag{3-47i}$$

为了清晰起见，本节提出的 SCA 算法总结于算法 3.2 中。SCA 算法的准确性与其初始点 $\{\bar{x}_n(0),\bar{y}_n(0),\bar{z}_n(0)\}$ 密切相关[116]。所以，该初始点是通过给定一个可行点 α_n 求解问题 P_2 而获得的。

3.3.5 SCA 算法收敛性分析

在分析 SCA 算法的收敛性之前，根据文献[129]，首先给出引理 3.2。

引理 3.2 对于一个非凸问题，其有 l 个非凸约束 $f_i(x)\leqslant 0, i=1,\cdots,l$，在 SCA 算法操作的第 k 次迭代中，每一个约束 $f_i(x)\leqslant 0, i=1,\cdots,l$ 都可以被 $\bar{f}_i(x|x^{(k)})\leqslant 0$ 替代。每个函数 $\bar{f}_i(x|x^{(k)})$ 都是可微凸函数，并且必须具有以下属性：

① $\bar{f}_i(x|x^{(k)})\geqslant f_i(x), \forall x\in \mathcal{F}^k$；

② $\bar{f}_i(x|x^{(k)})|_{x=x^{(k)}}=f_i(x)|_{x=x^{(k)}}$；

③ $\dfrac{\partial \bar{f}_i(x|x^{(k)})}{\partial x}|_{x=x^{(k)}}=\dfrac{\partial f_i(x)}{\partial x}|_{x=x^{(k)}}$。

其中可行域 $\mathcal{F}^k=\{x|f_i(x)\leqslant 0,\bar{f}_i(x|x^{(k)})\leqslant 0\}$ 必须满足 Slater（舒尔）条件。SCA 算法的迭代在问题的 KKT 点处停止，或任何收敛序列的极限为 KKT 点。

算法 3.2 SCA 算法：问题 P_0

1. 初始化问题 $\hat{P}_1$ 的可行点 $\{\bar{x}_n(0),\bar{y}_n(0),\bar{z}_n(0)\}$；
2. 设 $k=1$，k 是迭代次数；
3. **repeat**
4. 通过利用 CVX，根据公式求解问题 $\hat{P}_2$，获得其近似最优解 $\hat{W}_m(k),\hat{V}_m(k),\hat{\rho}_m(k)$ 和 $\hat{\alpha}_n(k)$；
5. 根据公式，分别更新 $\bar{x}_n(k+1),\bar{y}_n(k+1)$ 和 $\bar{z}_n(k+1)$；
6. 更新 $k=k+1$；
7. **until** 满足预设停止条件。
8. 如果 $\mathrm{Rank}(\hat{W})$ 和 $\mathrm{Rank}(\hat{V}_n)$ 都满足秩为 1，分别对 $\hat{W}_m=w_m^*(w_m^*)^H$ 和 $\hat{V}_n=v_n^*(v_n^*)^H$ 进行特征值分解，可以获得 w_m^* 和 v_n^*。否则，通过执行高斯随机的方法来获得原问题 $\hat{P}_0$ 的秩为 1 的近似解。
9. 输出：w_m^*, v_n^*, ρ_m^* 和 α_n^*。

命题 3.4 SCA 算法收敛到问题 $\hat{P}_1$ 的 KKT 解。

证明：令 $f(x_n)=\mathrm{e}^{x_n}$ 和 $g(y)=\mathrm{e}^{y_n}$。通过一阶泰勒近似，可以得到 $\bar{f}(x_n|\bar{x}_n)=\mathrm{e}^{\bar{x}_n}+\mathrm{e}^{\bar{x}_n}(x_n-\bar{x}_n)$ 和 $\bar{g}(y_n|\bar{y}_n)=\mathrm{e}^{\bar{y}_n}+\mathrm{e}^{\bar{y}_n}(y_n-\bar{y}_n)$，并且式(3-1)可以被近似为 $\bar{\Psi}_{\mathrm{nLr}}(z_n|\bar{z}_n)=\Psi_{\mathrm{nLr}}(\bar{z}_n)+\nabla_{z_n}\Psi_{\mathrm{nLr}}(\bar{z}_n)(z_n-\bar{z}_n)$。

然后，可以推导得到

$$\begin{cases} -\bar{f}(x_n|\bar{x}_n) \geqslant -f(x_n) & \text{根据式}(3\text{-}41), \\ \bar{f}(\bar{x}'_n|\bar{x}'_n) = e^{\bar{x}'_n} + e^{\bar{x}'_n}(\bar{x}'_n - \bar{x}'_n) = e^{\bar{x}'_n} = f(\bar{x}'_n), \\ \dfrac{\partial \bar{f}(x_n|\bar{x}'_n)}{\partial x_n}\Big|_{x_n=\bar{x}'_n} = e^{\bar{x}'_n} = \dfrac{\partial f(\bar{x}'_n)}{\partial x_n}\Big|_{x_n=\bar{x}'_n}, \end{cases} \quad (3\text{-}48)$$

$$\begin{cases} -\bar{g}(y_n|\bar{y}_n) \geqslant -g(y_n), & \text{根据式}(3\text{-}42), \\ \bar{g}(\bar{y}'_n|\bar{y}'_n) = e^{\bar{y}'_n} + e^{\bar{y}'_n}(\bar{y}'_n - \bar{y}'_n) = e^{\bar{y}'_n} = g(\bar{y}'_n), \\ \dfrac{\partial \bar{g}(y_n|\bar{y}'_n)}{\partial y_n}\Big|_{y_n=\bar{y}'_n} = e^{\bar{y}'_n} = \dfrac{\partial g(\bar{y}'_n)}{\partial y_n}\Big|_{y_n=\bar{y}'_n}, \end{cases} \quad (3\text{-}49)$$

和

$$\begin{cases} \bar{\Psi}_{\text{nLr}}(z_n|\bar{z}'_n) \geqslant \Psi_{\text{nLr}}(z_n), \\ \bar{\Psi}_{\text{nLr}}(\bar{z}'_n|\bar{z}'_n) = \Psi_{\text{nLr}}(\bar{z}'_n) + \nabla_{z_n}\Psi_{\text{nLr}}(\bar{z}'_n)(\bar{z}'_n - \bar{z}'_n) = \Psi_{\text{nLr}}(\bar{z}'_n), \\ \dfrac{\partial \bar{\Psi}_{\text{nLr}}(z_n|\bar{z}'_n)}{\partial z_n}\Big|_{z_n=\bar{z}'_n} = \dfrac{Mae^{-a(\bar{z}'_n)-b}}{1+e^{-a(\bar{z}'_n)-b}} = \dfrac{\partial \Psi_{\text{nLr}}(z_n)}{\partial z_n}\Big|_{z_n=\bar{z}'_n}. \end{cases} \quad (3\text{-}50)$$

根据式(3-48)、式(3-49)和式(3-50),可以观察到函数 $\bar{f}(x_n|\bar{x}_n)$、$\bar{g}(y_n|\bar{y}_n)$ 和 $\bar{\Psi}_{\text{nLr}}(z_n|\bar{z}_n)$ 满足引理 3.2 中的约束①、②和③。因此,算法 3.2 一定收敛于问题 $\hat{P}_1$ 的 KKT 解[129]。 □

所提算法的计算复杂度分析如表 3.1 所示。

表 3.1 所提算法的计算复杂度分析

算法	复杂度	近似复杂度
两层算法	$\mathcal{O}\left(\Delta_1 \left(\dfrac{1}{\delta}\right)^N \sqrt{A+(M+N)N_t}\right)^*$	$\mathcal{O}\left(2\left(\dfrac{1}{\delta}\right)^{\beta_2 N_t} N_t^7\right)$
SCA 算法	$\mathcal{O}\left(\Delta_2 \sqrt{B+(M+N)N_t}\right)^*$	$\mathcal{O}(2N_t^7)$

注:其中 $\Delta_1 = [\hat{n}(A+(M+N)N_t^3) + \hat{n}^2(A+(M+N)N_t^2) + \hat{n}^3]$, $\Delta_2 = [\hat{n}(B+(M+N)N_t^3) + \hat{n}^2(B+(M+N)N_t^2) + \hat{n}^3]$,$A=3M+2N$ 和 $B=3M+6N$。

3.3.6 SCA 算法复杂度分析

与两层算法类似,SCA 算法求解问题 $\hat{P}_2$ 的计算复杂度也可以通过标准 IPM 进行分析[86,128]。

在问题 $\hat{P}_2$ 中,存在大小为 1 的 LMI 约束 $3M+6N$ 个和大小为 N_t 的 LMI 约束 $M+N$ 个,所以该问题的计算复杂度可以表示为 $\mathcal{O}(\sqrt{(3M+6N)+(M+N)N_t}[\hat{n}((3M+6N)+(M+N)N_t^3) + \hat{n}^2((3M+6N)+(M+N)N_t^2) + \hat{n}^3])$,其中 $\hat{n}$ 是阶为 $(M+N)N_t^2+M+4N$ 的决策变量。

为了进行比较,表 3.1 给出了 3.3.2 节提出的两层算法以及 3.3.4 节提出的 SCA 算法的计算复杂度。不失一般性,令 $M=\beta_1 N_t$ 和 $N=\beta_2 N_t$,其中 β_1 和 β_2 是常量。然后,两层算法和 SCA 算法的计算复杂度可以分别近似表示为 $O\left(2\left(\frac{1}{\delta}\right)^{\beta_2 N_t} N_t^7\right)$ 和 $O(2N_t^7)$，如表 3.1 所示。可以观察到两层算法的计算复杂度远高于 SCA 算法。

3.4 仿真结果与分析

本节给出了一些仿真结果并讨论了传统线性和非线性 EH 模型下，多个 PSUs 和 TSUs 共存的 SWIPT 网络系统性能。在仿真中，除非另有说明，否则设置 $N_t=4$, $M=1$, $N=1$, $\sigma_{a,m}^2=\sigma_{a,n}^2=10^{-8}$ W 和 $\sigma_{c,m}^2=\sigma_{c,n}^2=10^{-6}$ W。从 H-AP 到 PSUs 和 TSUs 的距离为 10 m，其路径损耗因子为 2。对于非线性 EH 模型，根据文献[64]中拟合的结果，设置 $M=24$ mW, $a=150$ 和 $b=0.014$。对于线性 EH 模型，设置 $\eta=0.8$。不失一般性，设置 $\gamma_m^{(PS)}=\gamma_n^{(TS)}=3$ bit/(s·Hz) 和 $q_m^{(PS)}=q_n^{(TS)}=10$ J。

3.4.1 两层算法和 SCA 算法对比

图 3.2 评估了通过提出的两层算法和 SCA 算法得到的所需最小的发射功率 P_t，其中 $M=2$ 和 $N=2$。为了进行比较，图 3.2 还给出了线性 EH 模型下所需的 P_t。首先，可以观察到通过 SCA 算法得到的 P_t 与通过两层算法得到的 P_t 非常接近，这说明通过提出的 SCA 算法可以找到问题的近优解。此外，线性 EH 模型比非线性 EH 模型需要更多的 P_t，这是因为线性 EH 模型，特别是在天线数目相对较少的情况下，与 EH 电路的非线性特性不匹配。

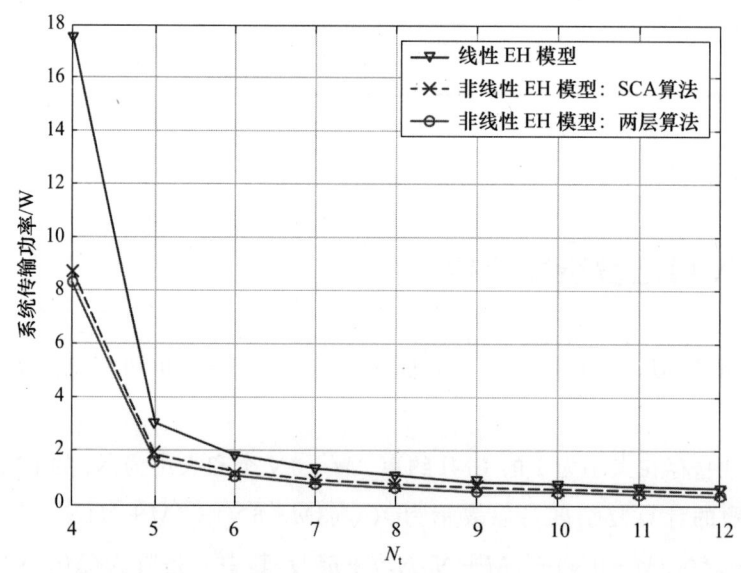

图 3.2 所需发射功率 P_t 与天线数 N_t 的关系，且 PSUs 和 TSUs 的数量不同

图 3.3 对比了两层算法和 SCA 算法的平均执行时间。可以看出 SCA 算法的执行时间

第 3 章 异构多用户 SWIPT 系统发射功率最小化设计

远少于两层算法。此外,结合图 3.2 和图 3.3 中的结果可以看出,与两层算法相比,采用所提出的 SCA 算法可以在相对较低的复杂度下获得系统优化问题的近优解。

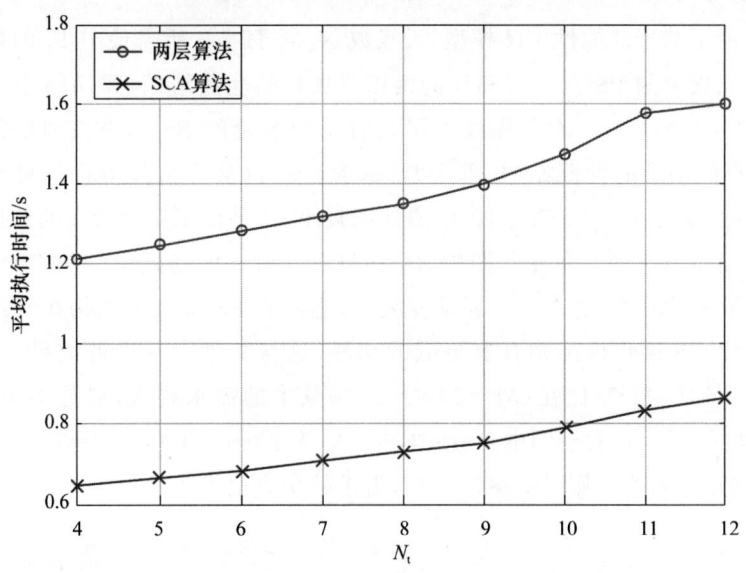

图 3.3　两层算法和 SCA 算法的平均执行时间

为了进一步讨论所提出的 SCA 算法的计算复杂度性能,图 3.4 绘制了其收敛性行为与 1 次和 10^4 次信道实现的迭代次数的关系,其中 $M=2$ 和 $N=2$。可以看出,所提出的 SCA 算法能够在 8 次迭代中很好地进行收敛。

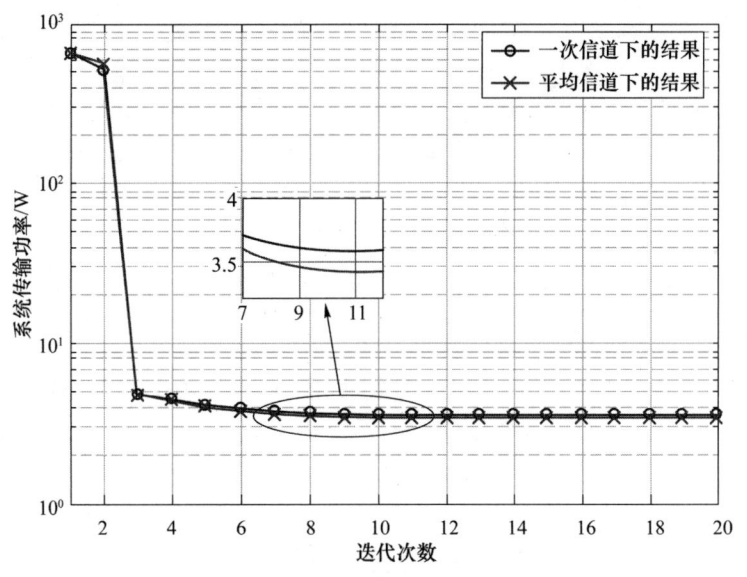

彩图 3.4

图 3.4　基于 SCA 算法,所需发射功率 P_t 与迭代次数的关系

3.4.2 用户数量对系统性能的影响

图 3.5 讨论了基于非线性 EH 模型,天线数 N_t 对 H-AP 所需最小 P_t 的影响。左子图描绘了具有不同数量的 PSUs 和 TSUs 的两用户场景的性能结果,即 $(M=1, N=1)$,$(M=0, N=2)$ 和 $(M=2, N=0)$。右子图展示了具有不同数量的 PSUs 和 TSUs 的多 PSUs 和 TSUs 用户共存的场景的性能结果,即 $(M=3, N=3)$,$(M=1, N=3)$,$(M=3, N=1)$ 和 $(M=1, N=1)$。可以看出 P_t 随着 N_t 的增加而减小,这是由采用多天线的信息复用增益和能量转移分集增益引起的。在左子图中,P_t 在只有 TSUs 的场景中(即 $M=0, N=2$)比在只有 PSUs 场景中(即 $M=2, N=0$)需求要大,这意味着 PS 接收机结构在满足用户信息和需求的情况下比 TS 接收机结构具有更低的功耗,这与文献[43]中的结果一致。因此,在 $(M=1, N=1)$ 场景中,P_t 比在 $(M=2, N=0)$ 场景中的需求要大,但是小于其在 $(M=0, N=2)$ 场景中的需求。在右子图中,$(M=3, N=3)$ 的系统比 $(M=1, N=1)$ 的系统需要更多的发射功率,这是因为为了服务更多的用户,需求的功率也更大。

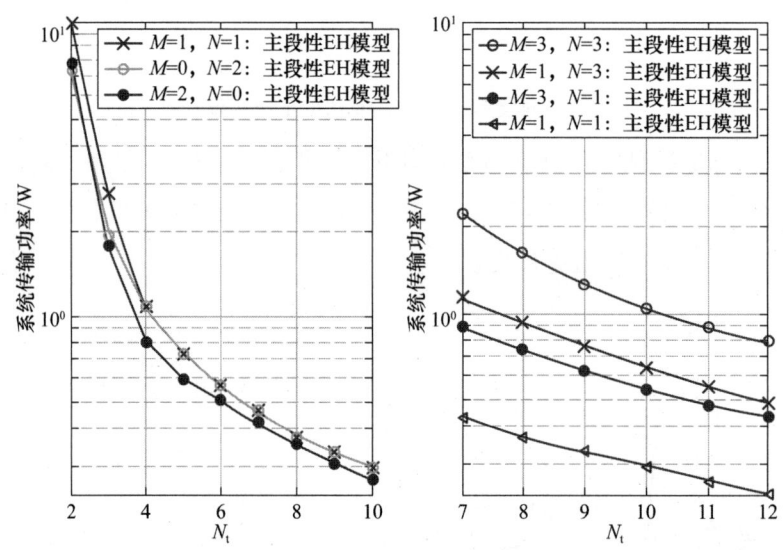

图 3.5 所需发射功率 P_t 与天线个数 N_t 的关系,其中 PSUs 和 TSUs 的数量不同

图 3.6 展示了非线性和线性 EH 模型下 P_t 与 PSUs 和 TSUs 数量的关系。左子图绘制了 P_t 与 PSUs 数量的关系,其中 TSUs 的数量(即 N)设定为 1 和 3。右子图绘制了 P_t 与 TSUs 数量的关系,其中 PSUs 的数量(即 M)设定为 1 和 3。从图中可以看出,线性 EH 模型和非线性 EH 模型下 P_t 之间的差距随着 M 和 N 的增加而增大,但是,相对于 M 的增长速率远低于相对于 N 的增长速率,这意味着在相同数量 PSUs 和 TSUs 的情况下,具有更多 PSUs 的系统比具有更多 TSUs 的系统需要更少的发射功率。原因是为了满足用户的信息和能量需求,PS 接收机结构在满足用户的信息和能量需求的情况下所需发射功率要优于 TS 接收机结构,这也可以从图 3.5 的结果中观察到。

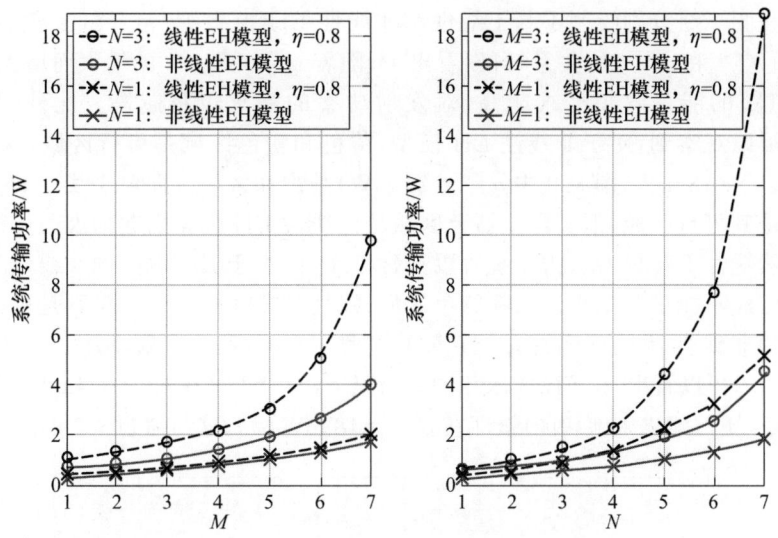

图 3.6　所需发射功率 P_t 与 PSUs 和 TSUs 数量（即 M 和 N）的关系，其中 $N_t=10$

3.4.3　用户信息和能量需求对系统性能的影响

图 3.7 展示了在线性和非线性 EH 模型下用户信息速率需求阈值对 P_t 的影响，其中 $M=2$ 和 $N=2$。左子图绘制了 PSUs 的信息速率需求阈值（即 $\gamma_m^{(PS)}$）对 P_t 的影响结果，其中固定 TSUs 的信息速率需求阈值，即 $\gamma_n^{(TS)}=2.5\ \text{bit}/(\text{s}\cdot\text{Hz})$。右子图绘制了 TSUs 的信息速率需求阈值（即 $\gamma_n^{(TS)}$）对 P_t 的影响结果，其中固定 PSUs 的信息速率需求阈值，即 $\gamma_m^{(PS)}=2.5\ \text{bit}/(\text{s}\cdot\text{Hz})$。可以观察到 P_t 随着 $\gamma_m^{(PS)}$ 和 $\gamma_n^{(TS)}$ 的增大而增大。这与物理定律一致，即为了满足 PSUs 和 TSUs 更高的信息速率要求，需要更多的发射功率。此外，这也与命题 3.2 的结论一致，即在问题 $\boldsymbol{P}_2$ 中，约束(3-17b)比约束(3-17d)对系统性能的影响更大。

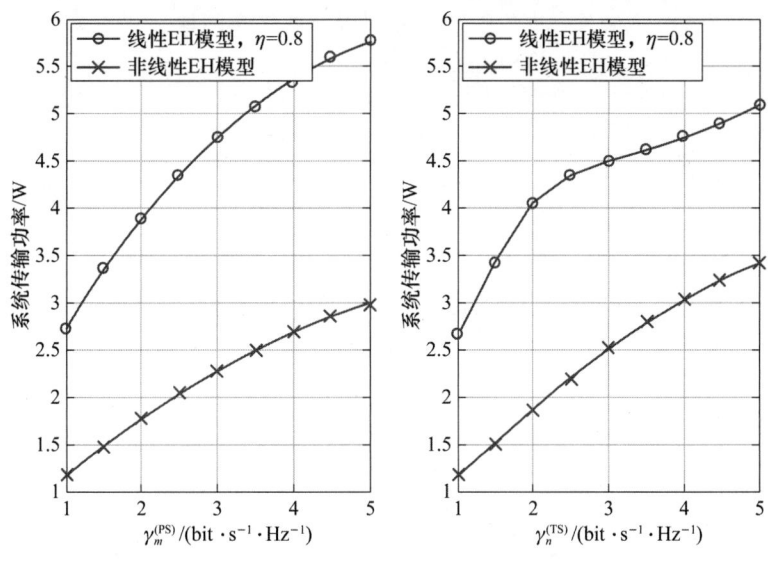

图 3.7　H-AP 所需发射功率 P_t 与 PSUs 和 TSUs 的信息速率需求（即 $\gamma_m^{(PS)}$ 且 $\gamma_n^{(TS)}=2.5\ \text{bit}/(\text{s}\cdot\text{Hz})$ 和 $\gamma_n^{(TS)}$ 且 $r_n^{(PS)}=2.5\ \text{bit}/(\text{s}\cdot\text{Hz})$）的关系

图 3.8 和图 3.9 分别绘制了基于线性和非线性 EH 模型 P_t 与 TSUs 和 PSUs 的能量收集需求（即 $q_m^{(PS)}$ 和 $q_n^{(TS)}$）的关系，可以看出 P_t 随着 $q_m^{(PS)}$ 和 $q_n^{(TS)}$ 的增大而增大。这是因为 PSUs 和 TSUs 的能量收集需求越高，对发射功率的需求也将越高。此外，从图 3.8 和图 3.9 中还可以观察到，对于非线性 EH 模型，黄色和粉色区域是可行区域，绿色线的右侧（图 3.8 中 $q_n^{(TS)}=18\,\mathrm{mW}$，图 3.9 中 $q_m^{(PS)}=24\,\mathrm{mW}$）是饱和区域。而对于线性 EH 模型，黄色和蓝色区域是其可行区域，但实际上蓝色区域是由线性 EH 模型引起的虚假可行区域，因为在该区域虽然线性 EH 模型认为系统可以正常工作，但由于 EH 电路的非线性和饱和特性，实际上系统已经不能正常工作。在粉红色区域，线性和非线性 EH 模型都是可行的，但由于与实际电路的非线性特性不匹配，线性 EH 模型需要更多的发射功率。此外，通过比较图 3.8 和图 3.9，可以看出，在 EH 需求相同的情况下，与 PSUs（在 $q_m^{(PS)}=24\,\mathrm{mW}$ 后进入饱和区域）相比，TSUs 更可能进入饱和区域（即在 $q_n^{(TS)}=18\,\mathrm{mW}$ 后），这与命题 3.3 的结论一致。

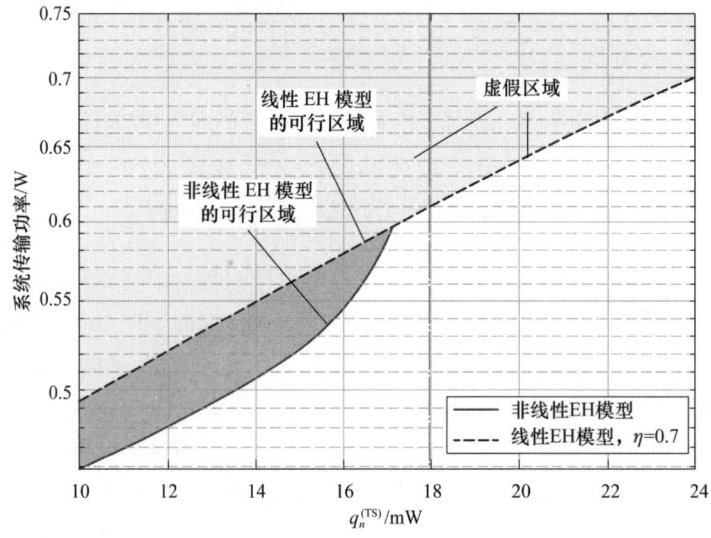

彩图 3.8

图 3.8　所需发射功率 P_t 与 TSUs 的能量收集需求（即 $q_n^{(TS)}$）的关系

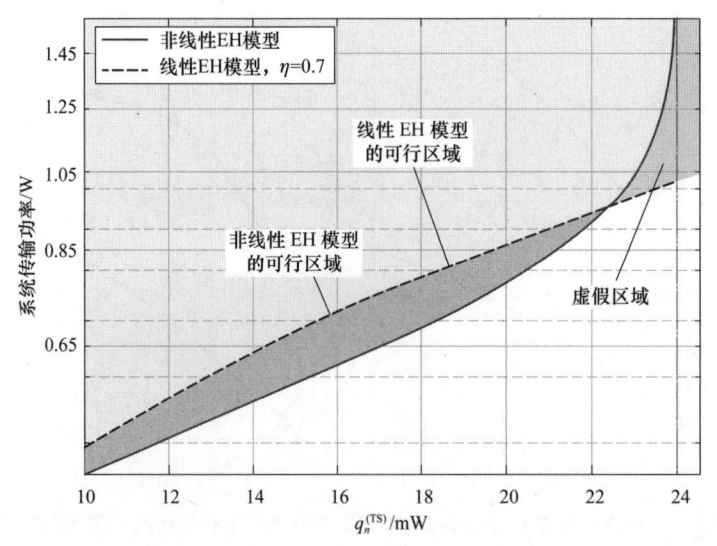

彩图 3.9

图 3.9　所需发射功率 P_t 与 PSUs 的能量收集需求（即 $q_m^{(PS)}$）的关系

为了进一步展示非线性和线性 EH 模型所产生的系统性能差异,定义

$$\text{EH 效率} = \frac{\text{PSU}_m \text{ 和 TSU}_n \text{ 收集的能量}}{\text{H-AP 总的发射功率}}。$$

因此,对于 TSU$_n$,可得 $\varepsilon_n^{(\text{TS})} = \frac{q_n^{(\text{TS})}}{P_t}$;对于 PSU$_m$,可得 $\varepsilon_m^{(\text{PS})} = \frac{q_m^{(\text{PS})}}{P_t}$。图 3.10 和图 3.11 分别显示了在线性和非线性 EH 模型下 EH 效率与 $q_m^{(\text{PS})}$ 和 $q_n^{(\text{TS})}$ 的关系,其中所采用的仿真参数与图 3.8 和图 3.9 相同。可以看出,随着 $q_m^{(\text{PS})}$ 和 $q_n^{(\text{TS})}$ 的增大,在非线性 EH 模型下 EH 效率先增大后减小,TSU$_n$ 和 PSU$_m$ 的最大 EH 效率分别为 29.36% 和 26.23%。这是由于实际 EH 电路的饱和特性,能量转换效率会达到最大值然后下降,且与文献[79]的结果一致。TSUs 的 EH 效率高于 PSUs,因为 PSUs 接收到的 RF 功率被分割,所以其输入的 RF 功率小于 TSUs。此外,在 EH 需求相同的情况下,基于非线性 EH 模型 TSUs 的 EH 效率要高于 PSUs,这与命题 3.4 的结果一致。

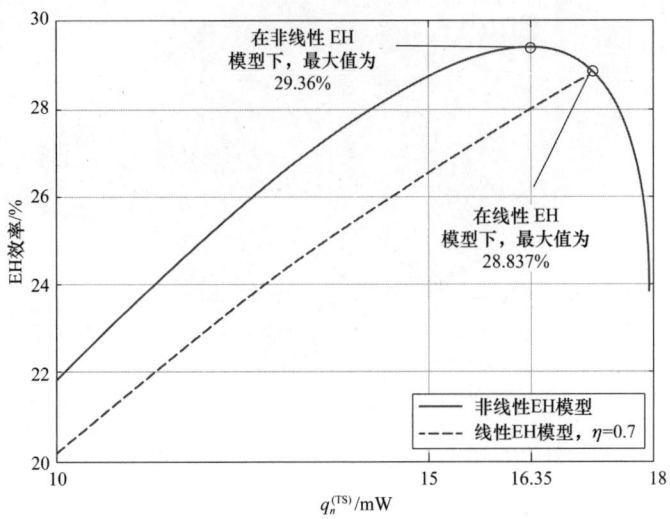

图 3.10 EH 效率与 TSUs 的能量收集需求(即 $q_n^{(\text{TS})}$)的关系

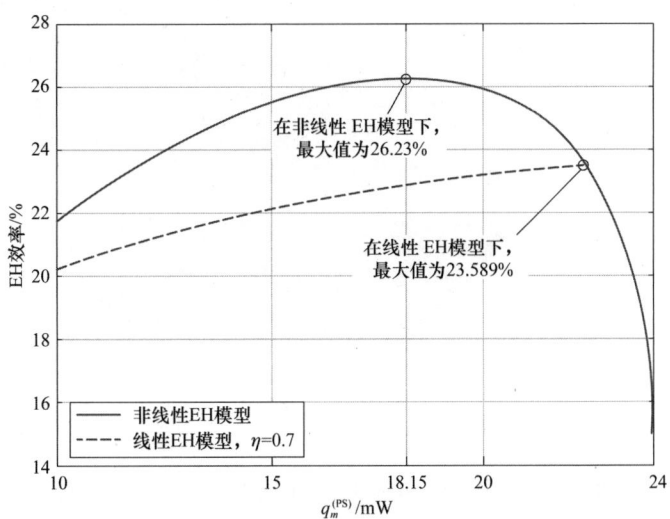

图 3.11 EH 效率与 PSUs 的能量收集需求(即 $q_m^{(\text{PS})}$)的关系

图 3.12 和图 3.13 分别以 3-D 图形式绘制了基于线性和非线性 EH 模型，P_t 与用户信息速率和能量收集需求的关系。图 3.12 展示了 P_t 与 PSUs 的 $q_m^{(PS)}$ 和 $\gamma_m^{(PS)}$ 的关系，其中 TSUs 的 $q_n^{(TS)}$ 和 $\gamma_n^{(TS)}$ 被固定。图 3.13 展示了 TSUs 的 $q_n^{(TS)}$ 和 $\gamma_n^{(TS)}$ 的关系，其中 PSUs 的 $q_m^{(PS)}$ 和 $\gamma_m^{(PS)}$ 被固定。在图 3.12 中，P_t 随着 $q_m^{(PS)}$ 和 $\gamma_m^{(PS)}$ 的增大而增加。其原因是为了满足 PSUs 的信息速率和能量收集的需求，将需要更多的发射功率。此外，还可以观察到 $q_m^{(PS)}$ 比 $\gamma_m^{(PS)}$ 对 P_t 的影响更大。在图 3.13 中，当 $\gamma_n^{(TS)} \leqslant 3.25\ \text{bit}/(s \cdot Hz)$ 时，$\gamma_n^{(TS)}$ 比 $q_n^{(TS)}$ 对 P_t 具有相对较小的影响。但是当 $\gamma_n^{(TS)} > 3.25\ \text{bit}/(s \cdot Hz)$ 时，$\gamma_n^{(TS)}$ 比 $q_n^{(TS)}$ 对 P_t 具有较大的影响。

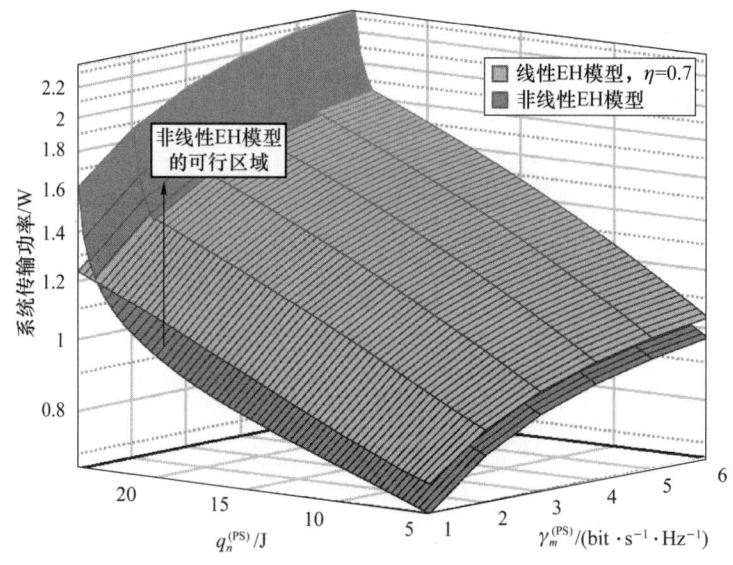

图 3.12　所需发射功率 P_t 与 PSUs 的能量和信息需求（即 $q_m^{(PS)}$ 和 $\gamma_m^{(PS)}$）的关系

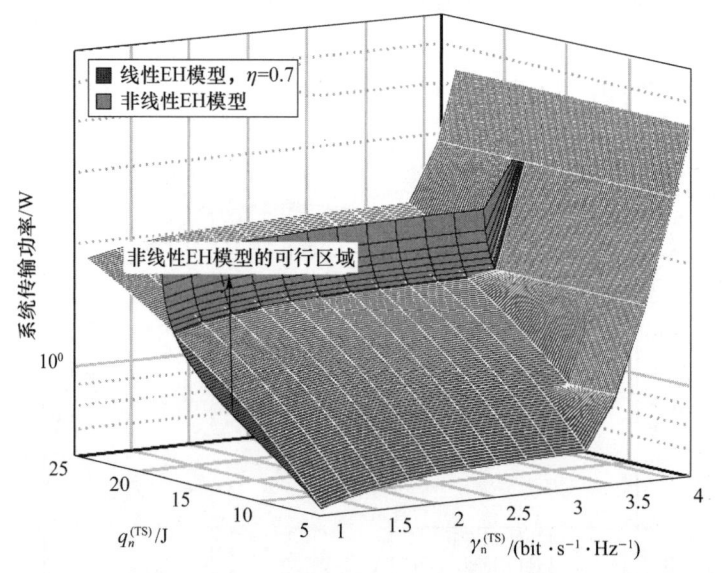

图 3.13　所需发射功率 P_t 与 TSUs 的能量和信息需求（即 $q_n^{(TS)}$ 和 $\gamma_n^{(TS)}$）的关系

为了展示 η 对系统性能的影响,对 $\eta=0.8$ 下的系统进行了仿真分析,如图 3.14 和图 3.15、图 3.16 和图 3.17、图 3.18 和图 3.19 所示。可以观察到这些图中的结果分别与图 3.8 和图 3.9、图 3.10 和图 3.11、图 3.12 和图 3.13,以及图 3.20 中的结果类似。从图 3.14 和图 3.15 中可以看出,在 TSUs 和 PSUs 达到 EH 电路饱和阈值之前,线性 EH 模型下的结果与非线性 EH 模型下的结果比较接近。在这种情况下,线性和非线性 EH 模型的可行域之间的差异(即粉色区域)并不明显。但是,在 TSUs 和 PSUs 达到 EH 电路饱和阈值后,两种 EH 模型得到的结果之间的差异(即蓝色区域)变得明显。此外,类似于图 3.8 和

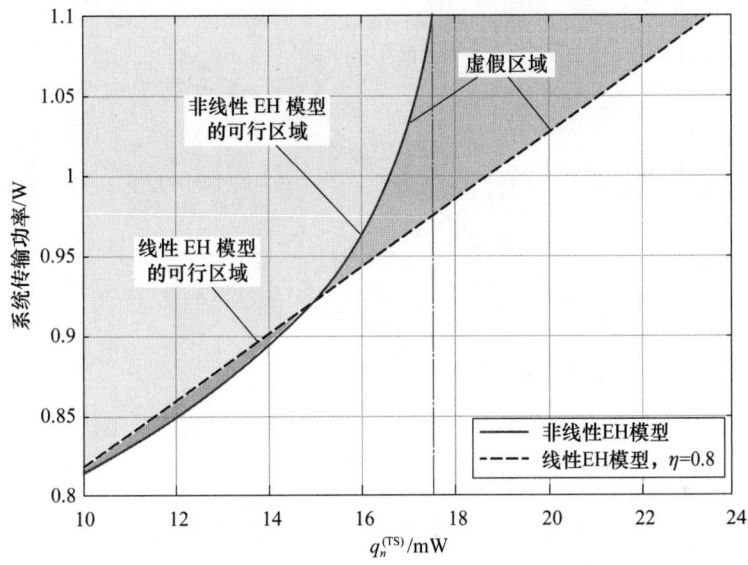

彩图 3.14

图 3.14 所需发射功率 P_t 与 PSUs 的能量收集需求(即 $q_m^{(PS)}$)的关系,其中 $\eta=0.8$

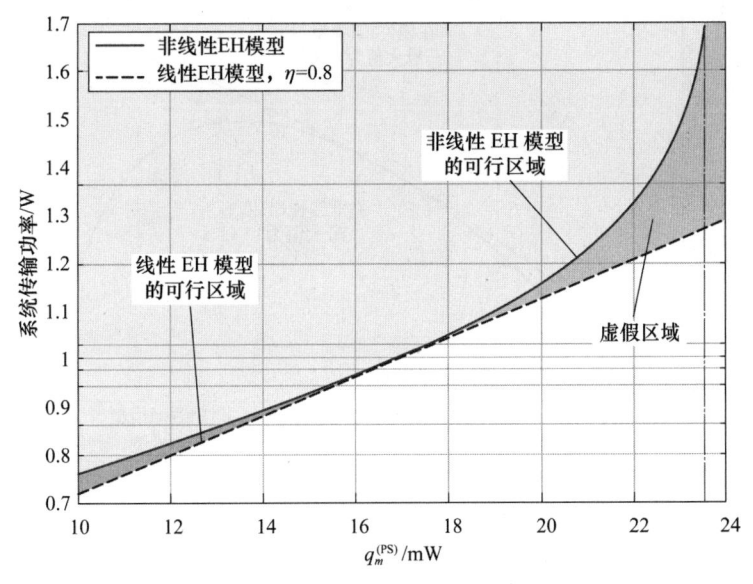

彩图 3.15

图 3.15 所需发射功率 P_t 与 PSUs 的能量收集需求(即 $q_m^{(PS)}$)的关系,其中 $\eta=0.8$

图 3.9,蓝色区域是理想线性 EH 模型下产生的虚假区域,在实际应用中无法实现。在图 3.16 和图 3.17 中,非线性 EH 模型下 EH 效率先升高后降低,其中 TSU$_n$ 最高约为 16.69%,PSU$_m$ 最高约为 17.41%,这与图 3.10 和图 3.11 中的结果类似。另外,由于 η 越大,收集的能量越多,因此,图 3.14 和图 3.15 中的蓝色区域比图 3.8 和图 3.9 中的大,而图 3.14 和图 3.15 中的粉色区域比图 3.8 和图 3.9 中的小。

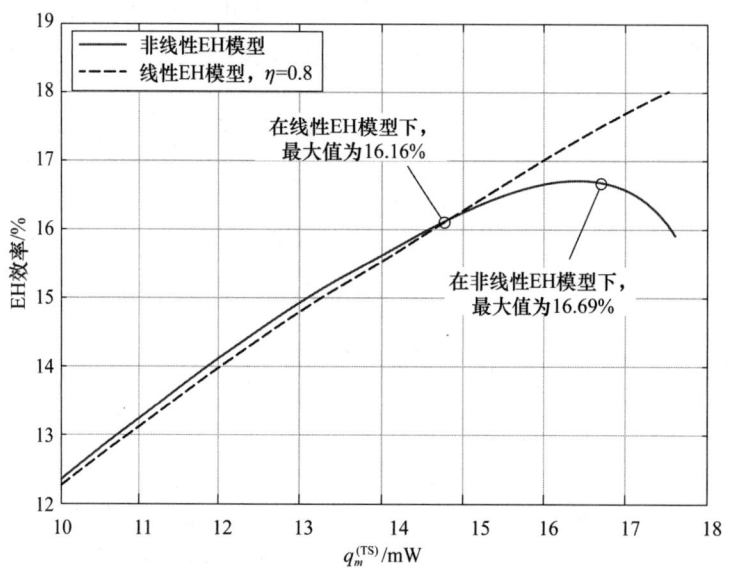

图 3.16　EH 效率与 TSUs 的能量收集需求(即 $q_n^{(TS)}$)的关系,其中 $\eta=0.8$

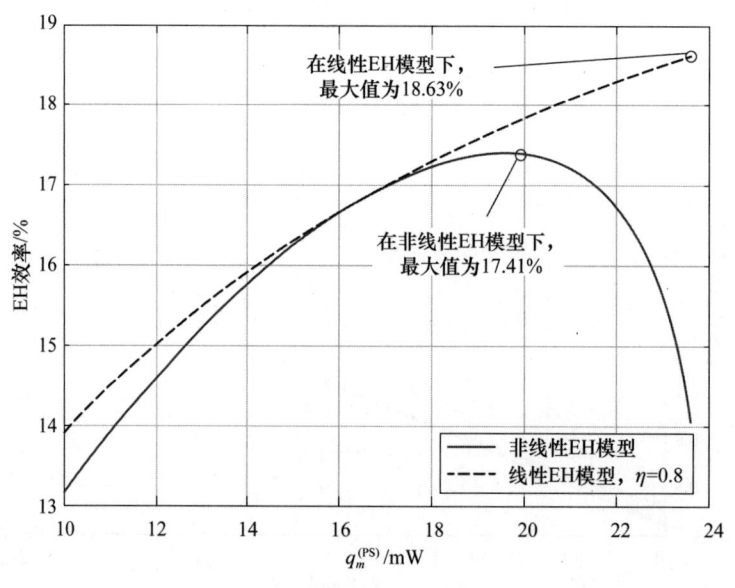

图 3.17　EH 效率与 PSUs 的能量收集需求(即 $q_m^{(PS)}$)的关系,其中 $\eta=0.8$

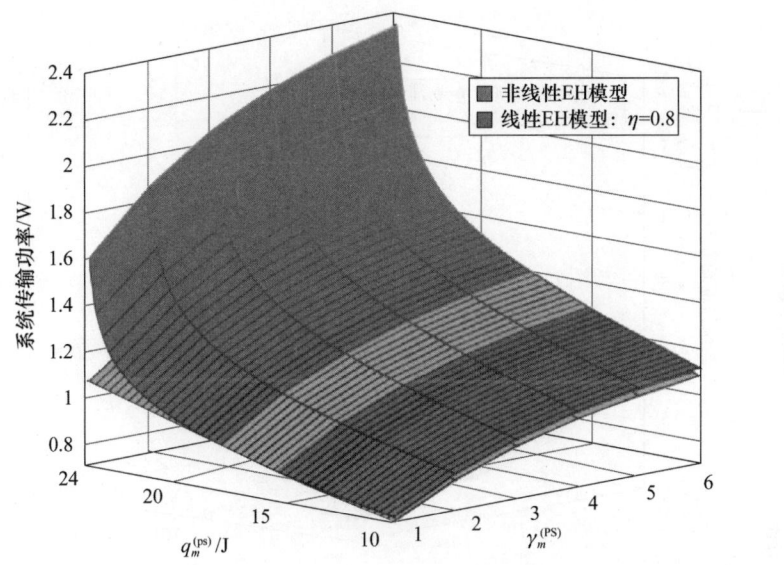

图 3.18　所需发射功率 P_t 与 PSUs 的能量和信息需求（即 $q_m^{(PS)}$ 和 $\gamma_m^{(PS)}$）的关系，其中 $\eta=0.8$

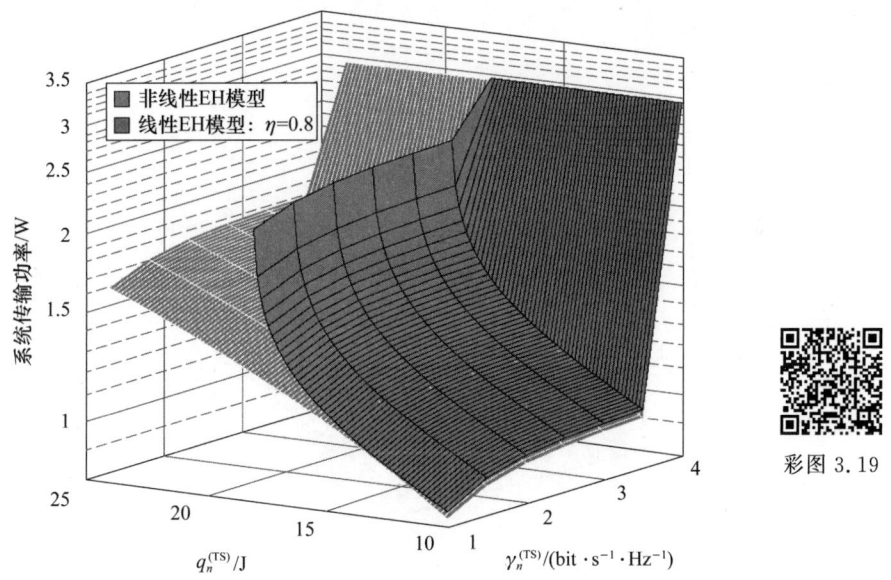

图 3.19　所需发射功率 P_t 与 TSUs 的能量和信息需求（即 $q_n^{(TS)}$ 和 $\gamma_n^{(TS)}$）的关系，其中 $\eta=0.8$

3.4.4　用户距离对系统性能的影响

图 3.20 比较了基于线性和非线性 EH 模型 P_t 与从 H-AP 到 PSUs 和 TSUs 的距离（即 $d_m^{(PS)}$ 和 $d_n^{(TS)}$）的关系。结果表明为了抵抗由距离引起的功率损耗衰减，需要更多的功率。此外，还可以看出 $d_m^{(PS)}$ 对 P_t 的影响大于 $d_n^{(TS)}$ 对 P_t 的影响。

为了进一步探索距离对系统性能的影响，对 $\eta=0.8$ 下的系统也进行了仿真分析，如图 3.21 所示，可以看出 $\eta=0.8$ 下的系统与 $\eta=0.7$ 下的系统有相同的性能趋势。

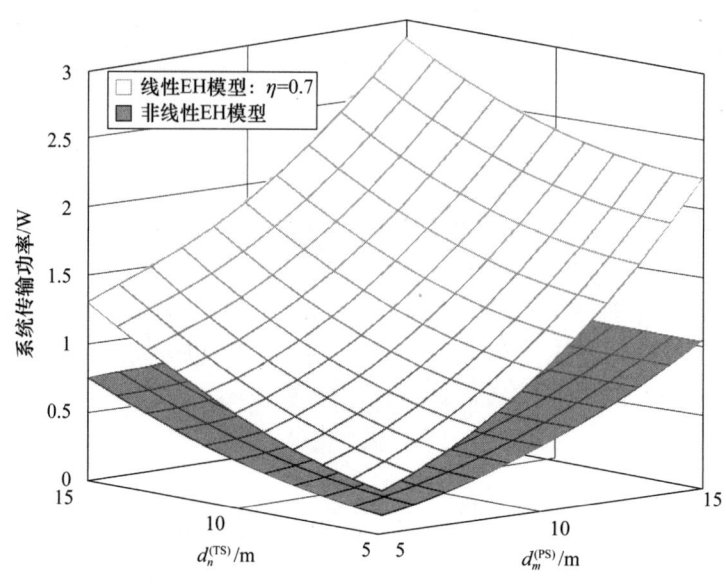

图 3.20 所需发射功率 P_t 与从 H-AP 到 PSUs 和 TSUs 的距离(即 $d_m^{(PS)}$ 和 $d_n^{(TS)}$)的关系,其中 $\eta=0.7$

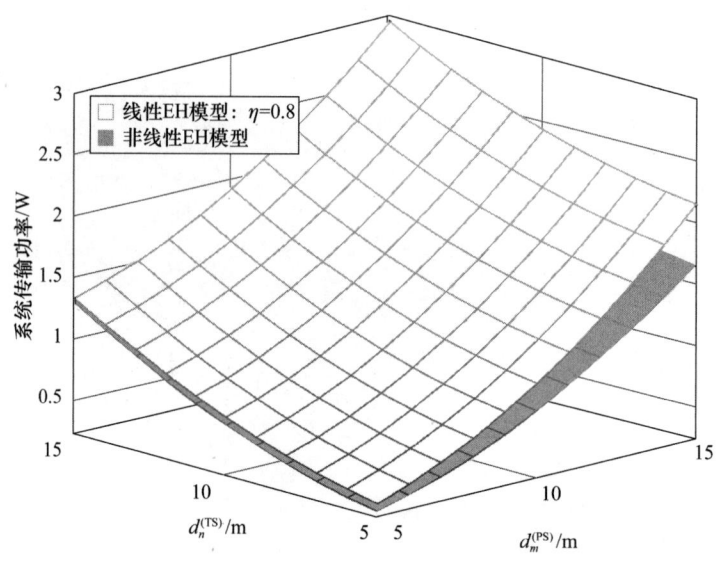

图 3.21 所需发射功率 P_t 与从 H-AP 到 PSUs 和 TSUs 的距离(即 $d_m^{(PS)}$ 和 $d_n^{(TS)}$)的关系,其中 $\eta=0.8$

3.5 本章小结

本章研究了 PSUs 和 TSUs 共存的 SWIPT 网络系统所需发射功率最小化问题。在该系统中,存在一个多天线 H-AP 传输信息给多个 PSUs 和 TSUs。为了实现绿色物联网设计并根据所需的发射功率探索系统性能极限,通过联合优化 H-AP 的发射波束赋形向量、PSUs 的 PS 因子和 TSUs 的 TS 因子,在满足用户信息速率和 EH 约束的前提下,最小化系统所需的发射功率。本章主要包括以下创新点和结论。

- 由于优化变量的耦合和非线性 EH 模型的非凸性，很难求解该系统优化问题。因此，本章提出了一种 SDR 和一维搜索相结合的两层算法，并在理论上证明了该算法能够获得全局最优解。
- 为了寻找低复杂度的近似最优解，本章还提出了一种 SCA 算法。该算法能够找到低复杂度的近优解，并从理论上证明，所提出的 SCA 算法收敛于满足 KKT 条件的解。
- 仿真结果表明，在相同的 EH 需求下，TSUs 比 PSUs 更容易进入 EH 电路饱和区，TSUs 的 EH 效率高于 PSUs。此外，在可行域内，非线性 EH 模型下的最小发射功率远低于线性 EH 模型下的最小发射功率。

第 4 章
非完美信道下多中继 SWIPT 系统中断性能分析

本章基于非线性 EH 模型探究非完美 CSI（outdate/time-delayed CSI）下多中继 SWIPT 网络的中断概率和可靠吞吐量性能界,其中多天线源节点期望传输信息给多天线目的节点。由于源节点和目的节点之间无直连链路,需要选择多个单天线能量受限中继中的最佳中继进行转发,且中继采用 TS 接收机结构。针对该系统,本章提出了一种基于第 J 个最佳中继选择和发射天线选择的传输协议,使得信息和功率在瞬时功率增益最大的信道上传输。本章基于分段式 EH 模型并考虑非完美的 CSI,分析瑞利衰落下的信息传输性能,推导得到系统中断概率和可靠吞吐量的闭式表达式,从而避免了通过复杂的数值仿真来评估系统中断概率和可靠吞吐量性能。为了进一步探究系统性能,本章还推导出了高低 SNR 下相应的系统中断概率和可靠吞吐量的近似表达式。仿真实验给出了蒙特卡洛仿真结果,验证了理论结果的准确性和有效性。通过仿真,本章讨论分析了发射接收天线数、能量转换效率和非完美 CSI 精度等参数对系统性能的影响,对无线多中继 SWIPT 能量驱动网络系统的设计具有一定的指导意义。

4.1 引　　言

在众多先进的无线通信技术中,中继技术在抵抗无线信道衰落、扩大系统容量及覆盖范围等方面有突出的性能表现,具有广阔的发展和应用前景。中继技术的基本思想是每个中继转发其接收的信息/或进一步处理的消息副本到下一跳[130]。根据应用场景,中继可以是基站、设备、移动终端、机器或车辆。中继的引入使多个路由成为可能,这些路由将信源连接到目的地,提供空间分集,从而提高了传输可靠性。由于来自源节点的数据在中继的帮助下被转发到目的节点,与没有任何中继的情况相比,显然增加了通信距离[131-133]。

在 IoT 和 WSN 中,小型无线设备(传感器)通常由电池供电,尤其是在环境恶劣、大型网络系统、构建嵌入式和生物型嵌入式应用的环境下,对电池进行充电或更换既困难又不经济[34,36,134]。为了解决该问题,基于 RF 的 SWIPT 技术被采用,其能够在传输信息的同时为一些低功耗的无线设备提供能量,并且基于 PS 和 TS 的 SWIPT 研究已经在不同网络系统中得到了广泛应用[43,47,131]。此外,SWIPT 技术在中继网络中具有一种特殊的用途,即单个或多个无源的或者具有可充电电池的中继节点可以通过 SWIPT 方式从源节点发射的 RF

第 4 章 非完美信道下多中继 SWIPT 系统中断性能分析

中提取信息和能量，然后消耗其收集的能量，以 DF 或者 AF 形式转发源节点信息到目的节点，从而实现源节点到目的节点的信息传输[132]。

由于中断概率是衰落信道下无线通信网络的最重要性能指标之一，所以许多研究对 SWIPT 系统的中断性能进行了探究[133,135-136]。具体而言，文献[133]利用频谱共享研究分析了双向认知协作中继 SWIPT 网络的系统中断概率性能。文献[135]针对双向中继 SWIPT 网络系统，探究了系统中断概率最小化问题。文献[136]考虑在源节点和目的节点之间存在直连链路的情况下，研究中继 SWIPT 网络系统的中断概率性能。尽管如此，这些研究都采用传统的线性 EH 模型来评估 SWIPT 系统的中断性能。在实际应用中，EH 电路的能量转换行为关于电路输入功率呈现非线性特性，并且非线性逻辑 EH 模型已经在文献[54]中被提出。虽然逻辑 EH 模型比线性 EH 模型更实际，但因其形式过于复杂而难以应用。为了使其易于应用，文献[56]提出了一种近似的分段式 EH 模型。基于分段式 EH 模型，文献[69]研究分析了双跳中继 SWIPT 系统的中断性能，且中继采用 PS 接收机结构。文献[93]基于分段式 EH 模型，针对中继 SWIPT 网络，最小化系统中断概率，其中中继采用了 PS 接收机结构。

本章基于分段式 EH 模型采用非完美 CSI 探究分析多天线多中继 SWIPT 网络系统的中断概率和可靠吞吐量性能界。本章研究与现有研究的主要区别如下：

- 大部分先前研究[56,131-133,136]都采用完美 CSI 对系统中断和吞吐量进行研究。然而，在实际应用中，由于信道估计误差和不完全反馈，很难获得完美理想的 CSI[69,93,137-138]。因此，本章研究采用量化的非完美 CSI 来讨论分析系统中断和可靠吞吐量性能，这样更接近实际网络系统。
- 大多数现有的研究采用传统线性 EH 模型，对收集的能量进行刻画研究[43,47,131-133]。为了避免线性 EH 模型的不精确分析，本章采用近似的分段式 EH 模型，可以更加准确地描述实际 EH 电路的特性。
- 虽然现有一些研究，如文献[93,137]采用了分段式 EH 模型，但仅考虑了 PS 接收机结构的应用。TS 接收机结构对时间域上的操作比 PS 接收机结构更易于实现和应用[38]，并且对于采用 TS 接收机结构的多天线多中继 SWIPT 网络系统中断概率和可靠吞吐量还没有明确的研究结果。为了填补这一空白，本章采用 TS 接收机结构进行研究。

本章主要创新点包括：

① 对于所考虑的多天线多中继 SWIPT 网络系统，本章提出了一种基于第 J 个最佳中继选择和发射天线选择的传输协议，使得信息和功率在瞬时功率增益最大的信道上传输。

② 基于分段式 EH 模型考虑非完美 CSI，本章推导得到了系统中断概率和可靠吞吐量的闭式表达式，从而避免了通过复杂的数值仿真来评估系统中断概率和可靠吞吐量性能。为了提供更简洁的结果，本章还推导出了高低 SNR 下相应的系统中断概率和可靠吞吐量的近似表达式。

③ 仿真实验给出了蒙特卡洛仿真结果，验证了理论结果的准确性和有效性。通过仿真，本章讨论分析了发射接收天线数、能量转换效率和非完美 CSI 精度等参数对系统性能的影响，对无线多中继 SWIPT 系统的设计具有一定的指导意义。

本章各节内容安排：4.2 节介绍了多天线多中继 SWIPT 网络系统模型，以及信息和能量的传输过程和传输协议;4.3 节对系统中断概率和可靠吞吐量进行了理论推导和分析;4.4 节对理论结果进行了仿真验证;4.5 节对本章内容进行了总结。

4.2 系统模型

本章考虑两跳多天线多中继 SWIPT 网络系统,如图 4.1 所示,其包含一个配有 $M(M \geqslant 1)$ 根天线的源节点(S)、$L(L \geqslant 1)$ 个配有 $N(N \geqslant 1)$ 根天线的目的节点和 $K(K \geqslant 1)$ 个单天线中继。为了便于描述,R_k 和 D_l 分别用于表示第 k 个中继和第 l 个目的节点,其中 $k=1,\cdots,K$ 和 $l=1,\cdots,L$。S 希望将信息传输到 D_l。由于 S 与 D_l 之间存在一些障碍,没有直连链路,需要中继协助从 S 到 D_l 的信息传输。假设中继具有能量约束和自私性,不愿意消耗自身的能量来帮助源节点进行信息转发。通过采用 TS 接收机结构,中继可以通过 S 发送的 RF 信号进行充电,然后使用收集的 RF 能量帮助信息转发。假设信道模型是平坦块衰落,即在每个衰落块中所有信道系数保持不变,并且在瑞利衰落模型下每个衰落块之间独立地变化。

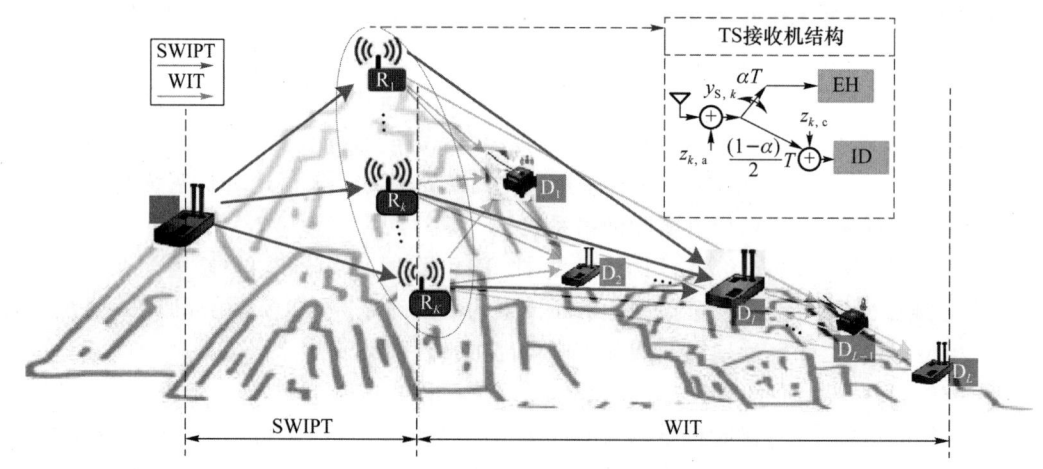

图 4.1 多中继 SWIPT 网络系统模型

图 4.2 绘制了本节所提出的 SWIPT-WIT 传输协议的框架图。令 T 表示每个衰落块的时间周期。通过 TS 因子 $\alpha \in [0,1]$ 将 T 切分成两个阶段,其中,在第一阶段(即 SWIPT 阶段),S 传输信息和能量给中继。通过采用 TS 接收机结构,中继在第一阶段用 αT 时间收集能量,然后在第二阶段用 $\frac{(1-\alpha)T}{2}$ 时间接收和解码信息。在随后的 $\frac{(1-\alpha)T}{2}$ 时间内,即 WIT 转发阶段,中继协助转发信息(从 S 到 D_l)。

SWIPT阶段:S到R_k		WIT阶段:R_k到D
时隙1:αT	时隙2:$(1-\alpha)/2 T$	时隙3:$(1-\alpha)/2 T$
R_k从S传输的信号中收集能量	R_k解码S发送的信息	R_k转发S的信息到D

图 4.2 SWIPT-WIT 传输协议

具体而言,在 SWIPT 阶段,首先中继 R_k 比较接收从 S 的 M 根天线发射的信号,并利用 $\log M$ bit 的二进制向量向 S 反馈相应的天线索引。然后 S 执行天线选择策略,从其 M 根天线中选择一根瞬时信道增益最大的天线,基于从中继 R_k 反馈的过时的(outdated/time-delayed)CSI 进行信息和能量传输①。因此,所选天线对应的信道可以表示为

$$\hat{h}_{S,k} = \max_{m \in \{1,\cdots,M\}} \{\hat{h}_{m,k}\}, \tag{4-1}$$

其中 $\hat{h}_{m,k}$ 是估计的非完美信道系数。由于信道估计错误或延迟反馈,$\hat{h}_{m,k}$[139] 可以表示为

$$\hat{h}_{m,k} = \sqrt{\varepsilon_1} h_{m,k} + \sqrt{1-\varepsilon_1} \mu_m, \tag{4-2}$$

其中:$h_{m,k}$ 表示从 S 的第 m 根天线到 R_k 的真实信道系数;$\varepsilon_1 (0 \leqslant \varepsilon_1 \leqslant 1)$ 是非完美 CSI $\hat{h}_{m,k}$ 和完美 CSI $h_{m,k}$ 之间的相关系数,反映了 CSI 估计的非完美程度;μ_m 是与 $h_{m,k}$ 具有相同分布的复高斯随机变量。此外,当 $\varepsilon_1 = 1$ 时,表示完美 CSI 的情况。

然后,使用最大-最小(max-min)化策略选择中继,即具有第 J 个最大瞬时信息速率的中继被选择,并通过链路 S→R_k→D_l 实现 S 和 D_l 之间的信息传输,且前 $J-1$ 个最大瞬时信息速率的中继对于 D_l 不可用②,其中 $J=1,\cdots,K$。被选择的中继 k 可以表示为

$$k = J^{\text{th}} \max_{i \in K} \min\{\hat{\gamma}_{S,i}, \hat{\gamma}_{i,D}\}, \tag{4-3}$$

其中 $\hat{\gamma}_{S,i}$ 和 $\hat{\gamma}_{i,D}$ 分别是通过 S→R_i 和 R_i→D_l 链路接收到的 SNR。

使用选择的天线和中继,在 SWIPT 阶段,S 传输信息和能量。不失一般性,令 R_k 为选择的中继节点。R_k 从 S 接收的 RF 信号可以表示为

$$y_{S,k} = \sqrt{P_s} \hat{h}_{S,k} X_S + z_{k,a} + z_{k,c}, \tag{4-4}$$

其中 $\hat{h}_{S,k} = \hat{h}_{m,k}$,$z_{k,a}$ 是均值为零、方差为 $\sigma_{k,a}^2$ 的接收天线的 AWGN,$z_{k,c}$ 是进行 ID 产生的均值为零、方差为 $\sigma_{k,c}^2$ 的 AWGN,P_s 和 X_S 分别是 S 的传输功率和 RF 信号符号。

采用 TS 接收机结构,在 SWIPT 阶段的第一个时隙的 αT 时间,基于分段式 EH 模型 R_k 从接收到的 RF 信号功率中收集的能量[56,69,93,137] 可以表示为

$$P_{\text{eh}} = \begin{cases} \eta P_{\text{in}}, & P_{\text{in}} \leqslant P_{\text{sat}}, \\ P_{\text{sat}}, & P_{\text{in}} > P_{\text{sat}}, \end{cases} \tag{4-5}$$

其中 P_{in} 和 P_{eh} 分别表示接收端接收到的 RF 功率和收集到的能量,P_{sat} 是当 EH 电路饱和时最大收集的能量,η 是能量转换效率且通常为常数。因此,在 SWIPT 阶段,R_k 收集到的能量 Q_k 为

$$Q_k = \begin{cases} \alpha T \eta P_s |\hat{h}_{S,k}|^2, & P_s |\hat{h}_{S,k}|^2 \leqslant P_{\text{sat}}, \\ \alpha T P_{\text{sat}}, & P_s |\hat{h}_{S,k}|^2 > P_{\text{sat}}. \end{cases} \tag{4-6}$$

在 SWIPT 阶段的第二个时隙的 $\frac{(1-\alpha)T}{2}$ 时间,R_k 解码信息。根据式(4-4),R_k 接收的

---

① 对于多天线系统,如果发射端具有理想的 CSI,则可以在发射端采用波束成形设计,以提高系统性能。在本章中,假设 CSI 是非完美的,所以在源节点采用发射天线选择方案。

② 前 $J-1$ 个最大的中继可能已分配给处理或传输负担沉重的其他目的节点,对于 D_l 则不可用。

SNR 可以表示为

$$\gamma_{S,k} = \frac{P_s|\hat{h}_{S,k}|^2}{\sigma_{k,a}^2 + \sigma_{k,c}^2} = \frac{P_s|\hat{h}_{S,k}|^2}{\sigma_{R,k}^2}, \tag{4-7}$$

其中 $\sigma_{R,k}^2 = \sigma_{k,a}^2 + \sigma_{k,c}^2$。因此，$R_k$ 的可达速率 $C_{S,k}$ 可以表示为

$$C_{S,k} = \frac{1-\alpha}{2}\log_2\left(1 + \frac{P_s|\hat{h}_{S,k}|^2}{\sigma_{R,k}^2}\right). \tag{4-8}$$

在 WIT 阶段的 $\frac{(1-\alpha)T}{2}$ 时间，R_k 利用收集到的能量来帮助 S 将信息转发给 D_l。D_l 通过第 n 根天线从 R_k 接收到的 RF 信号 $y_{k,n}$ 可以表示为

$$y_{k,n} = \sqrt{P_k}\hat{h}_{k,n}X_R + z_{D,n}, \tag{4-9}$$

其中，X_R 是 R_k 传输的 RF 信号符号，$z_{D,n}$ 是均值为零、方差为 $\sigma_{D,n}^2$ 的 AWGN，$\hat{h}_{k,n}$ 是从 R_k 到 D_l 的第 n 根天线的估计的/过时的信道参数，即

$$\hat{h}_{k,n} = \sqrt{\varepsilon_2}h_{k,n} + \sqrt{1-\varepsilon_2}\nu_n, \tag{4-10}$$

其中，$h_{k,n}$ 表示真实的信道参数，ε_2（$0 \leqslant \varepsilon_2 \leqslant 1$）是 $\hat{h}_{k,n}$ 和 $h_{k,n}$ 之间的相关系数，ν_n 是均值为零且方差与 $h_{k,n}$ 相同的独立复高斯随机变量。当 $\varepsilon_2 = 1$ 时，表示完美 CSI 的情况。此外，根据式(4-6)，R_k 的传输功率 P_k 可以表示为

$$P_k = \frac{2Q_k}{(1-\alpha)T} = \begin{cases} \dfrac{2\alpha\eta P_s|\hat{h}_{S,k}|^2}{1-\alpha}, & P_s|\hat{h}_{S,k}|^2 \leqslant P_{\text{sat}}, \\ \dfrac{2\alpha P_{\text{sat}}}{1-\alpha}, & P_s|\hat{h}_{S,k}|^2 > P_{\text{sat}}. \end{cases} \tag{4-11}$$

通过采用最大比合并分集（Maximal Ratio Combining，MRC）技术，从 R_k 到 D_l 的 N 根接收天线的等效信道增益可以表示为 $|\hat{h}_{k,D}|^2 = \sum_{n=1}^{N}|\hat{h}_{k,n}|^2$。因此，$D_l$ 从 R_k 总共接收到的信号为

$$y_{k,D} = \sum_{n=1}^{N}\frac{\hat{h}_{k,n}^*}{\sigma_{D,n}^2}y_{k,n}, \tag{4-12}$$

其中 $\hat{h}_{k,n}^*$ 是 $\hat{h}_{k,n}$ 的共轭。所以，D_l 从 R_k 接收到的 SNR 可以表示为

$$\hat{\gamma}_{k,D} = \frac{P_k|\hat{h}_{k,D}|^2}{\sigma_{D,n}^2}, \tag{4-13}$$

并且 D_l 的可达速率 $C_{k,D}$ 为

$$C_{k,D} = \frac{1-\alpha}{2}\log_2\left(1 + \frac{P_k|\hat{h}_{k,D}|^2}{\sigma_{D,n}^2}\right). \tag{4-14}$$

4.3 系统中断概率和可靠吞吐量

本节将对系统的信息传输中断概率和可靠吞吐量分别进行推导分析。

4.3.1 信道增益的分布

1. S 到 R_k 信道

由于 $h_{m,k}$ 服从 Rayleigh 分布，$|h_{S,k}|^2$ 服从指数分布，因此 $|h_{m,k}|^2$ 对应的 PDF 和 CDF 可以分别表示为

$$f_{|h_{m,k}|^2}(x) = \frac{1}{g_{m,k}}\exp\left(-\frac{x}{g_{m,k}}\right) \tag{4-15}$$

和

$$F_{|h_{m,k}|^2}(x) = 1 - \exp\left(-\frac{x}{g_{m,k}}\right), \tag{4-16}$$

其中，$g_{m,k}$ 是信道功率增益的期望。进一步地，因为从 S 的天线到 R_k 的信道是独立同分布的（independent and identically distributed, i.i.d），因此 $|h_{S,k}|^2$ 的 PDF 和 CDF 可以分别表示为

$$\begin{aligned} f_{|h_{S,k}|^2}(x) &= M\left[F_{|h_{m,k}|^2}(x)\right]^{M-1} f_{|h_{m,k}|^2}(x) \\ &= \frac{M}{g_{m,k}}\left[1-\exp\left(-\frac{x}{g_{m,k}}\right)\right]^{M-1}\exp\left(-\frac{x}{g_{m,k}}\right) \end{aligned} \tag{4-17}$$

和

$$F_{|h_{S,k}|^2}(x) = \left[F_{|h_{m,k}|^2}(x)\right]^M 。 \tag{4-18}$$

因此，$|h_{S,k}|^2$ 和 $|\hat{h}_{S,k}|^2$ 的联合 PDF[69,139] 可以表示为

$$f_{(|\hat{h}_{S,k}|^2 \mid |h_{S,k}|^2)}(x|y) = \frac{\lambda_{m,k}}{1-\varepsilon_1}\exp\left(-\frac{\lambda_{m,k}(x+\varepsilon_1 y)}{1-\varepsilon_1}\right)\boldsymbol{I}_0\left(\frac{2\lambda_{m,k}\sqrt{\varepsilon_1 xy}}{1-\varepsilon_1}\right), \tag{4-19}$$

其中 $\lambda_{m,k} = \frac{1}{g_{m,k}}$，$\boldsymbol{I}_0(\cdot)$ 是第一类零阶修正贝塞尔函数。所以，$|\hat{h}_{S,k}|^2$ 的 PDF 为

$$f_{|\hat{h}_{S,k}|^2}(x) = \int_0^\infty f_{(|\hat{h}_{S,k}|^2 \mid |h_{S,k}|^2)}(x \mid y) f_{|h_{S,k}|^2}(y)\mathrm{d}y。 \tag{4-20}$$

引理 4.1 $|\hat{h}_{S,k}|^2$ 的 PDF 和 CDF 分别为

$$f_{|\hat{h}_{S,k}|^2}(x) = M\sum_{\theta=0}^{M-1}\binom{M-1}{\theta}(-1)^\theta A\exp(-Bx) \tag{4-21}$$

和

$$F_{|\hat{h}_{S,k}|^2}(x) = M\sum_{\theta=0}^{M-1}\binom{M-1}{\theta}(-1)^\theta \frac{A}{B}(1-\exp(-Bx)), \tag{4-22}$$

其中 $\binom{M-1}{\theta} = \frac{(M-1)!}{\theta!(M-1-\theta)!}$，$A = \frac{\lambda_{m,k}}{1+(1-\varepsilon_1)\theta}$ 和 $B = A(\theta+1)$。

证明：将式(4-17)和式(4-19)代入到式(4-20)，$f_{|\hat{h}_{S,k}|^2}(x)$ 可以重新表示为

$$\begin{aligned} &f_{|\hat{h}_{S,k}|^2}(x) = \\ &\int_0^\infty \frac{\lambda_{m,k}}{1-\varepsilon_1}\exp\left(-\frac{\lambda_{m,k}(x+\varepsilon_1 y)}{1-\varepsilon_1}\right)\boldsymbol{I}_0\left(\frac{2\lambda_{m,k}\sqrt{\varepsilon_1 xy}}{1-\varepsilon_1}\right)\frac{M}{g_{m,k}}\left[1-\exp\left(-\frac{x}{g_{m,k}}\right)\right]^{M-1}\exp\left(-\frac{x}{g_{m,k}}\right)\mathrm{d}y。 \end{aligned} \tag{4-23}$$

然后，通过文献[140](6.643.2)，以及多项式定理和一些代数运算，$f_{|\hat{h}_{S,k}|^2}(x)$ 的表达式可以通过推导得到，如式(4-21)所示。

因此，$|\hat{h}_{S,k}|^2$ 的 CDF 可以表示为

$$\begin{aligned} F_{|\hat{h}_{S,k}|^2}(x) &= \int_0^x f_{|\hat{h}_{S,k}|^2}(x) \mathrm{d}x \\ &= \int_0^x M \sum_{\theta=0}^{M-1} \binom{M-1}{\theta} (-1)^\theta A \exp(-Bx) \mathrm{d}x \\ &= M \sum_{\theta=0}^{M-1} \binom{M-1}{\theta} (-1)^\theta \frac{A}{B} (1-\exp(-Bx))。 \end{aligned} \quad (4\text{-}24)$$

当 $x \to +\infty$ 时，式(4-24)中 $\exp(-Bx)$ 趋于零。进一步地，基于 $\lim_{x \to +\infty} F_{|\hat{h}_{S,k}|^2}(x) = 1$，可以得到 $M \sum_{\theta=0}^{M-1} \binom{M-1}{\theta} (-1)^\theta \frac{A}{B} = 1$。因此，式(4-24)中 $|\hat{h}_{S,k}|^2$ 的 CDF 可以通过推导得到。□

2. R_k 到 D_l 信道

类似于 $\hat{h}_{S,k}$，从 R_k 到 D_l 的 n 根天线的信道参数也服从指数分布。所以，$|\hat{h}_{k,D}|^2$ 的 PDF 和 CDF 可以通过文献[141](7a)得到，如引理 4.2 所示。

引理 4.2 $|\hat{h}_{k,D}|^2$ 的 PDF 和 CDF 分别为

$$f_{|\hat{h}_{k,D}|^2}(x) = \sum_{n=1}^{N} \Phi(n) \frac{\lambda_{k,D}^n x^{n-1} \exp(-\lambda_{k,D} x)}{\Gamma(n)} \quad (4\text{-}25)$$

和

$$F_{|\hat{h}_{k,D}|^2}(x) = 1 - \sum_{n=1}^{N} \frac{\Phi(n) \Gamma(n, \lambda_{k,D} x)}{\Gamma(n)}, \quad (4\text{-}26)$$

其中，$\Phi(n) = \binom{N-1}{n-1} (1-\varepsilon_2)^{N-1} \varepsilon_2^{n-1}$，$\Gamma(\cdot)$ 是伽马函数，$\Gamma(\cdot, \cdot)$ 是上界不完全伽马函数，$\lambda_{k,D} = \frac{1}{g_{k,D}}$ 且信道增益期望为 $g_{k,D}$。

证明：类似于从 S 到 R_k 的信道，从 R_k 到 D_l 的第 n 根天线的信道，即 $h_{k,n}$，也服从指数分布。因此，根据文献[141](7a)，可以得到式(4-25)中的 $|\hat{h}_{k,D}|^2$ 的 PDF。

此外，通过文献[140](3.351.2¹¹)，$|\hat{h}_{k,D}|^2$ 的 CDF 可以表示为

$$\begin{aligned} F_{|\hat{h}_{k,D}|^2}(x) &= \int_0^x f_{|\hat{h}_{k,D}|^2}(x) \mathrm{d}x \\ &= \int_0^x \sum_{n=1}^{N} \Phi(n) \frac{\lambda_{k,D}^n x^{n-1} \exp(-\lambda_{k,D} x)}{\Gamma(n)} \mathrm{d}x \\ &= \sum_{n=1}^{N} \Phi(n) \left(1 - \frac{\Gamma(n, \lambda_{k,D} x)}{\Gamma(n)}\right), \end{aligned} \quad (4\text{-}27)$$

其中 $\Gamma(\cdot, \cdot)$ 是上界不完全伽马函数[140,142]。

进一步地，根据文献[140](8.3506.4*)，可以得到 $\lim_{x \to +\infty} \Gamma(n, x) = 0$，即式(4-27)中的 $\Gamma(n, \lambda_{k,D} x) = 0$ 项，可以推导得到 $\sum_{n=1}^{N} \Phi(n) = 1$。然后，将其带入式(4-27)，$|\hat{h}_{k,D}|^2$ 的 PDF 可

以通过推导得到。 □

4.3.2 系统中断概率分析

对于所考虑的系统,当两跳的任意信息速率低于给定的目标阈值时,则端到端信息传输发生中断。基于第 J 个最大-最小选择策略,选择第 J 个最大瞬时信息速率的中继,并通过 S→R_k→D 链路用于 S 和 D_l 之间的信息传输。因此,选择中继的可达速率为

$$C_{\text{SRD}} = J^{\text{th}} \max_{k \in K} \min\{C_{S,k}, C_{k,D}\}. \tag{4-28}$$

令 C_{th} 是系统的信息速率目标或预定阈值。当 $C_{\text{SRD}} < C_{\text{th}}$ 时,系统通信中断。系统中断概率可以描述为

$$\begin{aligned}\mathcal{P}_o &= \Pr(C_{\text{SRD}} < C_{\text{th}}) \\ &= \Pr(J^{\text{th}} \max_{k \in K} \min\{C_{S,k}, C_{k,D}\} < C_{\text{th}}).\end{aligned} \tag{4-29}$$

在计算系统中断概率(即 $\mathcal{P}_o$)之前,首先给出引理 4.3。

引理 4.3 定义

$$\mathcal{P}_{o2} = \Pr(|\hat{h}_{S,k}|^2 \geqslant \Delta, P_k |\hat{h}_{k,D}|^2 \geqslant \delta \sigma_{D,n}^2), \tag{4-30}$$

其显式表达式为

$$\mathcal{P}_{o2} = \begin{cases} \mathcal{P}_2, & \Delta > \Delta_2, \\ \mathcal{P}_1 + \mathcal{P}_2, & \Delta \leqslant \Delta_2, \end{cases} \tag{4-31}$$

和

$$\begin{cases} \mathcal{P}_1 = \Pr(|\hat{h}_{S,k}|^2 \geqslant \Delta, |\hat{h}_{S,k}|^2 |\hat{h}_{k,D}|^2 \geqslant \Delta_1, |\hat{h}_{S,k}|^2 \leqslant \Delta_2), \\ \mathcal{P}_2 = \Pr(|\hat{h}_{S,k}|^2 \geqslant \Delta, |\hat{h}_{k,D}|^2 \geqslant \Delta_3, |\hat{h}_{S,k}|^2 > \Delta_2). \end{cases}$$

其中 $\Delta = \frac{\delta \sigma_{R,k}^2}{P_s}$, $\Delta_1 = \frac{(1-\alpha)\delta \sigma_{D,n}^2}{2\alpha \eta P_s}$, $\Delta_2 = \frac{P_{\text{sat}}}{P_s}$, $\Delta_3 = \frac{(1-\alpha)\delta \sigma_{D,n}^2}{2\alpha P_{\text{sat}}}$, $\delta = 2^{\frac{2C_{\text{th}}}{1-\alpha}} - 1$。

证明:将式(4-11)代入式(4-30)中的 $\mathcal{P}_{o2}$,可以得到

$$\begin{aligned}\mathcal{P}_{o2} &= \begin{cases} \Pr\left(|\hat{h}_{S,k}|^2 \geqslant \Delta, \frac{2\alpha \eta P_s |\hat{h}_{S,k}|^2}{1-\alpha} |\hat{h}_{k,D}|^2 \geqslant \delta \sigma_{D,n}^2\right), & P_s |\hat{h}_{S,k}|^2 \leqslant P_{\text{sat}} \\ \Pr\left(|\hat{h}_{S,k}|^2 \geqslant \Delta, \frac{2\alpha P_{\text{sat}}}{1-\alpha} |\hat{h}_{k,D}|^2 \geqslant \delta \sigma_{D,n}^2\right), & P_s |\hat{h}_{S,k}|^2 > P_{\text{sat}} \end{cases} \\ &= \mathcal{P}_1 + \mathcal{P}_2.\end{aligned} \tag{4-32}$$

情况 I: $\Delta > \Delta_2$。在该情况下,$\Delta \leqslant |\hat{h}_{S,k}|^2 \leqslant \Delta_2$ 是不成立的。因此,存在

$$\begin{cases} \mathcal{P}_1 = 0, \\ \mathcal{P}_2 = \Pr(|\hat{h}_{S,k}|^2 \geqslant \Delta, |\hat{h}_{k,D}|^2 \geqslant \Delta_3) \\ \qquad = M \sum_{\theta=0}^{M-1} \binom{M-1}{\theta} (-1)^\theta \frac{A}{B} \exp(-B\Delta) \sum_{n=1}^{N} \frac{\Phi(n)\Gamma(n, \lambda_{k,D}\Delta_3)}{\Gamma(n)}. \end{cases}$$

所以,可以得到

$$\mathcal{P}_{o2} = \mathcal{P}_2. \tag{4-33}$$

情况Ⅱ：$\Delta \leqslant \Delta_2$。在此情况下，$\mathcal{P}_1$ 可以被重写为

$$\mathcal{P}_1 = \Pr\left(\Delta \leqslant |\hat{h}_{S,k}|^2 \leqslant \Delta_2, |\hat{h}_{S,k}|^2 \geqslant \frac{\Delta_1}{|\hat{h}_{k,D}|^2}\right)$$
$$= \Omega_1 + \Omega_2, \tag{4-34}$$

其中

$$\Omega_1 = \Pr\left(\Delta \leqslant |\hat{h}_{S,k}|^2 \leqslant \Delta_2, \frac{\Delta_1}{|\hat{h}_{k,D}|^2} \leqslant \Delta\right), \text{且} \frac{\Delta_1}{|\hat{h}_{k,D}|^2} \leqslant \Delta$$

和

$$\Omega_2 = \Pr\left(\frac{\Delta_1}{|\hat{h}_{k,D}|^2} \leqslant |\hat{h}_{S,k}|^2 \leqslant \Delta_2, \frac{\Delta_1}{\Delta_2} \leqslant |\hat{h}_{k,D}|^2 < \frac{\Delta_1}{\Delta}\right), \text{且} \Delta < \frac{\Delta_1}{|\hat{h}_{k,D}|^2} \leqslant \Delta_2。$$

进一步地，基于式（4-24）和式（4-26）中的 $|\hat{h}_{S,k}|^2$ 和 $|\hat{h}_{k,D}|^2$ 的 CDF，Ω_1 可以被推导得到：

$$\Omega_1 = \Pr\left(\Delta \leqslant |\hat{h}_{S,k}|^2 \leqslant \Delta_2, |\hat{h}_{k,D}|^2 \geqslant \frac{\Delta_1}{\Delta}\right)$$
$$= \Pr(\Delta \leqslant |\hat{h}_{S,k}|^2 \leqslant \Delta_2)\Pr\left(|\hat{h}_{k,D}|^2 \geqslant \frac{\Delta_1}{\Delta}\right)$$
$$= (F_{|\hat{h}_{S,k}|^2}(\Delta_2) - F_{|\hat{h}_{S,k}|^2}(\Delta))\left(1 - F_{|\hat{h}_{k,D}|^2}\frac{\Delta_1}{\Delta}\right)$$
$$= M\sum_{\theta=0}^{M-1}\binom{M-1}{\theta}(-1)^\theta \frac{A}{B}[\exp(-B\Delta) - \exp(-B\Delta_2)]\sum_{n=1}^{N}\frac{\Phi(n)\Gamma(n, \frac{\lambda_{k,D}\Delta_1}{\Delta})}{\Gamma(n)}, \tag{4-35}$$

同理，Ω_2 可以表示为

$$\Omega_2 = \Pr\left(\frac{\Delta_1}{|\hat{h}_{k,D}|^2} \leqslant |\hat{h}_{S,k}|^2 \leqslant \Delta_2, \frac{\Delta_1}{\Delta_2} \leqslant |\hat{h}_{k,D}|^2 < \frac{\Delta_1}{\Delta}\right)$$
$$= \int_{\Delta_1/\Delta_2}^{\Delta_1/\Delta}\int_{\Delta_1/y}^{\Delta_2} f_{|\hat{h}_{S,k}|^2}(x) f_{|\hat{h}_{k,D}|^2}(y) \mathrm{d}x\mathrm{d}y$$
$$= \int_{\Delta_1/\Delta_2}^{\Delta_1/\Delta} M\sum_{\theta=0}^{M-1}\binom{M-1}{\theta}(-1)^\theta \frac{A}{B}\left[\exp\left(-\frac{B\Delta_1}{y}\right) - \exp(-B\Delta_2)\right]\sum_{n=1}^{N}\frac{\Phi(n)\lambda_{k,D}^n y^{n-1}\exp(-\lambda_{k,D}y)}{\Gamma(n)}\mathrm{d}y$$
$$= \Omega_{21} - \Omega_{22}, \tag{4-36}$$

其中

$$\Omega_{21} = M\sum_{\theta=0}^{M-1}\sum_{n=1}^{N}\binom{M-1}{\theta}(-1)^\theta \frac{A\Phi(n)\lambda_{k,D}^n}{B\Gamma(n)}\int_{\Delta_1/\Delta_2}^{\Delta_1/\Delta} y^{n-1}\exp\left(-\frac{B\Delta_1}{y} - \lambda_{k,D}y\right)\mathrm{d}y$$

和

$$\Omega_{22} = M\sum_{\theta=0}^{M-1}\sum_{n=1}^{N}\binom{M-1}{\theta}(-1)^\theta \frac{A\Phi(n)\lambda_{k,D}^n}{B\Gamma(n)}\exp(-B\Delta_2)\int_{\Delta_1/\Delta_2}^{\Delta_1/\Delta} y^{n-1}\exp(-\lambda_{k,D}y)\mathrm{d}y$$
$$= M\sum_{\theta=0}^{M-1}\sum_{n=1}^{N}\binom{M-1}{\theta}(-1)^\theta \frac{A\Phi(n)}{B\Gamma(n)}\exp(-B\Delta_2)\left(\tilde{\Gamma}\left(n, \frac{\lambda_{k,D}\Delta_1}{\Delta}\right) - \tilde{\Gamma}\left(n, \frac{\lambda_{k,D}\Delta_1}{\Delta_2}\right)\right),$$

并且 Ω_{22} 可以通过文献［140］（3.351.1）推导得到。$\tilde{\Gamma}(\cdot, \cdot)$ 是下届不完全伽马函

数[140,142]。此外,基于 $\Delta \leqslant \Delta_2$, $\mathcal{P}_2$ 为

$$\mathcal{P}_2 = \Pr(|\hat{h}_{S,k}|^2 \geqslant \Delta_2)\Pr(|\hat{h}_{k,D}|^2 \geqslant \Delta_3)$$
$$= M\sum_{\theta=0}^{M-1}\binom{M-1}{\theta}(-1)^\theta \frac{A}{B}\exp(-B\Delta_2)\sum_{n=1}^{N}\frac{\Phi(n)\Gamma(n,\lambda_{k,D}\Delta_3)}{\Gamma(n)}。 \quad (4\text{-}37)$$

因此,$\mathcal{P}_{o2}$ 可以表示为

$$\mathcal{P}_{o2} = \mathcal{P}_1 + \mathcal{P}_2 = \Omega_1 + \Omega_2 + \mathcal{P}_2$$
$$= \Omega_1 + \Omega_{21} - \Omega_{22} + \mathcal{P}_2。 \quad (4\text{-}38)$$

$\mathcal{P}_{o2}$ 还可以表示为

$$\mathcal{P}_{o2} = \begin{cases} \text{式}(4\text{-}33), & \Delta > \Delta_2, \Delta \leqslant |\hat{h}_{S,k}|^2 \leqslant \Delta_2, \\ \text{式}(4\text{-}38), & \Delta \leqslant \Delta_2。 \end{cases} \quad (4\text{-}39)$$

基于引理 4.3,可以得到命题 4.1。

命题 4.1 非完美 CSI 下多中继 SWIPT 系统的中断概率可以表示为

$$\mathcal{P}_o = \begin{cases} \sum_{j=1}^{J}\binom{K}{j-1}(1-\mathcal{P}_2)^{K-j+1}(\mathcal{P}_2)^{j-1}, & \Delta > \Delta_2, \\ \sum_{j=1}^{J}\binom{K}{j-1}(1-\mathcal{P}_{o2})^{K-j+1}(\mathcal{P}_{o2})^{j-1}, & \Delta \leqslant \Delta_2, \end{cases} \quad (4\text{-}40)$$

其中

$$\mathcal{P}_2 = M\sum_{\theta=0}^{M-1}\binom{M-1}{\theta}(-1)^\theta \frac{A}{B}\exp(-B\Lambda)\sum_{n=1}^{N}\frac{\Phi(n)\Gamma(n,\lambda_{k,D}\Delta_3)}{\Gamma(n)}$$

且 $\Lambda = \max\{\Delta,\Delta_2\}$ 和 $\mathcal{P}_{o2} = \Omega_1 + \Omega_{21} - \Omega_{22} + \mathcal{P}_2$。

证明:根据式(4-28)和式(4-29),系统中断概率可以表示为

$$\mathcal{P}_o = \Pr(C_{SRD} < C_{th})$$
$$= \Pr(J^{th}\max_{k\in K}\min\{C_{S,k},C_{k,D}\} < C_{th})$$
$$= \sum_{j=1}^{J}\binom{K}{j-1}(P_{o1})^{K-j+1}(1-P_{o1})^{j-1}, \quad (4\text{-}41)$$

其中

$$\binom{K}{j-1} = \frac{K!}{(j-1)!(K-j+1)!},$$
$$P_{o1} = \Pr(\min\{C_{S,k},C_{k,D}\} < C_{th})$$
$$= 1 - \Pr(\min\{C_{S,k},C_{k,D}\} \geqslant C_{th})$$
$$= 1 - \mathcal{P}_{o2}, \quad (4\text{-}42)$$
$$\mathcal{P}_{o2} = \Pr(C_{S,k} \geqslant C_{th}, C_{k,D} \geqslant C_{th})。$$

结合式(4-8)和式(4-14),$\mathcal{P}_{o2}$ 可以表示为

$$\mathcal{P}_{o2} = \Pr(|\hat{h}_{S,k}|^2 \geqslant \Delta, P_k|\hat{h}_{k,D}|^2 \geqslant \delta\sigma_{D,n}^2), \quad (4\text{-}43)$$

其中 $\Delta = \frac{\delta\sigma_{R,k}^2}{P_s}$, $\delta = 2^{\frac{2C_{th}}{1-\alpha}} - 1$。根据引理 4.3、式(4-41)和式(4-42),可以得到命题 4.1。 □

4.3.3 高、低 SNR 下系统中断概率分析

为了提供更简明的系统中断概率结果,本节对高、低 SNR 下的系统中断概率进行了近似分析。根据命题 4.1 的证明,系统中断概率主要由式(4-43)中的 $\mathcal{P}_{o2}$ 决定。基于式(4-11)中的 P_k,$\mathcal{P}_{o2}$ 可以表示为

$$\mathcal{P}_{o2}=\begin{cases}\Pr(|\hat{h}_{S,k}|^2\geqslant\Delta,|\hat{h}_{S,k}|^2|\hat{h}_{k,D}|^2\geqslant\Delta_1) &,P_s|\hat{h}_{S,k}|^2\leqslant P_{sat},\\ \Pr(|\hat{h}_{S,k}|^2\geqslant\Delta,|\hat{h}_{k,D}|^2\geqslant\Delta_3) &,P_s|\hat{h}_{S,k}|^2> P_{sat}\,. \end{cases} \quad (4\text{-}44)$$

众所周知,对于固定噪声功率,当 P_s 相对较小时,SNR 也相对较小,使得系统工作在低 SNR 区域,反之亦然。因此,在低 SNR 情况下,当 $P_s|h_{S,k}|^2\leqslant P_{sat}$ 时,由于较小的 P_s 不能使 R_k 达到 EH 电路的饱和区域,可以推导得到系统中断概率。类似地,当 $P_s|h_{S,k}|^2>P_{sat}$ 且具有相对较大的 P_s 时,高 SNR 下的系统中断概率可以通过推导得到。因此,高、低 SNR 下的近似中断概率可以分析如下。

推论 4.1 在低 SNR 情况下,系统中断概率可以近似为

$$\mathcal{P}_o^{(low)}=\sum_{j=1}^{J}\binom{K}{j-1}(1-\mathcal{P}_{o2}^{(low)})^{K-j+1}(\mathcal{P}_{o2}^{(low)})^{j-1}, \quad (4\text{-}45)$$

其中

$$\mathcal{P}_{o2}^{(low)}=M\sum_{\theta=0}^{M-1}\binom{M-1}{\theta}(-1)^\theta \frac{A}{B}\sum_{n=1}^{N}\frac{\Phi(n)}{\Gamma(n)}2\lambda_{k,D}\Delta_1 B^{\frac{n}{2}-1}\mathbf{K}_n(2\sqrt{B\lambda_{k,D}\Delta_1}),$$

且 $\mathbf{K}_n(\cdot)$ 是第二类 n 阶贝塞尔函数。

证明:在低 SNR 情况下,$P_s|\hat{h}_{S,k}|^2\leqslant P_{sat}$ 被满足。基于式(4-44),以及式(4-21)和式(4-25)中的 $|\hat{h}_{S,k}|^2$ 和 $|\hat{h}_{k,D}|^2$ 的 PDF,$\mathcal{P}_{o2}$ 可以表示为

$$\begin{aligned}\mathcal{P}_{o2}^{(low)}&=\Pr(|\hat{h}_{S,k}|^2\geqslant\Delta,|\hat{h}_{S,k}|^2|\hat{h}_{k,D}|^2\geqslant\Delta_1)\\ &=\int_\Delta^\infty\left(\int_{\Delta_1/x}^\infty f_{|\hat{h}_{k,D}|^2}(y)dy\right)f_{|\hat{h}_{S,k}|^2}(x)dx\\ &=\int_\Delta^\infty M\sum_{\theta=0}^{M-1}\binom{M-1}{\theta}(-1)^\theta\frac{A}{B}\exp(-Bx)\left(\sum_{n=1}^N\frac{\Phi(n)\Gamma(n,\lambda_{k,D}\frac{\Delta_1}{x})}{\Gamma(n)}\right)dx\,. \end{aligned} \quad (4\text{-}46)$$

然后,通过采用文献[140](6.453),$\mathcal{P}_{o2}$ 可以进一步表示为

$$\mathcal{P}_{o2}^{(low)}=M\sum_{\theta=0}^{M-1}\binom{M-1}{\theta}(-1)^\theta\frac{A}{B}\sum_{n=1}^N\frac{\Phi(n)}{\Gamma(n)}2\lambda_{k,D}\Delta_1 B^{\frac{n}{2}-1}\mathbf{K}_n(2\sqrt{B\lambda_{k,D}\Delta_1})\,.$$

根据式(4-41),式(4-45)中低 SNR 情况下系统中断概率 $P_o^{(low)}$ 可以被获得。 □

推论 4.2 在高 SNR 情况下,系统中断概率可以近似表示为

$$\mathcal{P}_o^{(high)}=\sum_{j=1}^{J}\binom{K}{j-1}(1-\mathcal{P}_{o2}^{(high)})^{K-j+1}(\mathcal{P}_{o2}^{(high)})^{j-1}, \quad (4\text{-}47)$$

其中

$$\mathcal{P}_{o2}^{(high)}=M\sum_{\theta=0}^{M-1}\binom{M-1}{\theta}(-1)^\theta\frac{A}{B}\sum_{n=1}^N\frac{\Phi(n)\Gamma(n,\lambda_{k,D}\Delta_3)}{\Gamma(n)}\,.$$

证明： 在高 SNR 情况下，存在 $P_s|\hat{h}_{S,k}|^2 > P_{sat}$。根据式(4-44)，$\mathcal{P}_{o2}^{(high)}$ 可以表示为

$$\mathcal{P}_{o2}^{(high)} = \Pr(|\hat{h}_{S,k}|^2 \geqslant \Delta, |\hat{h}_{k,D}|^2 \geqslant \Delta_3)。 \tag{4-48}$$

如 4.3.2 节所述，式(4-33)指出 $\mathcal{P}_{o2}^{(high)}$ 等于 $\mathcal{P}_2$。此外，在高 SNR 下具有较大的 P_s，Δ 趋于零，导致 $\exp(-B\Delta) = 1$。所以，$\mathcal{P}_{o2}^{(high)}$ 可以进一步表示为

$$\mathcal{P}_{o2}^{(high)} = M \sum_{\theta=0}^{M-1} \binom{M-1}{\theta} (-1)^\theta \frac{A}{B} \sum_{n=1}^{N} \frac{\Phi(n)\Gamma(n, \lambda_{k,D}\Delta_3)}{\Gamma(n)}。$$

最后，根据式(4-41)，在高 SNR 情况下式(4-47)中的系统中断概率 $\mathcal{P}_o^{(high)}$ 可以通过推导得到。 □

4.3.4 系统可靠吞吐量分析

根据文献[132]，并且基于中断概率 $\mathcal{P}_o$，系统可靠吞吐量可以定义为

$$\mathcal{T}h = (1 - \mathcal{P}_o)C_{th}。 \tag{4-49}$$

对于本章所考虑的系统，系统可靠吞吐量分析如下。

命题 4.2 系统可靠吞吐量可以表示为

$$\mathcal{T}h = \frac{1-\alpha}{2}(1 - \mathcal{P}_o)C_{th}, \tag{4-50}$$

其中 $\mathcal{P}_o$ 的表达式如式(4-40)所示，C_{th} 是信息速率目标或预定阈值。

证明： 由于该证明可在文献[132]中找到，所以在此省略。 □

4.4 仿真结果与分析

本节将提供一些数值和仿真结果，以讨论基于分段式 EH 模型和非完美 CSI 下多中继 SWIPT 网络系统中断概率和可靠吞吐量性能。除非特别声明，否则系统仿真参数的设置如下：中继数量 $K=6$，被选择的中继 $J=2$，TS 因子 $\alpha=0.7$，S 传输天线数量 $M=2$，D_l 的接收天线数量 $N=2$，以及噪声功率 $\sigma_{R,k}^2 = \sigma_{n,D}^2 = \sigma_0^2$。从 S 到 R_k 和从 R_k 到 D 的距离可以分别设置为 3 m，并且路径损耗因子为 2。对于分段式 EH 模型，设置 $\eta=0.8107$。① 对于非完美 CSI，设置信道相关系数 $\varepsilon_1 = \varepsilon_2 = 0.9$ 和信道增益期望 $g_{m,k} = g_{k,D} = 1$。此外，信息速率阈值 C_{th} 为 0.05 bit/(s·Hz) 和 $\frac{P_{sat}}{P_s} = -5$ dB。

4.4.1 中继数量对系统性能的影响

图 4.3(a)评估了系统中断概率 $\mathcal{P}_o$ 与 $\frac{P_s}{\sigma_0^2}$ 的关系，其中 $K=2,4,6$。为了进行对比，通过平

---

① 注意：$\eta=0.8107$ 是最优的 η，是通过解决关于 η，分段式 EH 模型和基于逻辑函数的非线性 EH 模型（即逻辑 EH 模型）的优化问题而得到的[47]。

均 10^5 信道实现蒙特卡洛（Monte Carlo）仿真结果。可以看出，分析结果与数值结果非常吻合，这证明了理论分析的准确性。这表明理论结果可以代替蒙特卡洛方法用于评估和讨论系统性能。因此，可以降低执行蒙特卡洛仿真实验的复杂度。类似于许多现有研究[69,132]，接下来的仿真实验将使用理论结果对系统性能进行分析。

从图 4.3 还可以看出，固定 K，$\mathcal{P}_o$ 随着 $\frac{P_s}{\sigma_0^2}$ 的增加而减小，因为更高的 SNR 会导致更高的传输速率和更低的中断概率。此外，固定 $\frac{P_s}{\sigma_0^2}$，$\mathcal{P}_o$ 随着 K 的增加而减小，因为中继越多，选择较优中继的概率越大。

图 4.3(b) 展示了系统可靠吞吐量 $\mathcal{T}h$ 与 $\frac{P_s}{\sigma_0^2}$ 的关系，其中 $K=2,4,6$。可以观察到，固定 K，$\mathcal{T}h$ 首先随着 $\frac{P_s}{\sigma_0^2}$ 的增大而增大，然后趋于稳定，因为随着 P_s 的增大，中继收集的能量先增加，然后由于 EH 电路的饱和特效的限制而达到最大值。此外，固定 $\frac{P_s}{\sigma_0^2}$，$\mathcal{T}h$ 随着 K 的增加而增大，因为中继越多，选择较优中继的概率就越大。

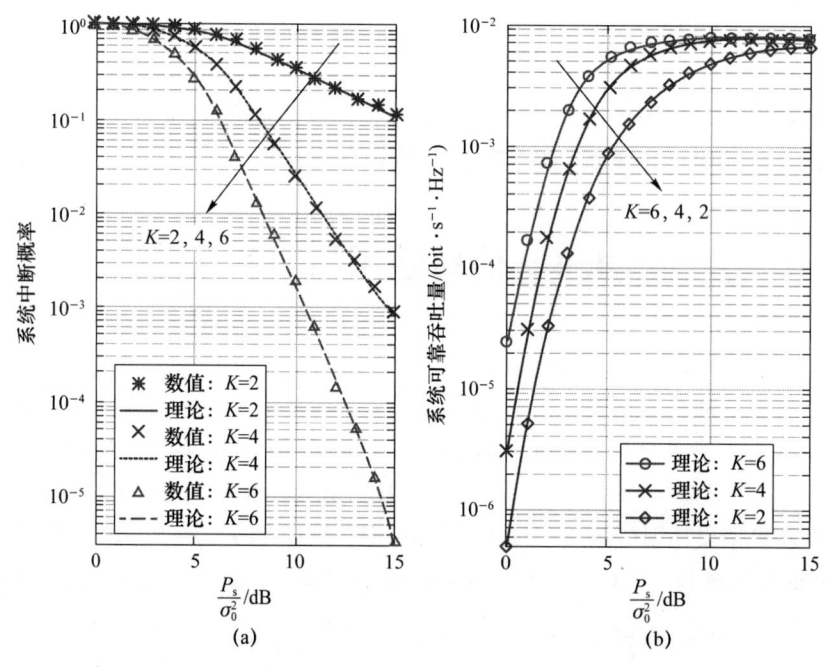

图 4.3 中断概率 $\mathcal{P}_o$ 和可靠吞吐量 $\mathcal{T}h$ 与 $\frac{P_s}{\sigma_0^2}$ 的关系，其中中继数量 K 不同

4.4.2 第 J 个最佳中继对系统性能的影响

图 4.4(a) 绘制了系统中断概率 $\mathcal{P}_o$ 与 $\frac{P_s}{\sigma_0^2}$ 的关系，其中 $J=1,2,4,6$。可以看出，固定 J，$\mathcal{P}_o$

随着 $\frac{P_s}{\sigma_0^2}$ 的增加而减小。当 $J=1$ 时,由于选择了第 1 个最佳中继将 S 的信息转发给 D_l, $\mathcal{P}_o$ 达到了最低结果。$\mathcal{P}_o$ 随着次优中继选择 J 的增加而增大,即当 $1<J\leqslant K$ 时。这也表明中继的选择对系统性能有很大的影响。图 4.4(b) 绘制了系统可靠吞吐量 $\mathcal{T}h$ 与 $\frac{P_s}{\sigma_0^2}$ 的关系,其中 $J=1,2,4,6$,对应于图 4.4(a)。$\mathcal{T}h$ 随着 $\frac{P_s}{\sigma_0^2}$ 的增大而增大并趋于平衡。

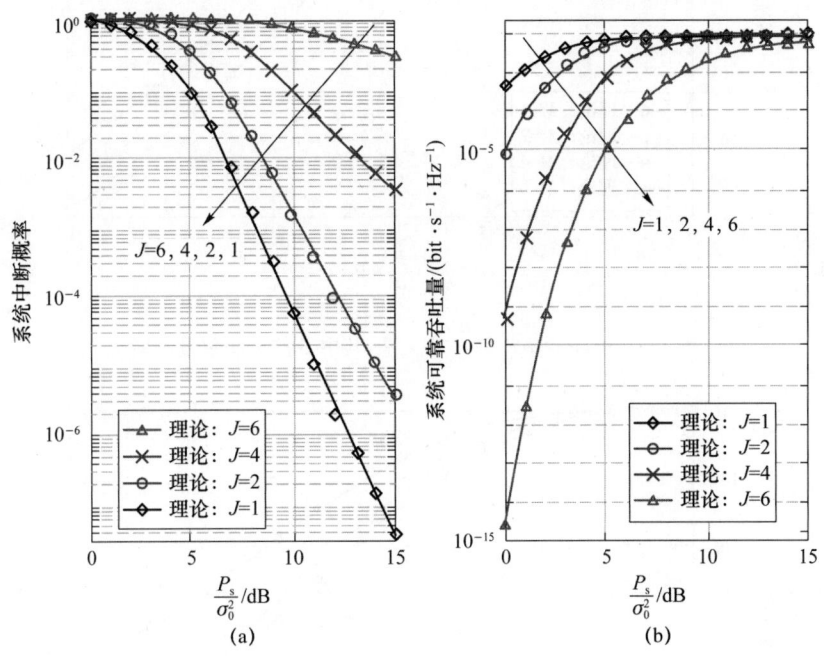

图 4.4 中断概率 $\mathcal{P}_o$ 和可靠吞吐量 $\mathcal{T}h$ 与 $\frac{P_s}{\sigma_0^2}$ 的关系,其中选择的第 J 个中继不同

4.4.3　天线数量对系统性能的影响

图 4.5 描绘了系统中断概率 $\mathcal{P}_o$ 与 $\frac{P_s}{\sigma_0^2}$ 的关系,其中 $M=1,2,4,6$。可以看出,$\mathcal{P}_o$ 随着 $\frac{P_s}{\sigma_0^2}$ 的增大而减小,这是因为 S 的传输功率变大了。此外,对于系统中断概率 $\mathcal{P}_o$,与 $M=2,4,6$ 相关的结果比与 $M=1$ 相关的结果低,这表明增加 S 的天线数量可以减小系统的中断概率,因为受益于多天线的增益。尽管如此,由于传输功率 P_s 和其他系统参数的限制,S 的多天线增益逐渐减小。

图 4.6 绘制了系统中断概率 $\mathcal{P}_o$ 与 $\frac{P_s}{\sigma_0^2}$ 的关系,其中 $N=1,2,4,6$。$\mathcal{P}_o$ 随着 $\frac{P_s}{\sigma_0^2}$ 的增加而减小。对于系统中断概率 $\mathcal{P}_o$,与 $N=2,4,6$ 相关的结果比与 $N=1$ 相关的结果要低,这是因为 D_l 的天线越多,MRC 可以获得的分集增益就越大。此外,还可以观察到,与 $N=4$ 和 $N=6$ 相关的中断概率彼此接近,这意味着增加接收天线数量可能不会连续带来相对较高的性能增益。

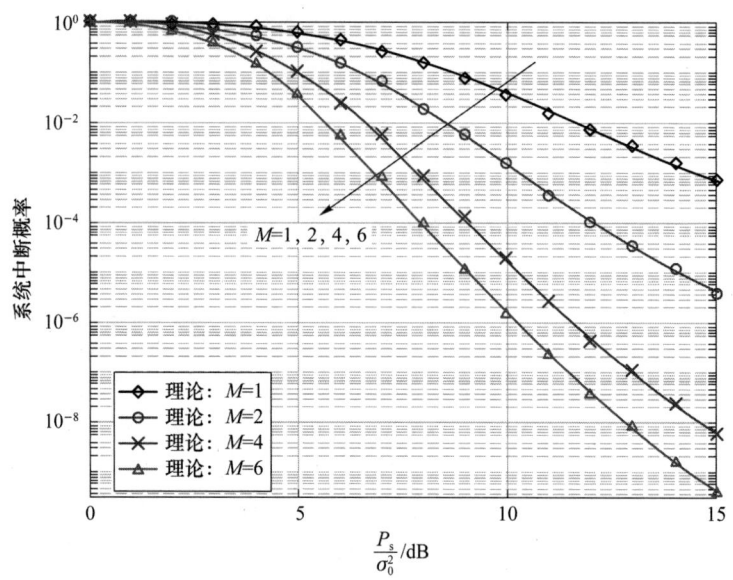

图 4.5　中断概率 $\mathcal{P}_\mathrm{o}$ 与 $\frac{P_\mathrm{s}}{\sigma_0^2}$ 的关系，其中 S 的天线数量不同

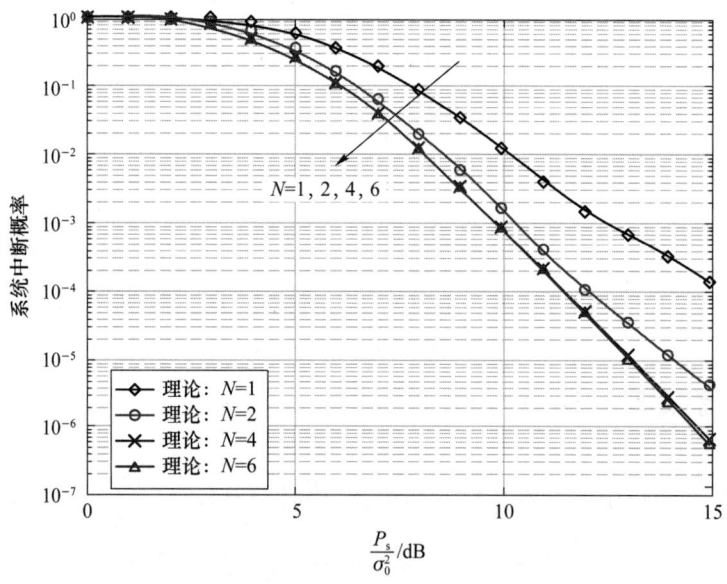

图 4.6　中断概率 $\mathcal{P}_\mathrm{o}$ 与 $\frac{P_\mathrm{s}}{\sigma_0^2}$ 的关系，其中 D_l 的天线数量不同

4.4.4　信道非完美性对系统性能的影响

图 4.7 评估了 ε_1 对系统中断概率 $\mathcal{P}_\mathrm{o}$ 与 $\frac{P_\mathrm{sat}}{P_\mathrm{s}}$ 关系的影响。可以看出，$\mathcal{P}_\mathrm{o}$ 随着 ε_1 的增大而减小，因为 ε_1 越大，不完全衰落系数越接近完美衰落系数，并与式(4-2)中的结果一致。还可以看出，在相对较低的 SNR 情况下（即 $\frac{P_\mathrm{s}}{\sigma_0^2}$＜4 dB），不同 ε_1 下系统中断概率几乎是相同

的,因为在相对较低的 SNR 情况下,影响系统中断性能的主要因素是接收到的 SNR,而不是 ε_1。这些现象与文献[138]得到的结果一致。

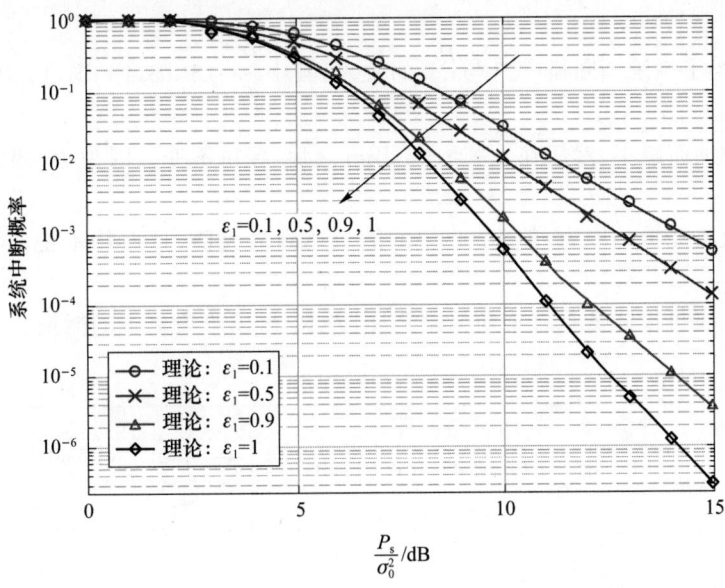

图 4.7 中断概率 $\mathcal{P}_o$ 与 $\frac{P_{\text{sat}}}{P_s}$ 的关系,其中 ε_1 不同

图 4.8 绘制了 ε_2 对系统中断概率 $\mathcal{P}_o$ 与 $\frac{P_{\text{sat}}}{P_s}$ 关系的影响。可以观察到与图 4.7 相似的结果。此外,结合图 4.7 和图 4.8,可以看出 ε_1 对系统中断性能的影响大于 ε_2。例如,ε_1 从 0.1 到 1 变化,系统中断概率从 10^{-3} 变化为 3×10^{-7},而 ε_2 从 0.1 到 1 变化,系统中断概率从 10^{-4} 变化为 2×10^{-6}。

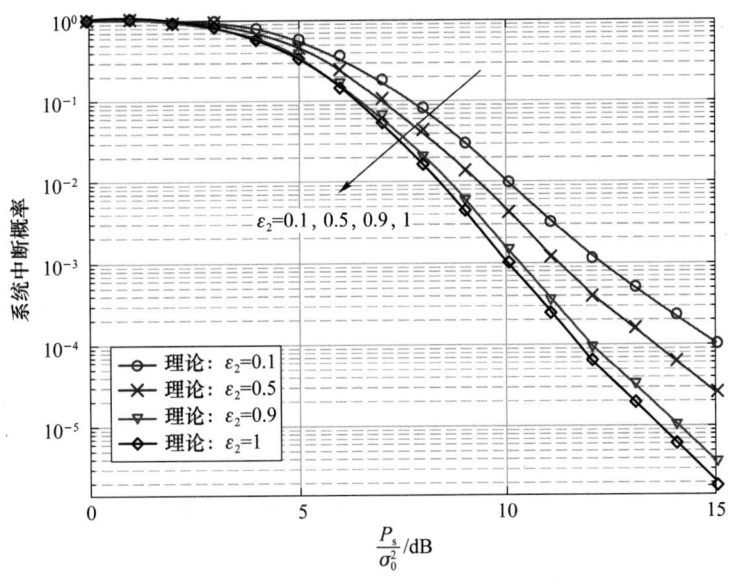

图 4.8 中断概率 $\mathcal{P}_o$ 与 $\frac{P_s}{\sigma_0^2}$ 的关系,其中 ε_2 不同

4.4.5 其他参数对系统性能的影响

图 4.9 描绘了系统中断概率 $\mathcal{P}_o$ 与 $\frac{P_{\text{sat}}}{P_s}$ 的关系，其中 $\frac{P_s}{\sigma_0^2}=5$ dB，10 dB，15 dB。可以看出，$\mathcal{P}_o$ 随着 $\frac{P_{\text{sat}}}{P_s}$ 的增加而减小，然后在 $\frac{P_{\text{sat}}}{P_s}>-5$ dBm 之后，保持不变。因为 P_s 固定时，增加 P_{sat} 可以提高 R_k 收集能量的能力，但 R_k 收集的能量达到最大值，且保持不变。相应地，当 $\frac{P_{\text{sat}}}{P_s}$ 固定时，增加 $\frac{P_s}{\sigma_0^2}$ 也可以降低系统中断概率 $\mathcal{P}_o$，因为 R_k 可以收集更多的能量。

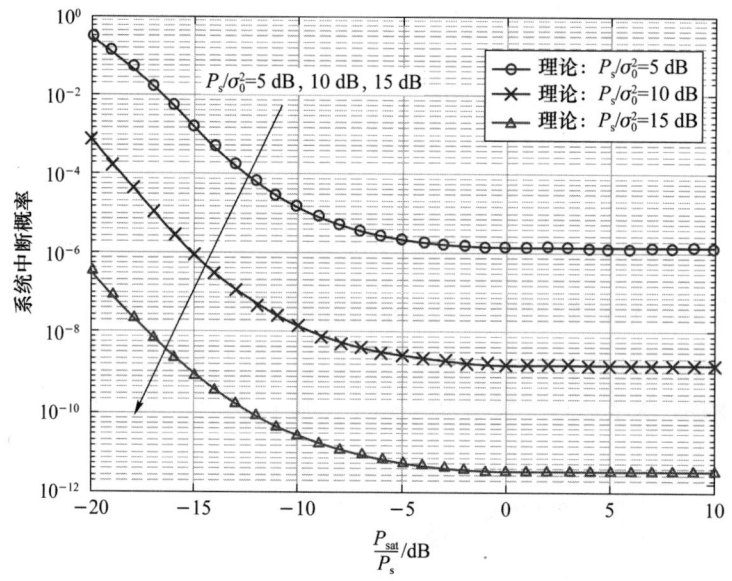

图 4.9 中断概率 $\mathcal{P}_o$ 与 $\frac{P_{\text{sat}}}{P_s}$ 的关系，其中 $\frac{P_s}{\sigma_0^2}$ 不同

图 4.10 展示了系统中断概率 $\mathcal{P}_o$ 与 η 的关系，其中 $\frac{P_s}{\sigma_0^2}=5$ dB，10 dB，15 dB。可以看出，随着 η 的增加，$\mathcal{P}_o$ 减小，因为 η 越大，R_k 可以收集越多的能量。此外，当固定 η 时，$\mathcal{P}_o$ 随着 $\frac{P_s}{\sigma_0^2}$ 的增加而减小。因为 P_s 越大，在实际 EH 电路的不饱和区内，R_k 收集的能量越多。

图 4.11 将数值结果与理论推导的高低 SNR 下系统中断概率近似的结果进行了对比。结果表明，近似结果与精确结果非常接近，验证了在高低 SNR 下的推论 4.1 和推论 4.2 所给出的理论分析结果。随着 P_s 的增加，EH 电路进入饱和状态，系统中断概率先减小后保持稳定。这种现象与文献[93]中的结果一致。

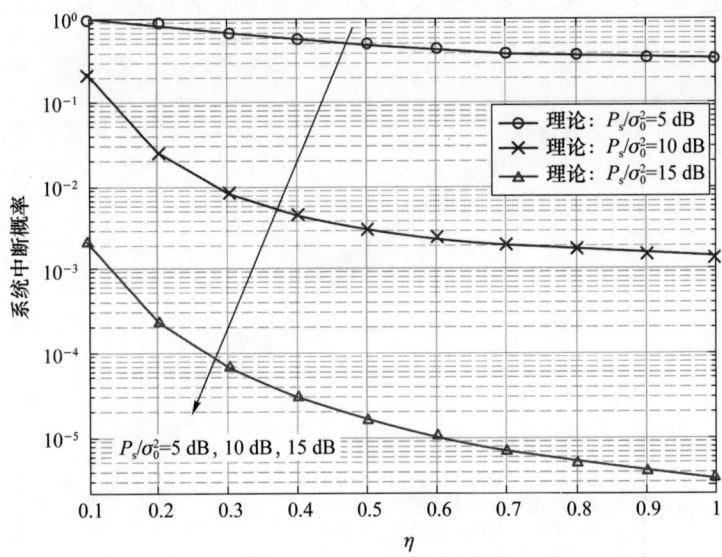

图 4.10　中断概率 $\mathcal{P}_o$ 与 η 的关系，其中 $\dfrac{P_s}{\sigma_0^2}$ 不同

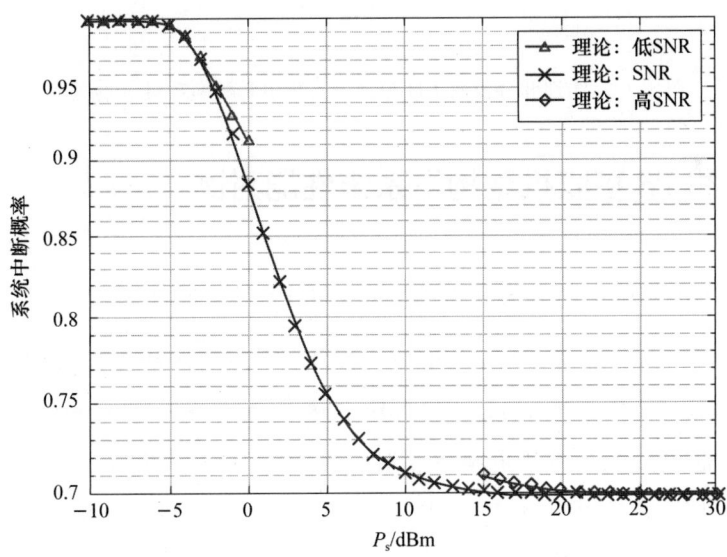

图 4.11　高、低 SNR 下系统中断概率 $\mathcal{P}_o$

图 4.12 绘制了线性和分段式 EH 模型下系统中断概率 $\mathcal{P}_o$ 与 $\dfrac{P_s}{\sigma_0^2}$ 的关系。可以看出，线性 EH 模型下的结果比分段式 EH 模型下的结果要低，这是因为线性 EH 模型下 R_k 收集的能量始终不低于分段式 EH 模型。然而，线性 EH 模型并不优于分段式 EH 模型，因为非线性分段式 EH 模型更接近实际 EH 电路的特性。因此，利用分段式 EH 模型可以减少线性 EH 模型造成的性能错误结果。随着 $\dfrac{P_s}{\sigma_0^2}$ 的增加，结果之间的差距逐渐增大。因为随着 $\dfrac{P_s}{\sigma_0^2}$ 的

增加，EH 电路进入饱和区域，且基于分段式 EH 模型所收集的能量并不会一直线性增加。此外，$\eta=0.9$ 相关的结果非常接近 $\eta=0.8107$ 相关的结果。

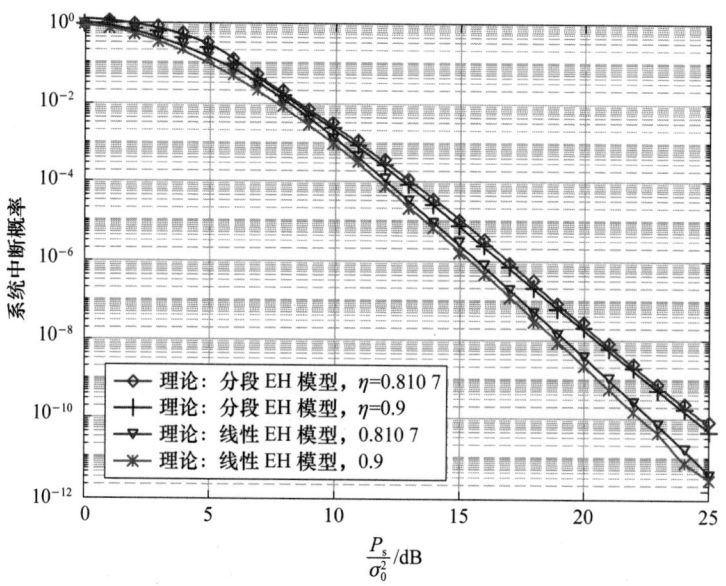

图 4.12　线性和分段式 EH 模型下系统中断概率 $\mathcal{P}_\text{o}$ 与 $\frac{P_s}{\sigma_0^2}$ 的关系

4.4.6　TS 和 PS 接收机架构下系统性能对比

图 4.13 展示了系统中断概率 $\mathcal{P}_\text{o}$ 与 TS_1 的 α 和 PS 的 ρ 的关系，其中 $\frac{P_s}{\sigma_0^2}=5$ dB，10 dB，15 dB，20 dB。可以看出，随着 α 和 ρ 的增加，TS_1 和 PS 下的 $\mathcal{P}_\text{o}$ 先减小后增加，存在最优的 α 和 ρ 使中断概率最低。因为当 α（或 ρ）相对较小时，分配给 EH 的时间（或功率）更少。因此，中继收集的能量较少，导致中断概率相对较高。当 α（或 ρ）相对较大时，中继上分配给 EH 的时间（或功率）更多，但用于 ID 的时间（或功率）更少，这也导致相对较高的中断概率。此外，对于相同的 ρ 和 α 的情况，PS 总是优于 TS_1，但是对于不同的 ρ 和 α，该结论可能就不成立了。例如，当 $\frac{P_s}{\sigma_0^2}=15$ 时，$\rho=0.8$ 下的 PS 比 $\alpha=0.4$ 下的 TS_1 系统性能差。

为了显示 TS 和 PS 接收机结构对系统性能的影响，本小节将基于 TS 的协议（即 TS_1）与基于 PS 的协议（即 PS）对系统性能的影响进行了比较[69,132]。为了清楚起见，图 4.14(a) 和图 4.14(c) 分别展示了这两个协议的示意图。可以看出，直接比较 TS_1 协议和 PS 协议可能不太公平，因为这两个协议具有不同的传输时间分配。此外，从图 4.13 可以看出 α 对系统性能有很大影响。所以，本小节也考虑了另一种基于 TS 的协议（即 TS_2），如图 4.14(b) 所示。TS_2 协议类似于 PS 协议将总传输时间 T 等分为两个时隙。

理论：TS$_1$
理论：PS[56]
系统中断概率
P_s/σ_0^2=5 dB, 10 dB, 15 dB, 20 dB
10^0
10^{-2}
10^{-4}
10^{-6}
10^{-8}
0.1
0.2
0.3
0.4
0.5
0.6
0.7
0.8
0.9
TS$_1$的α(或PS的ρ)

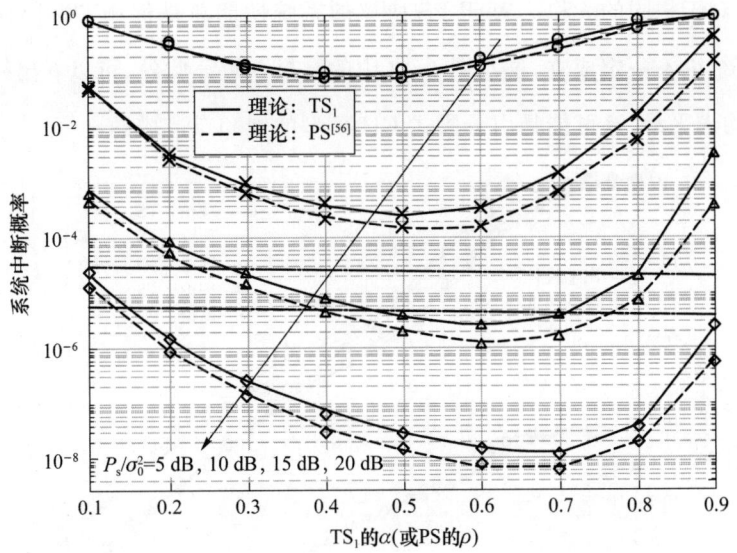

图 4.13　中断概率$\mathcal{P}_o$与TS$_1$ 的 α 和 PS 的 ρ 之间的关系，其中$\frac{P_s}{\sigma_0^2}$不同

SWIPT阶段：S到R$_k$
WIT阶段：R$_k$到D
时隙1：αT
时隙2：$(1-\alpha)/2T$
时隙3：$(1-\alpha)/2T$
R$_k$从S传输的信号中收集能量
R$_k$解码S发送的信息
R$_k$转发S的信息到D

(a) TS$_1$协议

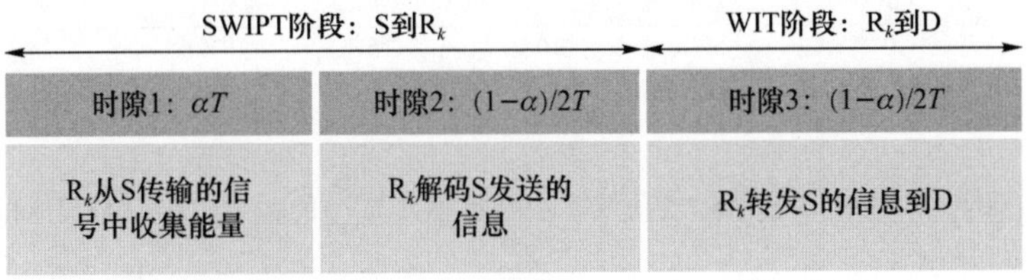

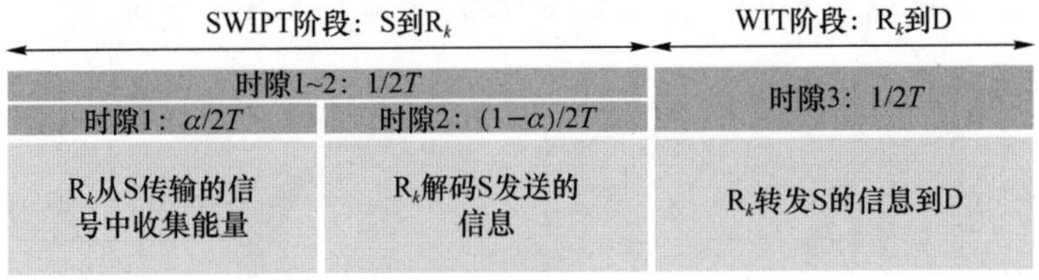

SWIPT阶段：S到R$_k$
WIT阶段：R$_k$到D
时隙1~2：1/2T
时隙1：$\alpha/2T$
时隙2：$(1-\alpha)/2T$
时隙3：1/2T
R$_k$从S传输的信号中收集能量
R$_k$解码S发送的信息
R$_k$转发S的信息到D

(b) TS$_2$协议

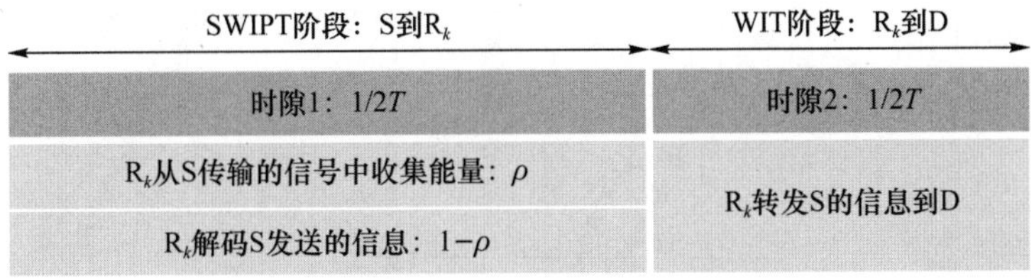

SWIPT阶段：S到R$_k$
WIT阶段：R$_k$到D
时隙1：1/2T
时隙2：1/2T
R$_k$从S传输的信号中收集能量：ρ
R$_k$解码S发送的信息：$1-\rho$
R$_k$转发S的信息到D

(c) PS协议

图 4.14　TS$_1$、TS$_2$ 和 PS 协议框架图

从图 4.15 可以看出，当 $\alpha=\rho=0.5$ 时，3 种协议中TS$_2$ 协议得到的结果最差，所提出的 TS$_1$ 协议与基于 PS 协议的结果非常接近。当$\frac{P_s}{\sigma_0^2}$相对较低时，基于 PS 协议的结果通常比基于其他协议的结果较好。当 $\alpha=0.7$，$\rho=7$，$\frac{P_s}{\sigma_0^2}>15$ dB 时，TS$_1$ 协议的结果优于基于 PS 协议

的结果。并且对于相同的 ρ 和 α,基于 PS 协议的系统性能总是优于 TS_1 协议,但是对于不同的 ρ 和 α,该结论不一定成立,这与图 4.13 中的结果一致。此外,可以看出 $\frac{P_s}{\sigma_0^2}$ 在约为 10 dB 时,所有曲线均未平滑,这可能是由分段式 EH 模型的饱和点造成的。

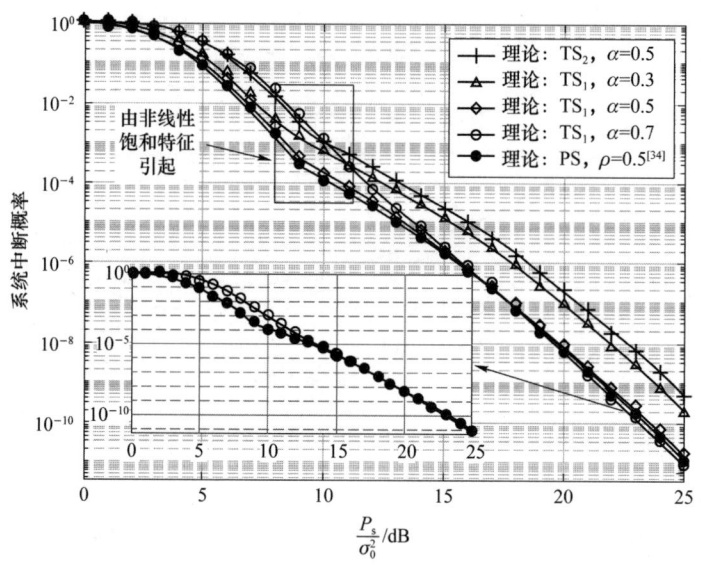

图 4.15　TS_1、TS_2 和 PS 协议下中断概率 $\mathcal{P}_o$ 与 $\frac{P_s}{\sigma_0^2}$ 的关系,且 α 和 ρ 不同

图 4.16 对比分析了 TS_1、TS_2 和 PS 协议下系统中断概率 $\mathcal{P}_o$ 与 $\frac{P_s}{\sigma_0^2}$ 的关系,其中 $\alpha=\rho=0.3$ 和 $\alpha=\rho=0.7$。可以观察到 TS_1 的性能优于 TS_2,且与 PS 系统的性能接近,这也与图 4.15 中的结果一致。

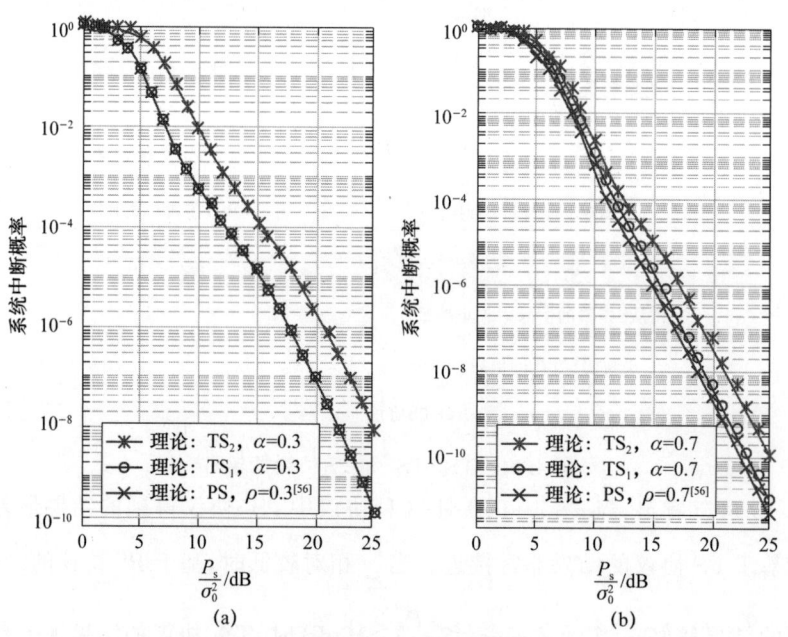

图 4.16　TS_1、TS_2 和 PS 协议下中断概率 $\mathcal{P}_o$ 与 $\frac{P_s}{\sigma_0^2}$ 的关系,其中 $\alpha=\rho=0.3$ 和 $\alpha=\rho=0.7$

4.5 本章小结

本章基于分段式 EH 模型,考虑非完美 CSI,研究分析了多天线多中继 SWIPT 网络系统的中断概率和可靠吞吐量性能。在该系统中,多天线源节点希望传输信息到目的节点,由于无直连链路可用,需要选择一个相对最优的中继转发信息给目的节点。同时,中继采用 TS 接收机结构可以从源节点接收的 RF 信号中收集能量,并将其用于信息转发。本章研究目标是探究系统中断和可靠吞吐量的性能界。本章主要包括以下创新点和结论。

- 对于所考虑的多天线多中继 SWIPT 网络系统,本章提出了一种基于第 J 个最佳中继选择和发射天线选择的传输协议,使得信息和功率在瞬时功率增益最大的信道上传输。
- 本章基于分段式 EH 模型并考虑不完善的 CSI,分析了瑞利衰落下信息传输性能,推导得到了系统中断概率和可靠吞吐量的闭式表达式,从而避免了通过复杂的数值仿真来评估系统中断概率和可靠吞吐量性能。为了提供更简洁的结果,本章还推导出了高、低 SNR 下相应的系统中断概率和可靠吞吐量的近似表达式。
- 本章的仿真实验给出了蒙特卡洛仿真结果,验证了理论结果的准确性和有效性。通过仿真,本章讨论分析了发射接收天线数、能量转换效率和非完美 CSI 精度等参数对系统性能的影响,对无线多中继 SWIPT 系统设计具有一定的指导意义。例如,源节点到中继链路的 CSI 非完美对系统性能的影响大于中继到目的节点的链路。此外,利用非线性分段式 EH 模型可以避免采用线性 EH 模型造成的系统性能评估错误。

第 5 章
地面移动 SWIPT 系统信息-能量域分析

本章基于线性、逻辑和分段式 EH 模型研究了地面移动场景下 SWIPT 网络系统的信息-能量域。在该系统中,移动发射机同时向接收机传输信息和能量,且接收机采用 PS 接收机结构。为了表征接收信息和收集能量之间的折衷关系,本章定义了信息-能量(Information-Energy, I-E)域,并通过联合优化发射机的发射功率和接收机的 PS 因子,基于线性、逻辑和分段式 EH 模型建立了相应的优化问题,以探索系统 I-E 域性能界。为了有效地解决基于逻辑 EH 模型的非凸优化问题,本章提出了 SCA 算法,其能够以较低的复杂度刻画 I-E 域的下界。由于基于线性和分段式 EH 模型的优化问题是凸的,利用拉格朗日对偶方法和 KKT 条件得到一些闭式解和半闭式解。仿真结果表明由于实际 EH 电路特性的限制,逻辑 EH 模型下 I-E 域小于线性和分段式 EH 模型下 I-E 域。此外,在移动速度固定的情况下,当传输功率较大时,由于 I-E 域之间的差距较小,逻辑 EH 模型可以用分段式 EH 模型代替,且分段式 EH 模型下 I-E 域计算机复杂度相对较低。对于给定的移动时间,移动速度越快,3 种 EH 模型下 I-E 域越小。

5.1 引　　言

未来无线通信的目标是实现超低延迟、极低功耗、低制造成本、高可靠性、极高数据速率、大覆盖范围等,但几乎不可能同时实现这些目标。不同的应用场景会针对不同的目标,并且在这些目标之间总是存在着一定的取舍关系。例如,在 V2V 通信中,主要目标可能包括超低延迟、高可靠性和大通信覆盖,而在机器对机器(Machine-to-Machine, M2M)通信中,主要目标可能包括非常低的功耗、高可靠性,以及各种 WSN 和 IoT 应用的网络覆盖率[2,143-144]。

在 SWIPT 网络中,由于信息和能量传输共享无线链路,因此速率-能量(Rate-Energy, R-E)域被视为表征最大信息速率和能量之间折衷的最重要性能指标之一。例如,文献[38]研究了集成和分离式接收机下 SWIPT 网络的 R-E 域,并且结果表明采用 PS 接收机结构比采用 TS 接收机结构系统获得的 R-E 域更大。文献[145]研究了点对点 SWIPT 网络的 R-E 域和解码错误概率-能量域。文献[146]研究了下行 MIMO 干扰对准网络的 R-E 域,并提出了一种新型收发机,可通过最大限度地减少干扰来改善 R-E 域。文献[147]针对单用户

第5章 地面移动 SWIPT 系统信息-能量域分析

SWIPT 网络,考虑混合 SWIPT 接收机从幅度和相位的角度来探索 R-E 域的上下限。尽管如此,这些现有研究工作仅仅采用传统线性 EH 模型探索 SWIPT 系统的 R-E 域。事实上,实际 EH 电路通常会表现出非线性特性,而不是线性特性。因此,越来越多的研究采用逻辑 EH 模型研究 SWIPT 系统的 R-E 域[115,121-122,148-149]。此外,虽然逻辑 EH 模型比传统线性 EH 模型更接近实践,但由于其形式比较复杂,有时很难处理。为了便于研究分析,利用分段式 EH 模型可以近似地捕获 EH 电路的非线性特征[56,98,137,150]。

目前,传统线性 EH 模型、逻辑 EH 模型和分段式 EH 模型已经针对 SWIPT 网络得到了广泛研究[56,98,115,121-122,137,150],但大多数仅关注非移动或静态/准静态 SWIPT 网络。实际上,许多网络都是在移动性场景下运行的。例如 UAV 场景和小型移动汽车场景,移动设备可以被用作移动发电站来为 WSNs 和 IoT 中的无线节点充电;在各种车载通信网络中,即 V2X 场景,包括 V2V、V2R、V2I、车到自行车(Vehicle-to-Bicycle, V2B)和车到行人(Vehicle-to-Pedestrian, V2P),配备 EH 功能,路边装置(RoadsideUnits, RSUs)能够从太阳能电池板、风能或射频信号中获取能量。在文献[151]中,V2V 和 V2R 中的车辆被用作 RF 能源为路边 EH 传感器充电。此外,V2X 还有许多其他潜在的应用,如智能交通灯控制和自供电监测传感器。文献[152]和[153]讨论了 RSU 从周围环境中收集的能量对系统性能的影响。因此,研究移动场景中基于 RF 信号的 EH 的无线网络具有重要意义。

近年来,一些工作开始研究在移动网络中 SWIPT 和 WPCN 的性能[57,154-156]。文献[154]针对 WPCN 系统探究了吞吐量最大化问题,其中传感器可由移动控制中心供电。文献[155]考虑 UAV 辅助的 SWIPT 网络系统研究了端到端协同吞吐量最大化问题,其中 UAV 可以从地面节点发射的 RF 信号中获取能量。文献[156]研究了 UAV 辅助的 WPCN 系统的资源分配问题,其中 UAV 被应用为能源基站,可以为多个 D2D 对提供能量。然后,这些研究工作仅采用了传输线性 EH 模型而不是非线性 EH 模型。虽然文献[57]采用了修正逻辑 EH 模型研究具有移动中继的双向网络,但其研究目标是最大化可达速率而非探索系统 R-E 域性能。

为了填补这一空缺,本章将探讨系统 I-E 域①,其中移动发射机同时向固定的接收机发送信息和能量。研究目标是描述系统的信息和能量之间的权衡问题,本章主要创新点包括:

① 首先定义了 I-E 域,然后基于传统线性、逻辑和分段式 EH 模型,通过联合优化发射机的发射功率和接收机的 PS 因子建立了相应的优化问题,以探索系统 I-E 域的性能界。

② 由于基于逻辑 EH 模型的优化问题非凸、难以求解,本章提出了 SCA 算法,该算法能够以较低的复杂度刻画 I-E 域的下界。

③ 由于基于线性和分段式 EH 模型的优化问题是凸的,本章利用拉格朗日对偶方法和其 KKT 条件,推导得到了一些闭式解和半闭式解,特别是对于分段式 EH 模型下的优化问题,得到了能量收集最大化问题最优解的闭式表达式,并提出了求解该问题的两层算法。

④ 仿真结果表明,由于实际 EH 电路特性的限制,逻辑 EH 模型下系统 I-E 域小于线性和分段式 EH 模型下系统 I-E 域。在移动速度固定的情况下,当传输功率较大时,由于 I-E 域之间的差距较小,逻辑 EH 模型可以用分段式 EH 模型代替,且分段式 EH 模型下 I-E 域

---

① I-E 域实际上是移动场景下 SWIPT 系统在传输时间上的 R-E 域的积累,移动发射机同时向固定接收机发送信息和能量。

的计算复杂度相对较低。在给定的移动时间内,移动速度越快,3 种 EH 模型下 I-E 域越小。

本章各节的内容安排如下:5.2 节介绍了地面移动 SWIPT 网络系统模型,以及信息和能量的传输过程;5.3 节对信息-能量域进行了定义和对对应优化问题进行了建模;5.4 节对不同 EH 模型下的优化问题进行了联合功率和传输时间设计;5.5 节针对所研究的系统以及所设计的优化传输方案进行了仿真验证;5.6 节对本章内容进行了总结。

5.2 系统模型

本章考虑移动 SWIPT 系统,如图 5.1 所示。其中,移动发射机(例如具有丰富能源的小型汽车或小型地面 UAV),即 MTx,同时向固定接收机(例如可充电电池供电的传感器)发送信息和能量,即 FRx。此外,FRx 采用 PS 接收机结构来实现信息和能量的同时接收。

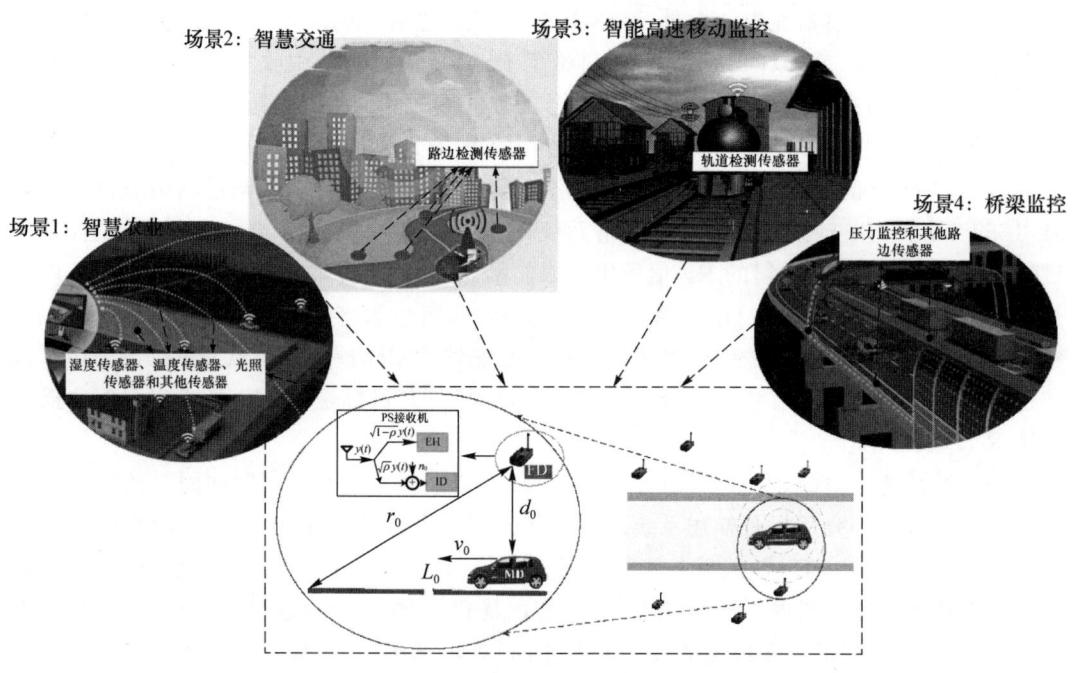

图 5.1 移动 SWIPT 网络系统模型及其应用

5.2.1 信息和能量传输

对于该系统,设置从 MTx 到 FRx 距离为 d_0 时是移动开始时间 $t_0=0$,如图 5.1 所示。考虑实际的 EH 电路通常对接收功率有一个激活阈值,如果接收功率超过该阈值,EH 电路可以正常工作;否则,EH 电路无法被激活。此外,由于大多数移动场景是在露天、没有散射的情况下,视线(Line of Sight,LoS)分量是信道的主导因素,无线信道主要受到由 MTx 和 FRx 之间的距离决定的路径损耗衰落的影响。因此,存在一个与 FRx 的激活功率阈值相关

第5章 地面移动SWIPT系统信息-能量域分析

的最大有效距离。令 r_0 为 MTx 的最大有效覆盖距离,在此距离内 FRx 可以正常工作,并同时实现 ID 和 EH。假设 MTx 以速度 v_0 沿线性轨道移动。MTx 到轨道的最小距离表示为 d_0。进而,FRx 覆盖范围内的最大有效移动距离可以由 $L_0 = \sqrt{r_0^2 - d_0^2}$ 计算得到。因此,MTx 的总移动时间可以表示为

$$T_0 = \frac{L_0}{v_0}。 \tag{5-1}$$

令 $d(t)$ 是时间 t 时刻 MTx 和 FRx 之间的距离,且 $0 \leqslant t \leqslant T_0$。在时间 t,从 MTx 到 FRx 的距离可以表示为

$$d(t) = \sqrt{(v_0 t)^2 + d_0^2}, t \in [0, T_0]。 \tag{5-2}$$

在 FRx 处接收到的 RF 信号为

$$y(t) = \sqrt{\frac{gh(t)P(t)}{d(t)^m}} s(t) + n_0, \tag{5-3}$$

其中,$s(t)$ 表示 MTx 传输的符号,且 $\mathbb{E}[|s(t)|^2] = 1$,$\mathbb{E}[\cdot]$ 是期望运算符,g 是接收天线增益系数,m 为路径损耗指数($2 \leqslant m \leqslant 5$)[157],$n_0 \sim \mathcal{CN}(0, \sigma^2)$ 为加性循环对称复高斯噪声且功率为 σ^2,$h(t)$ 是 MTx 和 FRx 之间的信道衰落系数并且类似于文献[154],假设其为常数,即 $h(t) = 1$。$P(t)$ 是 MTx 的传输功率,且满足

$$0 \leqslant P(t) \leqslant P_{\max}, \tag{5-4}$$

其中,$P_{\max}$ 是 MTx 的最大可用传输功率,即表示 MTx 的瞬时传输功率受其可用功率 $P_{\max}$ 的限制。

为了公平地利用不同的 EH 模型探索系统的 I-E 区域,固定了时间 T_0 之内的可用能量,即

$$\int_0^{T_0} P(t) \mathrm{d}t = \bar{P} T_0, \tag{5-5}$$

其中,常数 $\bar{P}$ 是 MTx 的平均发射功率。

FRx 采用 PS 接收机结构。为了能够实现,假设 PS 因子 $\rho(t)$ 在时间 T_0 上是相同的①,即 $\rho(t) = \rho$,其取值范围为 $[0, 1]$,即

$$0 \leqslant \rho \leqslant 1。 \tag{5-6}$$

在 FRx 处接收的 RF 信号的 ρ 部分用于 ID,剩余的 $1-\rho$ 部分用于 EH。根据式(5-3),在时间 t,FRx 从 MTx 处接收的可达信息速率[bit/(Hz·s)] 可以表示为 $\gamma(t) = \log\left(1 + \frac{\rho g P(t)}{d(t)^m \sigma^2}\right)$。因此,FRx 在时间 T_0 接收的系统总信息为

$$I = \int_0^{T_0} \log\left(1 + \frac{\rho g P(t)}{d(t)^m \sigma^2}\right) \mathrm{d}t。 \tag{5-7}$$

在时间 t,FRx 收到的 RF 信号功率为

$$P_{\mathrm{in}}(t) = \frac{(1-\rho) g P(t)}{d(t)^m}。 \tag{5-8}$$

因此,FRx 收集的能量可以表示为

---

① 在移动性场景中,随着车辆移动时刻不断地变化,ρ 可能会给系统控制带来很大的负担,特别是在高移动性情况下。因此,本章假设在时间 T_0 内统一化 ρ。

$$E_h(t) = \Xi(P_{in}(t))$$
$$= \Xi\left(\frac{(1-\rho)gP(t)}{d(t)^m}\right), \tag{5-9}$$

其中 $\Xi(\cdot)$ 是由特定 EH 模型确定的函数,将在 5.2.2 节中进行描述。所以,在时间 T_0 内,FRx 从 MTx 处收集到的总能量可以表示为

$$E = \int_0^{T_0} E_h(t) dt$$
$$= \int_0^{T_0} \Xi(P_{in}(t)) dt。 \tag{5-10}$$

5.2.2 EH 模型

本章考虑了 3 种 EH 模型,即线性 EH 模型、逻辑 EH 模型和分段式 EH 模型,来讨论系统的 I-E 性能。根据 1.2.2 节所介绍的 EH 模型,本章所采用的 EH 模型可以分别表示如下。

对于线性 EH 模型,收集的能量 Ξ_L 为

$$\Xi_L(P_{in}) = \eta P_{in}, \tag{5-11}$$

其中,η 是能量转化效率,P_{in} 表示 RF 输入功率。

对于逻辑 EH 模型,收集的能量 Ξ_{Lg} 为

$$\Xi_{Lg}(P_{in}) = \frac{\frac{M}{1+e^{-a(P_{in}-b)}} - \frac{M}{1+e^{ab}}}{1 - \frac{1}{1+e^{ab}}}, \tag{5-12}$$

其中 M,a 和 b 都是常数。具体来说,M 是实际 EH 电路达到饱和时最大可收集的功率,a 反映了关于 P_{in} 的非线性 EH 率,b 反映了 EH 电路的最小启动电压,a 和 b 由实际 EH 电路特性决定。

对于分段式 EH 模型,收集的能量 Ξ_{Pw} 为

$$\Xi_{Pw}(P_{in}) = \begin{cases} \eta P_{in}, & P_{in} \leq P_{sat} \\ \eta P_{sat}, & P_{in} > P_{sat}, \end{cases} \tag{5-13}$$

其中 P_{sat} 是 EH 接收机的饱和阈值。因此,当输入功率超过阈值 P_{sat} 时,最大可收集的能量可以表示为 ηP_{sat},这是一个恒定的功率值。

这 3 种 EH 模型的差异可以从 1.2 节的图 1.8 中观察到,并且从文献[63-64]的图 3 和文献[57]的图 4 中也可以观察到。也就是说,线性 EH 模型和逻辑 EH 模型之间的差距相对较大,特别是当 P_{in} 大于拐点时,即 $P_{in}=30$ mW,并且分段式 EH 模型相对接近逻辑 EH 模型。

5.3 信息-能量域的定义及问题建模

对于 SWIPT 系统,如文献[38,115,145-149],因为信息和功率传输共享包括信道和发

射功率的通信资源,所以很难同时获得最大的信息接收和最大的能量。因此,在可达到的信息速率和可收集的能量之间存在折衷,这可以通过 R-E 区域在给定时间内有效地表征。为了有效地描述在 T_0 时间段内移动情况下可实现的信息传输和可收集的能量之间的折衷,I-E 域被定义为在 T_0 时间段内具有最佳时域功率分配的 R-E 域的累积[①]。即在时域上,信息和能量在平均可用发射功率和 PS 因子约束下存在折衷。因此,在时间$[0,T_0]$ 内,系统可达到的 I-E 域可以刻画为

$$C_{\text{I-E}} \triangleq \{(I,E) \mid I \leqslant \int_0^{T_0} \log\left(1 + \frac{\rho g P(t)}{d(t)^m \sigma^2}\right) \mathrm{d}t, E \leqslant \int_0^{T_0} \Xi(P_{\text{in}}(t)) \mathrm{d}t,$$

$$0 \leqslant P(t) \leqslant P_{\max}, \frac{1}{T_0}\int_0^{T_0} P(t)\mathrm{d}t = \bar{P}, 0 \leqslant \rho \leqslant 1\}. \tag{5-14}$$

为了计算系统 I-E 域,首先,需要确定 I-E 坐标平面上的两个点,即 $\rho=1$ 时 $(I_{\max},0)$ 和 $\rho=0$ 时 $(0,E_{\max})$。然后,计算 $C_{\text{I-E}}$ 的剩余边界点,从而绘制出系统 I-E 域。

5.3.1 计算信息 $I_{\max}$ 优化问题

为了得到 $I_{\max}$,FRx 所接收到的 RF 信号用于 ID,即 $\rho=1$。根据式(5-7),信息最大化问题可以表示为

$$\boldsymbol{P}_{\text{rate}}: \max_{P(t)} \int_0^{T_0} \log\left(1 + \frac{gP(t)}{d(t)^m \sigma^2}\right) \mathrm{d}t,$$

s.t. 式(5-4)、式(5-5)。 $\tag{5-15}$

5.3.2 计算能量 $E_{\max}$ 优化问题

为了获得 $E_{\max}$,FRx 所有收到的 RF 信号用于 EH,即 $\rho=0$。根据式(5-10),收集能量最大化问题可以表示为

$$\boldsymbol{P}_{\text{eh}}: \max_{P(t)} \int_0^{T_0} \Xi(P_{\text{in}}(t)) \mathrm{d}t,$$

s.t. 式(5-4)、式(5-5)。 $\tag{5-16}$

5.3.3 计算信息-能量域 $C_{\text{I-E}}$ 边界点优化问题

为了计算 $C_{\text{I-E}}$ 域的剩余边界点,首先要解决如下优化问题:

$$\boldsymbol{P}_{\text{swipt}}: \max_{P(t),\rho} \int_0^{T_0} \log\left(1 + \frac{\rho g P(t)}{d(t)^m \sigma^2}\right) \mathrm{d}t, \tag{5-17a}$$

s.t. $\int_0^{T_0} \Xi(P_{\text{in}}(t))\mathrm{d}t \geqslant E'$,式(5-4)、式(5-5)、式(5-6)。 $\tag{5-17b}$

其中 E' 是 FRx 给定的 EH 阈值。然后,通过从 $(0,E_{\max})$ 中对 E' 进行取值,可以得到问题 $\boldsymbol{P}_{\text{swipt}}$ 对应的最优值,即 (I'^*,E'),包括 I-E 域在 $0 \leqslant I' \leqslant I_{\max}$ 上的边界点。

---

① 时域功率分配用于通过在不同的 t 上分配不同的发射功率,从而获得更大的 I-E 域。

综上，系统 I-E 域可以通过解决优化问题 $\mathbf{P}_{\text{rate}}$，$\mathbf{P}_{\text{eh}}$ 和 $\mathbf{P}_{\text{swipt}}$ 来确定。

5.4 联合功率和传输时间优化设计

5.4.1 线性 EH 模型下信息-能量域问题建模及求解

1. I-E 域：$C_{\text{I-E}}^{\text{L}}$

使用式(5-11)中的线性 EH 模型并基于式(5-14)，系统可达的 I-E 域可以描述为

$$C_{\text{I-E}}^{\text{L}} \triangleq \left\{ (I_{\text{L}}, E_{\text{L}}) \mid I_{\text{L}} \leqslant \int_0^{T_0} \log\left(1 + \frac{gP(t)}{d(t)^m \sigma^2}\right) dt, E_{\text{L}} \leqslant \int_0^{T_0} \frac{\eta(1-\rho)gP(t)}{d(t)^m} dt, \right.$$
$$\left. 0 \leqslant P(t) \leqslant P_{\max}, \frac{1}{T_0}\int_0^{T_0} P(t) dt = \bar{P}, 0 \leqslant \rho \leqslant 1 \right\}. \quad (5\text{-}18)$$

2. 计算 $I_{\text{L,max}}$

根据式(5-15)中的问题 $\mathbf{P}_{\text{rate}}$，其中 $\rho = 1$，可达信息优化问题可以重写为

$$\mathbf{P}_{\text{L1}}: \max_{P(t)} \int_0^{T_0} \log\left(1 + \frac{gP(t)}{d(t)^m \sigma^2}\right) dt, \quad (5\text{-}19)$$

$$\text{s.t.} \quad 式(5\text{-}4)、式(5\text{-}5)。$$

由于目标函数是凹的且约束条件是凸的，问题 $\mathbf{P}_{\text{L1}}$ 有唯一解[116]。

引理 5.1 最优的 $P^*(t)$ 可以表示为

$$P^*(t) = \left[\frac{1}{(\lambda + \mu)\ln 2} - \frac{d(t)^m \sigma^2}{g}\right]^+, t \in [0, T_0], \quad (5\text{-}20)$$

其中 λ 和 μ 是对偶变量，$[x, 0]^+$ 表示 x 和 0 中较大的函数。

证明：通过使用拉格朗日对偶方法，可以得到

$$\mathcal{L}_{\text{L}} = \int_0^{T_0} \log\left(1 + \frac{gP(t)}{d(t)^m \sigma^2}\right) dt - \lambda(P(t) - P_{\max}) - \mu\left(\int_0^{T_0} P(t) dt - \bar{P}T_0\right), \quad (5\text{-}21)$$

其中 $\lambda \geqslant 0$ 和 $\forall \mu$ 是对偶变量，分别被约束条件(5-4)和(5-5)决定。对 $\mathcal{L}_{\text{L}}$ 关于 $P(t)$ 进行求导，可以推导出

$$\frac{\partial \mathcal{L}_{\text{L}}}{\partial P(t)} = \frac{g}{(d(t)^m \sigma^2 + gP(t))\ln 2} - \lambda - \mu。 \quad (5\text{-}22)$$

利用 KKT 条件，即 $\frac{\partial \mathcal{L}_{\text{L}}}{\partial P(t)} = 0$，MTx 在时间 t 内的最优传输功率可以被求得。 □

因此，根据式(5-20)和式(5-7)，可以得到 I-E 域的边界点对 $(I_{\text{L,max}}, 0)$。

3. 计算 $E_{\text{L,max}}$

根据式(5-16)中的问题 $\mathbf{P}_{\text{eh}}$，其中 $\rho = 0$，收集能量最大化问题可以表示为

$$\mathbf{P}_{\text{L2}}: \max_{P(t)} \int_0^{T_0} \frac{\eta g P(t)}{d(t)^m} dt, \quad (5\text{-}23)$$

$$\text{s.t.} \quad 式(5\text{-}4)、式(5\text{-}5)。$$

| 第 5 章 | 地面移动 SWIPT 系统信息-能量域分析

问题 $\boldsymbol{P}_{L2}$ 是凸的,这可以通过使用标准的优化工具来求解,如 CVX[116]。然而,它无法提供显式的解析解。因此,通过在离散时间系统中进行讨论,本节提出一种替代的解决方法。首先,T_0 被 Δt 分割成 N 时隙,即 $T_0 = N\Delta t$,且 $N \to \infty$。因此,问题 $\boldsymbol{P}_{L2}$ 可以被重构为

$$\boldsymbol{P}_{L2_0} : \max_{P(t)} \sum_{t=1}^{N} \Delta t f(t) P(t) \tag{5-24a}$$

$$\text{s. t.} \quad \sum_{t=1}^{N} \Delta t P(t) = \bar{P} T_0, \tag{5-24b}$$

$$0 \leqslant P(t) \leqslant P_{\max}。 \tag{5-24c}$$

其中 $f(t) = \dfrac{\eta g}{d(t)^m}$ 和 $f(1) > f(2) > \cdots > f(N)$。问题 $\boldsymbol{P}_{L2_0}$ 是一个线性加权和问题,其目标函数关于 $P(t)$ 单调递增,可以通过离散时间进行求解。

引理 5.2 问题 $\boldsymbol{P}_{L2_0}$ 的显式最优解可以表示为

$$P^*(t) = \begin{cases} P_{\max}, & t = [t_0, N'\Delta t], \\ \dfrac{\bar{P} T_0 - P_{\max} N' \Delta t}{(N - N') \Delta t}, & t = [N'\Delta t, T_0], \end{cases} \tag{5-25}$$

其中 $N' = \left\lfloor \dfrac{\bar{P} T_0}{\Delta P_{\max}} \right\rfloor$,且 $\lfloor \cdot \rfloor$ 是一个取整函数。

证明: 为了获得目标函数的最大值,在 FRx 的有效范围内至少以发射功率 $P_{\max}$ 移动 $N'\Delta t$ 时间,使得 $N'\Delta t P_{\max} = \bar{P} T_0$。进而可得 $N' = \left\lfloor \dfrac{\bar{P} T_0}{\Delta P_{\max}} \right\rfloor$,其中 $\lfloor \cdot \rfloor$ 是一个取整函数。因此,在 $(t_0, N'\Delta t)$ 上,最优的 $P^*(t)$ 可以表示为

$$P^*(t) = P_{\max}。 \tag{5-26}$$

然后,根据约束(5-24b),可以得到

$$P_{\max} N' \Delta t + (N - N') P(t) \Delta t = \bar{P} T_0。 \tag{5-27}$$

所以,在余下的移动时间 $(N'\Delta t, T_0)$ 内,可以推导出最优的 $P^*(t)$ 为

$$P^*(t) = \dfrac{\bar{P} T_0 - P_{\max} N' \Delta t}{(N - N') \Delta t}。 \tag{5-28}$$

□

因此,通过式(5-10)中的 $P^*(t)$,I-E 域的边界点对 $(0, E_{L,\max})$ 可以被近似求得。

4. 计算 C_{I-E}^L

根据式(5-17a)中的问题 $\boldsymbol{P}_{\text{swipt}}$,基于线性 EH 模型的优化问题可以表示为

$$\boldsymbol{P}_{L3} : \max_{P(t), \rho} \int_0^{T_0} \log\left(1 + \dfrac{\rho g P(t)}{d(t)^m \sigma^2}\right) dt, \tag{5-29a}$$

$$\text{s. t.} \quad \int_0^{T_0} \dfrac{\eta(1-\rho) g P(t)}{d(t)^m} dt \geqslant E'_L, \tag{5-29b}$$

式(5-4)、式(5-5)、式(5-6)。

由于优化变量 ρ 和 $P(t)$ 的耦合,问题 $\boldsymbol{P}_{L3}$ 是非凸的[125]。尽管如此,给定 ρ,问题 $\boldsymbol{P}_{L3}$ 则变成凸的,可以使用拉格朗日对偶方法求解。引理 5.3 将讨论在给定 ρ 时如何获得最优的 $P^*(t)$。

引理 5.3 最优的 $P^*(t)$ 可以表示为

$$P^*(t) = \frac{d(t)^m}{(\bar{\omega}d(t)^m - \nu\eta(1-\rho)g)\ln 2} - \frac{d(t)^m \sigma^2}{\rho g}, \tag{5-30}$$

其中 $\bar{\omega}$ 和 ν 是对偶变量。

证明：利用拉格朗日乘子法，可得到

$$\mathcal{L} = \int_0^{T_0} \log\left(1 + \frac{\rho g P(t)}{d(t)^m \sigma^2}\right) dt - \lambda(P(t) - P_{\max}) - \nu\left(E'_L - \int_0^{T_0} \frac{\eta(1-\rho)gP(t)}{d(t)^m} dt\right) - \mu\left(\int_0^{T_0} P(t) dt - \bar{P}T_0\right),$$

其中 $\lambda, \nu \geq 0$ 和 $\forall \mu$ 是对偶变量。对 $\mathcal{L}$ 关于 $P(t)$ 进行求导，可以得到

$$\frac{\partial \mathcal{L}_L}{\partial P(t)} = \frac{g}{2(d(t)^m \sigma^2 + gP(t))} - \lambda - \mu + \frac{\nu\eta(1-\rho)g}{d(t)^m}.$$

利用 KKT 条件，即 $\frac{\partial \mathcal{L}_L}{\partial P(t)} = 0$，式(5-30)中的最优 $P^*(t)$ 可以被获得。

接下来，讨论如何决定 $\bar{\omega}$ 和 ν。根据式(5-5)，可以推断出

$$\int_0^{T_0} \frac{d(t)^m}{\ln 2(\bar{\omega}d(t)^m - \nu\eta(1-\rho)g)} dt = \int_0^{T_0} \frac{d(t)^m \sigma^2}{\rho g} + \bar{P} dt. \tag{5-31}$$

由于合理地假设 t 在一个很小的时间区间内变化不大，即 $[t, t+\Delta t]^{[154]}$，对式(5-31)关于 T_0 进行求导，可以推导出

$$\frac{d(T_0)^m}{\ln 2(\bar{\omega}d(T_0)^m - \nu\eta(1-\rho)g)} = \frac{d(T_0)^m \sigma^2}{\rho g} + \bar{P}. \tag{5-32}$$

因此，最优的 $\bar{\omega}^*$ 可以表示为

$$\bar{\omega}^* = \frac{\nu\eta(1-\rho)g\ln 2(\sigma^2 d(T_0)^m + \rho\bar{P}) + \rho g d(T_0)^m}{d(T_0)^m \ln 2(\rho g \bar{P} + \sigma^2 d(T_0)^m)}. \tag{5-33}$$

利用牛顿迭代法或梯度下降法[116,125]，可以得到 $\bar{\omega}^*$。进而，可以获得最优 $P^*(t)$。

□

然后，从 0 到 1 对 ρ 进行取值，根据式(5-30)，计算 $P^*(t)$。一旦获得最大 I'_L，其对应的值 $(\rho^*, P^*(t))$ 就是问题 P_{L3} 的最优解。最后，根据 ρ^* 和 $P^*(t)$，线性 EH 模型下的 I-E 域 $C^L_{\text{I-E}}$ 可以被获得。

5.4.2 逻辑 EH 模型下信息-能量域问题建模及求解

1. I-E 域：$C^{\text{Lg}}_{\text{I-E}}$

基于式(5-12)中的逻辑 EH 模型和式(5-14)，系统可达 I-E 域可以表示为

$$C^{\text{Lg}}_{\text{I-E}} \triangleq \{(I_{\text{Lg}}, E_{\text{Lg}}) \mid I_{\text{Lg}} \leq \int_0^{T_0} \log\left(1 + \frac{\rho g P(t)}{d(t)^m \sigma^2}\right) dt, E_{\text{Lg}} \leq \int_0^{T_0} \Xi_{\text{Lg}}(P_{\text{in}}(t)) dt,$$

$$0 \leq P(t) \leq P_{\max}, \frac{1}{T_0}\int_0^{T_0} P(t) dt = \bar{P}, 0 \leq \rho \leq 1\}. \tag{5-34}$$

类似于线性 EH 模型下的 I-E 域 $C^L_{\text{I-E}}$，首先计算点 $(I_{\text{Lg,max}}, 0)$ 和 $(0, E_{\text{Lg,max}})$，然后计算 $C^{\text{Lg}}_{\text{I-E}}$ 的其余边界点。

2. 计算 $I_{\text{Lg,max}}$

由于逻辑 EH 模型对 ID 没有影响,因此逻辑 EH 模型下的 ID 与线性模型下的 ID 相同,即 $I_{\text{Lg,max}} = I_{\text{L,max}}$。

3. 计算 $E_{\text{Lg,max}}$

在逻辑 EH 模型下,$E_{\text{Lg,max}}$ 相应的收集能量最大化问题可以表示为

$$\boldsymbol{P}_{\text{Lg2}}: \max_{P(t)} \int_0^{T_0} \Xi_{\text{Lg}}(P_{\text{in}}(t)) \, \mathrm{d}t, \tag{5-35}$$

$$\text{s.t.} \quad 式(5\text{-}4)、式(5\text{-}5)。$$

根据式(5-12),问题 $\boldsymbol{P}_{\text{Lg2}}$ 可以转换为

$$\boldsymbol{P}_{\text{Lg2}_0}: \max_{P(t)} \int_0^{T_0} \frac{M}{1 + \mathrm{e}^{-a\left(\frac{gP(t)}{d(t)^m} - b\right)}} \, \mathrm{d}t, \tag{5-36}$$

$$\text{s.t.} \quad 式(5\text{-}4)、式(5\text{-}5)。$$

由于目标函数的非凸,问题 $\boldsymbol{P}_{\text{Lg2}_0}$ 是非凸的。尽管如此,目标函数关于 $P(t)$ 是单调递增的,因此将通过拉格朗日对偶方法来进行求解。

引理 5.4 问题 $\boldsymbol{P}_{\text{Lg2}_0}$ 的最优 $P^*(t)$ 可以表示为

$$P^*(t) = \left[\frac{d(t)^m b}{g} + \frac{d(t)^m \ln 2}{ag} - \frac{d(t)^m}{ag}\Lambda\right]^+, \tag{5-37}$$

其中

$$\Lambda = \ln\left(\frac{aMg - 2\xi d(t)^m \pm \sqrt{g^2 M^2 a^2 - 4Ma\xi g d(t)^m}}{\xi d(t)^m}\right),$$

λ 和 μ 是对偶变量,且 $\xi = \lambda + \mu$。

证明: 问题 $\boldsymbol{P}_{\text{Lg2}_0}$ 的 Lagrange 函数为

$$\mathcal{L}_{\text{Lg}} = \int_0^{T_0} \frac{M}{1 + \mathrm{e}^{-a\left(\frac{gP(t)}{d(t)^m} - b\right)}} \, \mathrm{d}t - \lambda(P(t) - P_{\text{max}}) - \mu\left(\int_0^{T_0} P(t)\,\mathrm{d}t - \bar{P}T_0\right), \tag{5-38}$$

其中 λ 和 μ 是对偶变量。对 $\mathcal{L}_{\text{Lg}}$ 关于 $P(t)$ 进行求导,可以得到

$$\frac{\partial \mathcal{L}_{\text{Lg}}}{\partial P(t)} = \frac{aMgd(t)^{-m}\mathrm{e}^{-a\left(\frac{gP(t)}{d(t)^m} - b\right)}}{\left(1 + \mathrm{e}^{-a\left(\frac{gP(t)}{d(t)^m} - b\right)}\right)^2} - (\lambda + \mu)。$$

利用 KKT 条件,即 $\frac{\partial \mathcal{L}_{\text{Lg}}}{\partial P(t)} = 0$,式(5-37)中最优 $P^*(t)$ 可以被求得。进一步地,基于式(5-5),可以推导出

$$\int_0^{T_0} \frac{d(t)^m b}{g} + \frac{d(t)^m \ln 2}{ag} \, \mathrm{d}t = \int_0^{T_0} \frac{d(t)^m}{ag}\Lambda + \bar{P} \, \mathrm{d}t。 \tag{5-39}$$

对式(5-39)关于 T_0 进行求导,可以得到

$$\frac{d(T_0)^m b}{g} + \frac{d(T_0)^m \ln 2}{ag} = \frac{d(T_0)^m}{ag}\Lambda + \bar{P}。 \tag{5-40}$$

然后,可以得到最优的 ξ^* 为

$$\xi^* = \frac{Magd(T_0)^{-m}\mathrm{e}^{(-a(g\bar{P}d(T_0)^{-m} - b))}}{(\mathrm{e}^{(-a(g\bar{P}d(T_0)^{-m} - b))} - 1)^2}。 \tag{5-41}$$

将式(5-41)代入到式(5-37)和 Λ 中,从而可得到最优的 $P^*(t)$。 □

因此,可以得到 I-E 域的边界点对 $(0, E_{\text{Lg,max}})$。

算法 5.1　SCA 算法：P_{Lg3}

1. 初始化循环索引 q，$I_{Lg,q}=0$；
2. **for** $E'_{Lg}=0:E_{Lg,max}$ **do**
3. 　　初始化循环索引 k，$I'_{q,k}=0$，$P_{q,k}(t)=0$；
4. 　　**for** $\rho=0:\ell:1$ **do**
5. 　　　　初始化最大迭代次数 Ite，迭代索引 $n=0$，初始点 $\bar{\phi}_0(t)$，以及 $I_{k,n}=0$，算法收敛精度 $\delta=10^{-5}$；
6. 　　　　**repeat**
7. 　　　　　　通过 CVX 求解 $P_{Lg3_1}^{(n)}$，得到 $\phi_n^*(t)$，$P_n^*(t)$，I_n^*；
8. 　　　　　　更新 $\bar{\phi}_n(t)=\phi_n^*(t)$，$I_{k,n}=I_n^*$ 和 $n=n+1$；
9. 　　　　**until** 满足预设循环中止条件 $I_{k,n}-I_{k,n-1}\leqslant\delta$，或者 $n=$ Ite
10. 　　　　输出 $I'_{q,k}=I_{k,n}$ 和 $P_{q,k}(t)=P_n^*(t)$；
11. 　　**end for**
12. 　　用一维搜索寻找目标值最大对应的 ρ^*，即 $I'^{*}_{q,k}=\max\{I'_{q,k}\}$，然后输出 ρ^*，$I'^{*}_{q,k}$ 和对应的 $P^*_{q,k}(t)$；
13. **end for**
14. 输出 $I_{Lg,q}=I'^{*}_{q,k}$ 和 $(I_{Lg,q},E'_{Lg,q})$。

4. 计算 $C_{I\text{-}E}^{Lg}$

因为 $0\leqslant I'_{Lg}\leqslant I_{Lg,max}$ 和 $0\leqslant E'_{Lg}\leqslant E_{Lg,max}$，并根据式(5-17a)中的问题 P_{swipt}，关于 $C_{I\text{-}E}^{Lg}$ 的优化问题可以表示为

$$P_{Lg3}:\max_{P(t),\rho}\int_0^{T_0}\log\left(1+\frac{\rho g P(t)}{d(t)^m\sigma^2}\right)dt,\tag{5-42a}$$

$$\text{s.t.}\quad \int_0^{T_0}\Xi_{Lg}(P_{in}(t))dt\geqslant E'_{Lg},\tag{5-42b}$$

式(5-4)、式(5-5)、式(5-6)。

由于约束(5-42b)和优化变量 ρ 和 $P(t)$ 的耦合，问题 P_{Lg3} 非凸。与 5.4.1 节中部分处理过程类似，也可以采用一维搜索来找到最优的 ρ^*。

给定 ρ，通过引入辅助变量 $\phi(t)=\Xi_{Lg}(P_{in}(t))$，式(5-42b)可以等价转换为

$$\text{式}(5\text{-}42\text{b})\to\begin{cases}\int_0^{T_0}\phi(t)dt\geqslant E'_{Lg},&(5\text{-}43)\\[4pt]\dfrac{M}{Me^{-ab}+\phi(t)}\geqslant\dfrac{e^{ab}}{1+e^{ab}}(1+e^{-a(P_{in}(t)-b)})。&(5\text{-}44)\end{cases}$$

所以，问题 P_{Lg3} 可以重构为

$$P_{Lg3_0}:\max_{P(t),\phi(t)}\int_0^{T_0}\log\left(1+\frac{\rho g P(t)}{d(t)^m\sigma^2}\right)dt,\tag{5-45}$$

s.t.　式(5-4)、式(5-5)、式(5-6)、式(5-43)、式(5-44)。

由于约束条件(5-44)的非凸性,问题 P_{Lg3_0} 仍然非凸。尽管如此,可以观察到式(5-44)左边是个凸函数。通过利用一阶泰勒近似,给定可行点 $\bar{\phi}(t)$,$\frac{M}{Me^{-ab}+\phi(t)}$ 的下界可以表示为①

$$\frac{M}{Me^{-ab}+\phi(t)} \geqslant \frac{M}{Me^{-ab}+\bar{\phi}(t)} - \frac{M}{(Me^{-ab}+\bar{\phi}(t))^2}(\phi(t)-\bar{\phi}(t))。 \quad (5-46)$$

然后,式(5-44)可以被放缩为

$$\frac{M}{Me^{-ab}+\bar{\phi}(t)} - \frac{M}{(Me^{-ab}+\bar{\phi}(t))^2}(\varphi(t)-\bar{\phi}(t)) \geqslant \frac{e^{ab}}{1+e^{ab}}(1+e^{-a(P_{in}(t)-b)})。 \quad (5-47)$$

用式(5-47)替换式(5-44),问题 P_{Lg3_0} 可以近似转换为

$$P_{Lg3_1}: \max_{P(t),\phi(t)} \int_0^{T_0} \log\left(1+\frac{\rho g P(t)}{d(t)^m \sigma^2}\right) dt, \quad (5-48)$$

s.t. 式(5-4)、式(5-5)、式(5-6)、式(5-43)、式(5-47)。

给定可行点 $\bar{\phi}(t)$,问题 P_{Lg3_1} 是凸的。因此,本节还设计了 SCA 算法对问题进行求解。具体来说,在第 n 次迭代中,基于 $\bar{\phi}_{n-1}(t)$,式(5-49a)中的问题 $P_{Lg3_1}^{(n)}$ 可以通过 CVX 来求解[116,126],然后,$\bar{\phi}_n(t)$ 可以通过 $\phi_n(t)$ 来更新。

$$P_{Lg3_1}^{(n)}: \max_{P(t),\phi_n(t)} \int_0^{T_0} \log\left(1+\frac{\rho g P(t)}{d(t)^m \sigma^2}\right) dt, \quad (5-49a)$$

s.t. 式(5-4)、式(5-5)、式(5-6)、式(5-43),

$$\frac{M}{Me^{-ab}+\bar{\phi}_{n-1}(t)} - \frac{M}{(Me^{-ab}+\bar{\phi}_{n-1}(t))^2}(\phi_n(t)-\bar{\phi}_{n-1}(t)) \geqslant \frac{e^{ab}}{1+e^{ab}}(1+e^{-a(P_{in}(t)-b)})。$$

$$(5-49b)$$

为了清楚起见,算法 5.1 总结了求解问题 P_{Lg3_1} 的 SCA 算法。

5.4.3 分段式 EH 模型下信息-能量域问题建模及求解

1. 分段式 EH 模型最优的 η^*

由于逻辑 EH 模型比较复杂,因此利用分段函数,即 $\min\{\eta P_{in},M\}$,去近似。为了找到最优的 η 以提高该近似的精度,且尽可能地满足 $\min\{\eta P_{in},M\}$,类似于文献[57],首先解决如下优化问题:

$$P_{Pw-Lg}: \min_{\eta} \eta \quad (5-50a)$$

s.t. $\min\{\eta P_{in}, M\} \geqslant \Xi_{Lg}(P_{in}), \forall P_{in} \geqslant 0$。 $\quad (5-50b)$

$0 \leqslant \eta \leqslant 1$。 $\quad (5-50c)$

由于 $0 \leqslant \Xi_{Lg}(P_{in}) \leqslant P_{in}$ 和 $0 \leqslant \eta \leqslant 1$,问题 P_{Pw-Lg} 只有一个标量的优化变量 η。因此,应用二分搜索算法,在[0,1]范围内可以获得最优 η^*。进而分段式 EH 模型可以等价表示为

$$\Xi_{Pw}(P_{in}) = \min\{\eta^* P_{in}(t), M\}。 \quad (5-51)$$

---

① 由于很难从理论上证明近似的紧密性,为了验证其有效性,本章使用穷举方法模拟全局最优解进行比较,如 5.5 节中图 5.6 所示,结果表明通过本章所提算法得到的结果与穷举方法所得结果非常接近,且两者之间的差距很小。

2. I-E 域：$C_{\text{I-E}}^{\text{Pw}}$

基于已得到的 η^*、式(5-14)和式(5-51)，分段式 EH 模型下系统 I-E 域可以表述为

$$C_{\text{I-E}}^{\text{Pw}} \triangleq \{(I_{\text{Pw}}, E_{\text{Pw}}) \mid I_{\text{Pw}} \leqslant \int_0^{T_0} \log\left(1 + \frac{\rho g P(t)}{d(t)^m \sigma^2}\right) dt,$$

$$E_{\text{Pw}} \leqslant \int_0^{T_0} \min\{\eta^* P_{\text{in}}(t), M\} dt, 0 \leqslant P(t) \leqslant P_{\max},$$

$$\frac{1}{T_0} \int_0^{T_0} P(t) dt = \bar{P}, 0 \leqslant \rho \leqslant 1\}. \tag{5-52}$$

3. 计算 $I_{\text{Pw,max}}$

类似于逻辑 EH 模型，分段式 EH 模型下系统最大可达信息也满足 $I_{\text{Pw,max}} = I_{\text{Lg,max}} = I_{\text{L,max}}$。

4. 计算 $E_{\text{Pw,max}}$

根据式(5-16)中的问题 $\boldsymbol{P}_{\text{eh}}$，关于 $E_{\text{Pw,max}}$ 能量收集最大化问题可以表示为

$$\boldsymbol{P}_{\text{w2}}: \max_{P(t)} \int_0^{T_0} \min\{\eta^* P_{\text{in}}(t), M\} dt \tag{5-53}$$

$$\text{s.t.} \quad 式(5-4)、式(5-5)。$$

由于目标函数和约束条件的凸性，问题 $\boldsymbol{P}_{\text{w2}}$ 是凸的，可以采用 CVX 直接求解[126]。为了获得更深层的见解，本节给出了如下方法求解问题 $\boldsymbol{P}_{\text{w2}}$。

在约束(5-4)和(5-5)下，问题 $\boldsymbol{P}_{\text{w2}}$ 可以被分解为两个子问题来进行求解，如图 5.2 所示。当 $t < t^\dagger$ 时，问题 $\boldsymbol{P}_{\text{w2}}$ 可以表示为

$$\boldsymbol{P}_{\text{w2}_0}: \max_{P(t)} E_{\text{Pw,max}}^{(0)} = \int_0^{t^\dagger} M dt, \tag{5-54}$$

$$\text{s.t.} \quad 式(5-4)、式(5-5)。$$

然后，最优 $P^*(t)$ 可以通过引理 5.5 来获得。

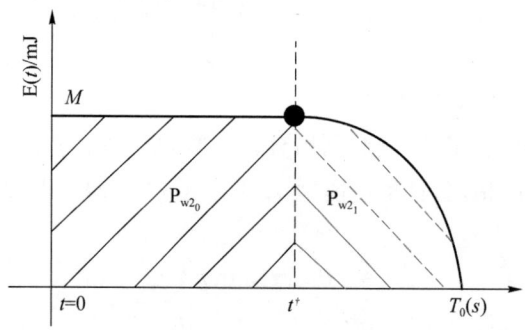

图 5.2 将问题 $\boldsymbol{P}_{\text{w2}}$ 分成两个子问题 $\boldsymbol{P}_{\text{w2}_0}$ 和 $\boldsymbol{P}_{\text{w2}_1}$

引理 5.5 问题 $\boldsymbol{P}_{\text{w2}_0}$ 的最优解 $P^*(t)$ 可以表示为

$$P^*(t) = \frac{M d(t)^m}{\eta g}. \tag{5-55}$$

证明： 由于 M 是常数，如果问题 $\boldsymbol{P}_{\text{w2}_0}$ 是可行的，那么至少存在一个最优的 $P^*(t)$ 使 $E_{\text{Pw,max}}$ 最大，且满足 $\frac{\eta g P^*(t)}{d(t)^m} = M$。因此，可以得到问题 $\boldsymbol{P}_{\text{w2}_0}$ 的最优解 $P^*(t)$。 □

当 $t \geqslant t^{\dagger}$ 时,问题 $\boldsymbol{P}_{w2}$ 可以表示为

$$\boldsymbol{P}_{w2_1}: \max_{P(t)} E_{\text{Pw,max}}^{(1)} = \int_{t^{\dagger}}^{T_0} \eta^* P_{\text{in}}(t) \mathrm{d}t, \tag{5-56}$$

$$\text{s.t. 式(5-4)、式(5-5)}。$$

问题 $\boldsymbol{P}_{w2_1}$ 具有与问题 $\boldsymbol{P}_{L2}$ 类似的结构,因此基于式(5-25),问题 $\boldsymbol{P}_{w2_1}$ 可以表示为

$$P^*(t) = \begin{cases} P_{\max}, t = [t^{\dagger}, N'\Delta t], \\ \dfrac{\bar{P}T_0 - P_{\max}N'\Delta t}{(N-N')\Delta t}, t = [N'\Delta t, T_0], \end{cases} \tag{5-57}$$

其中 $N' = \left\lfloor \dfrac{\bar{P}T_0}{\Delta P_{\max}} \right\rfloor$,且 $\lfloor \cdot \rfloor$ 是一个取整函数。

然后,用下面的推论 5.1 来给出 $t^{\dagger}$ 的表达式。

推论 5.1 与问题 $\boldsymbol{P}_{w2_0}$ 和 $\boldsymbol{P}_{w2_1}$ 相关的临界点 $t^{\dagger}$ 是

$$t^{\dagger} = \frac{1}{v_0} \sqrt{\left(\frac{gP_{\max}\eta^*}{M}\right)^{\frac{2}{m}} - d_0^2}。 \tag{5-58}$$

证明: 根据 $\boldsymbol{P}_{w2_0}$,可以推导出 $P^*(t^{\dagger}) = \dfrac{Md(t^{\dagger})^m}{\eta^* g}$。进一步地,基于问题 $\boldsymbol{P}_{w2_1}$ 的最优解,即式(5-25),可以得到 $P^*(t^{\dagger}) = P_{\max}$。因此,可以获得

$$\frac{Md(t^{\dagger})^m}{\eta^* g} = P_{\max}。 \tag{5-59}$$

然后,根据 $d(t^{\dagger}) = \sqrt{(v_0 t^{\dagger})^2 + d_0^2}$,并通过求解式(5-59),$t^{\dagger}$ 可以被求得。 □

注意: 如果问题 $\boldsymbol{P}_{w2_1}$ 是可行的,问题 $\boldsymbol{P}_{w2}$ 的最优解则是问题 $\boldsymbol{P}_{w2_0}$ 和 $\boldsymbol{P}_{w2_1}$ 的最优解的联合,即 $E_{\text{Pw,max}} = E_{\text{Pw,max}}^{(0)} + E_{\text{Pw,max}}^{(1)}$。如果 $\boldsymbol{P}_{w2_1}$ 是不可行的且问题 $\boldsymbol{P}_{w2_0}$ 是可行的,则问题 $\boldsymbol{P}_{w2}$ 的最优解是 $\boldsymbol{P}_{w2_0}$ 的最优解,即 $E_{\text{Pw,max}} = E_{\text{Pw,max}}^{(0)}$;否则,问题 $\boldsymbol{P}_{w2}$ 无解。

因此,可以通过 $P^*(t)$ 获得 I-E 域的边界点对 $(0, E_{\text{Pw,max}})$。

5. 计算 $C_{\text{I-E}}^{\text{Pw}}$

因为 $0 \leqslant I'_{\text{Pw}} \leqslant I_{\text{Pw,max}}$ 和 $0 \leqslant E'_{\text{Pw}} \leqslant E_{\text{Pw,max}}$,且基于式(5-17a)中的问题 $\boldsymbol{P}_{\text{swipt}}$,关于 $C_{\text{I-E}}^{\text{Pw}}$ 的优化问题可以表示为

$$\boldsymbol{P}_{w3}: \max_{P(t), \rho} \int_0^{T_0} \log\left(1 + \frac{\rho g P(t)}{d(t)^m \sigma^2}\right) \mathrm{d}t, \tag{5-60a}$$

$$\text{s.t.} \quad \int_0^{T_0} \min\left\{\eta^* \frac{(1-\rho)gP(t)}{d(t)^m}, M\right\} \mathrm{d}t \geqslant E'_{\text{Pw}}, \tag{5-60b}$$

$$\text{式(5-4)、式(5-5)、式(5-6)}。$$

由于优化变量 $P(t)$ 和 ρ 的耦合,问题 $\boldsymbol{P}_{w3}$ 非凸。尽管如此,给定 ρ,问题 $\boldsymbol{P}_{w3}$ 变成凸的。因此,本节提出了一种两层算法,如算法 5.2 所示,以解决该问题。在内层,通过给定的 ρ 求解其对应的凸问题来得到 $P^*(t)$。在外层,采用一维搜索方法找到最优的 ρ^*。

算法 5.2　两层算法:问题 P_{w3}

1.   **for** $Q_{Pw}^{(s)}=0:Q_{Pw,\max}^{(s)}$ **do**
2.   初始化循环索引 q, $R_{s,(q)}=0$;
3.   **for** $\rho=0:\ell:1$ **do**
4.   初始化循环索引 t 和 $R_{c,(t)}=0$;
5.   通过 CVX 求解问题 P_{w3};
6.   输出 $P^*_{(t)}(t), R^*_{c,(t)}=R^*_{Pw}$;
7.   **end for**
8.   输出 $R^*_{s,(q)}=\max\{R^*_{c,(t)}\}$ 和 $P^*_{(q)}(t), \rho^*$;
9.   **end for**
10. 输出 $R_{pW,q}^{(s),*}=R^*_{s,(q)}$ 和 $(Q_{Pw}^{(s)}, R_{Pw}^{(s),*})$。

5.4.4　问题求解复杂度分析

基于线性 EH 模型,求解式(5-29a)中的 I-E 域的计算复杂度可以表示为 $\frac{1}{\ell}\mathcal{O}(N_{ite}N)$,其中 ℓ 是搜索 ρ 的步长,N_{ite} 是算法的迭代次数,N 表示时间 T_0 的离散化的数量且满足 $T_0=N\Delta t$。

基于逻辑 EH 模型,由于问题 P_{Lg3_1} 的约束条件都是 LMI,SCA 算法的计算复杂度可以利用标准的 IPM 进行分析[128]。在问题 P_{Lg3_1} 中,存在 $2N+3$ 个大小为 1 的 LMI 约束,其决策变量的阶是 $2N$,因此,求解该问题的计算复杂度为 $\frac{1}{\ell}\mathcal{O}(\sqrt{2N+3}(16N^3+16N^2+6N))$。

类似于逻辑 EH 模型,问题 P_{w3} 的计算复杂度也可以采用标准 IPM 进行分析。在问题 P_{w3} 中,存在 $N+3$ 个大小为 1 的 LMI 约束,其决策变量的阶为 N,因此,求解该问题的计算复杂度可以表示为 $\frac{1}{\ell}\mathcal{O}(\sqrt{N+3}(2N^3+4N^2+3N))$。

为了进行对比,将基于线性、逻辑和分段式 EH 模型求解 I-E 域的计算复杂度总结于表 5.1。不失一般性,令 $N_{ite}=N$,其中 N 是常量。基于该 3 种 EH 模型求解 I-E 域的计算复杂度可以分别近似表示为 $\frac{1}{\ell}\mathcal{O}(N^2)$,$\frac{1}{\ell}\mathcal{O}(16N^3)$ 和 $\frac{1}{\ell}\mathcal{O}(2N^3)$,如表 5.1 所示。可以观察到 $\mathcal{O}_L<\mathcal{O}_{Pw}<\mathcal{O}_{Lg}$。

表 5.1　基于线性、逻辑和分段式 EH 模型,I-E 域的计算复杂度分析

算法	复杂度	近似复杂度
$\frac{1}{\ell}\mathcal{O}_L$	$\frac{1}{\ell}\mathcal{O}(N_{ite}N)$	$\frac{1}{\ell}\mathcal{O}(N^2)$
$\frac{1}{\ell}\mathcal{O}_{Lg}$	$\frac{1}{\ell}\mathcal{O}(\sqrt{2N+3}(16N^3+16N^2+6N))$	$\frac{1}{\ell}\mathcal{O}(16N^3)$
$\frac{1}{\ell}\mathcal{O}_{Pw}$	$\frac{1}{\ell}\mathcal{O}(\sqrt{N+3}(2N^3+4N^2+3N))$	$\frac{1}{\ell}\mathcal{O}(2N^3)$

5.5 仿真结果与分析

本节提供一些数值结果,以讨论 3 种不同 EH 模型下移动 SWIPT 系统 I-E 域的性能。在仿真实验中,除非另有说明,设置 $d_0=5$ m,$W_0=1$,$\sigma_0^2=-50$ dBm,$g=10$ dBm,路径损耗指数 $m=3$。对于逻辑 EH 模型,设置 $M=24$ mW,$a=150$ 和 $b=0.014$[64]。不失一般性,$\bar{P}$ 设置为 30 dBm,$P_{\max}$ 设置为 $1.5\bar{P}$。

5.5.1 线性和分段式 EH 模型:最优 η^*

为了公平地进行比较,首先通过求解式(5-50a)中的问题 $\boldsymbol{P}_{\text{Pw-Lg}}$ 来获得线性和分段式 EH 模型的最优 η^*。根据上述参数,可以得到最优的 η^* 为 0.810 7。因此,在后续的仿真实验中,针对线性和分段式 EH 模型设置 $\eta=0.810\,7$。此外对于分段式 EH 模型,设置 $\eta P_{\text{sat}}=M=24$ mW[64]。

图 5.3 对比分析了线性、分段式和逻辑 EH 模型下 FRx 总的收集能量与 $\bar{P}$ 的关系,其中 $v_0=20$ m/s。可以观察到:当 $\bar{P}$ 相对较小时,线性、分段式和逻辑 EH 模型之间的差异较大;而当 $\bar{P}$ 相对较大时,分段式 EH 模型所收集的能量与逻辑 EH 模型所收集的能量接近。原因可能是根据式(5-13)中的分段式 EH 模型,饱和点是用 $\frac{\eta g P_{\text{sat}}}{d_0^m}=M\Rightarrow P_{\text{sat}}=\frac{M d_0^m}{\eta g}=$ 25.6 dBm 近似计算的,在这种情况下,$\bar{P}$ 约为 25.6 dBm,其中 $d(t)$ 接近 d_0,而实际的 EH 电路已饱和。此外,可以观察到 3 种 EH 模型下的系统性能结果的总体趋势与文献[63-64]中图 3 和文献[57]中图 4 的结果一致。

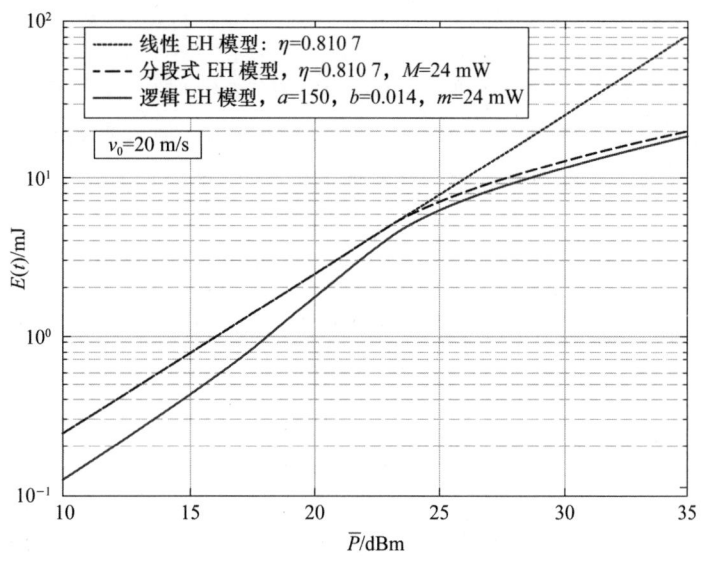

图 5.3 线性、分段式和逻辑 EH 模型下 FRx 总的收集能量与 $\bar{P}$ 的关系,其中 $v_0=20$ m/s

5.5.2 SCA 算法的收敛性

图 5.4 评估了逻辑 EH 模型下 SCA 算法的收敛性与迭代次数的关系,且 $\bar{P}$ 为 30 dBm 与 20 dBm 和 v 为 30 m/s 与 50 m/s。可以看出提出的 SCA 算法能够在几次迭代内很好地收敛,大约是 5 次。

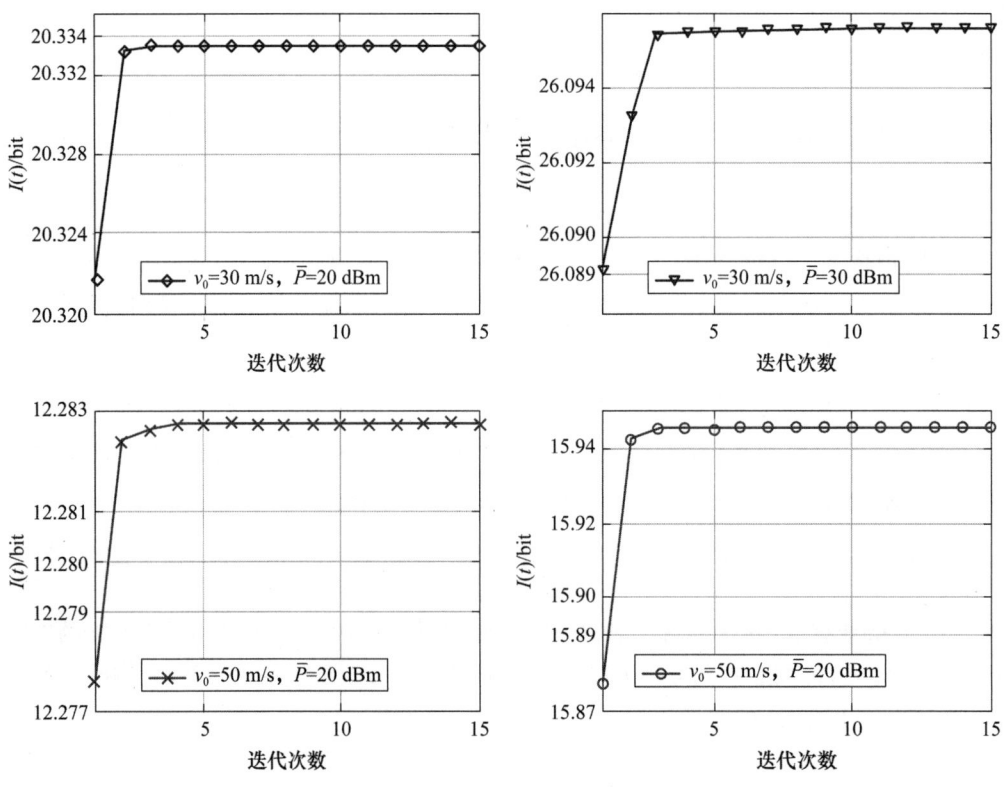

图 5.4 逻辑 EH 模型下 FRx 接收的总信息与 SCA 算法迭代次数的关系,其中 $\bar{P}$ 和 v_0 不同

图 5.5 展示了线性、逻辑和分段式 EH 模型下计算 I-E 域的平均执行时间,其中 $\bar{P}=30$ dBm 和 $v=50$ m/s。可以观察到平均执行时间随着 Δt 的增加而减小,因为 Δt 越小,精度越高。基于逻辑 EH 模型 I-E 域的计算复杂度高于基于线性和分段式 EH 模型 I-E 域的计算复杂度。此外,分段式 EH 模型的复杂度远低于逻辑 EH 模型。

为了验证 SCA 算法的有效性,本节采用了穷举方法寻找全局最优解以进行对比。由于穷举方法的高度复杂性,所以在仿真实验中设置 $v_0=335$ m/s 和 $P_{avg}=10$ dBm,结果如图 5.6 所示。结果表明,通过 SCA 算法得到的结果与通过穷举方法得到的结果非常接近,当能量 $E(t)$ 相对较大时,两者之间的差距相对较小。也就是说,利用提出的 SCA 算法,可以得到一个较好的次优解。

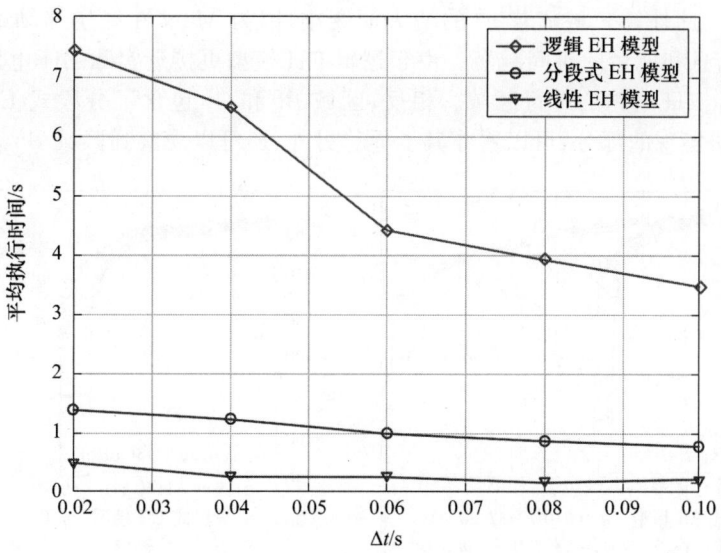

图 5.5　3 种 EH 模型下计算 I-E 域的平均执行时间

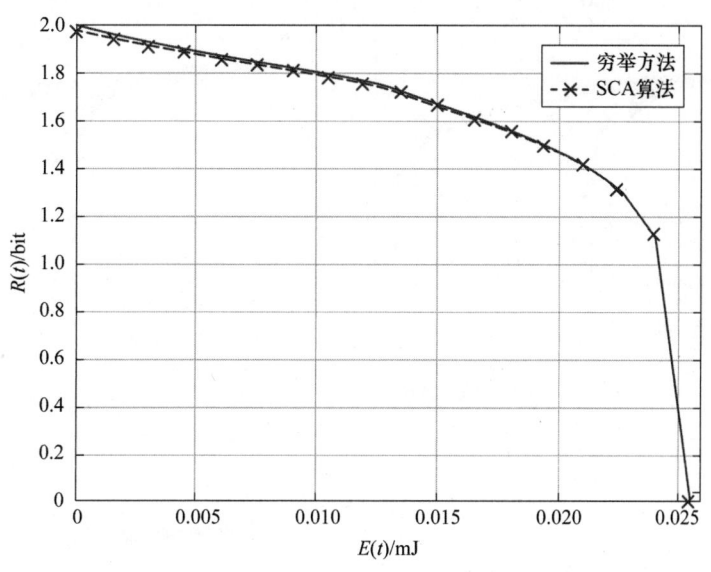

图 5.6　基于 SCA 算法和穷举方法获得的 I-E 域

5.5.3　信息-能量域与移动速度的关系

根据表 5.2 中列出的潜在应用,下面将分别讨论不同速度 v_0 对基于线性、分段式和逻辑 EH 模型系统 I-E 域性能的影响,如图 5.7(a) 至图 5.7(f) 所示,其中 $\bar{P}=30$ dBm 和 v_0 为 0.5 m/s,5 m/s,20 m/s,30 m/s,50 m/s,85 m/s。可以看出基于线性 EH 模型得到的 I-E 域比基于分段式和逻辑 EH 模型得到的 I-E 域大,基于分段式 EH 模型得到的 I-E 域比基于逻辑 EH 模型得到的 I-E 域大。尽管如此,由于线性 EH 模型过于理想,而分段式 EH 模型是一个近似的解决方案,因此不能简单地认为线性 EH 模型和分段式 EH 模型就一定优于逻辑 EH 模型。此外，I-E 域随着 v_0 的增大而变小，因为 MTx 在一定移动距离范围内，速度越快，传输信息和能量的时间越短。由于逻辑 EH 模型更接近实际 EH 电路的特性，因此区域 $A^{\ddagger}$ 是实际 EH 电路的可行区域。相反，区域 $B^{\ddagger}$ 和 $C^{\ddagger}$ 包含了分段式 EH 模型在实际 EH 电路中无法实现的部分，可以看作其上界。另外，还可以观察到区域 $B^{\ddagger}$ 远小于 $C^{\ddagger}$。

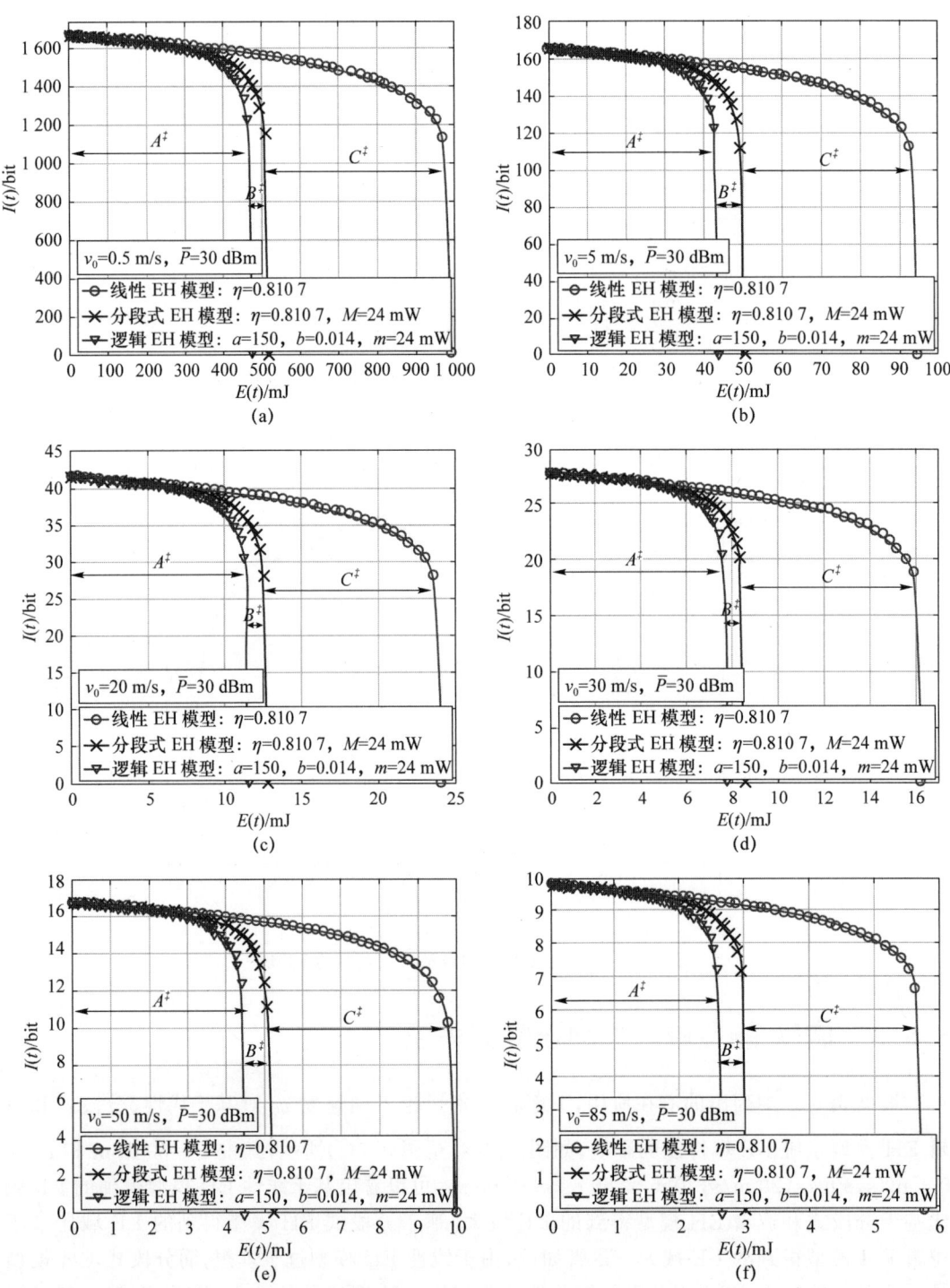

图 5.7　不同速度下的 I-E 域，其中 $\bar{P}=30$ dBm

表 5.2 不同速度 v_0 对应的不同场景

图	速度/(m·h^{-1})	速度/(km·h^{-1})	应用场景
图 5.7(a)、图 5.8(a)	0.5	1.8	相对缓慢的移动情况：使用移动速度非常慢的玩具车为监视温室温度和湿度的传感器供电
图 5.7(b)	5	18	相对较慢的移动情况：使用自行车或电动汽车为监视路况的传感器供电
图 5.7(c)	20	72	缓慢移动的情况：使用公路车辆为传感器供电，以监控平均速度、最大速度、最小速度、交通流量、车道占用率和每个车道的行进距离
图 5.7(d)、图 5.8(b)	30	108	快速移动的情况：使用普通火车为监视铁路路基的传感器供电
图 5.7(e)	50	180	相对较快的移动情况：使用特快列车为监视铁路路基的传感器供电
图 5.7(f)、图 5.8(c)	85	305	快速移动的情况：使用高速火车为监视铁路路基的传感器供电

为了提供更多的见解，本节基于 3 种 EH 模型针对不同速度 v_0 对系统 I-E 域进行了进一步的仿真实验分析，如图 5.8(a) 至图 5.8(c) 所示，其中 $\bar{P}=20$ dBm。可以观察得到，基于分段式 EH 模型得到的 I-E 域与基于线性 EH 模型得到的区域相同，因为 FRx 接收到的 RF 信号功率还未达到 EH 电路的饱和阈值。也就是说，移动 SWIPT 系统工作在分段式 EH 模型的线性区域。此外，基于线性和分段式 EH 模型的 I-E 域比基于逻辑 EH 模型的要大。

图 5.9 绘制了基于分段式 EH 模型与逻辑 EH 模型系统最大收集能量的差距，即 $E_{\text{Pw,max}} - E_{\text{Lg,max}}$，其中 v_0 不同，与图 5.7(a) 至图 5.7(f) 和图 5.8(a) 至图 5.8(c) 的结果相对应。可以看出，随着 v_0 的增大，差距会减小，因为 v_0 越高，用于 SWIPT 的时间就越短，换句话说，FRx 进入电路饱和的时间越短。此外，随着 $\bar{P}$ 的减小，该差距也会减小，因为在 $\bar{P}$ 相对较低的情况下，EH 电路进入饱和的概率相对较低。然而，采用分段式 EH 模型来近似逻辑 EH 模型不精确，尤其是在低速度移动的情况下，即使分段式 EH 模型下计算复杂度相对较低。

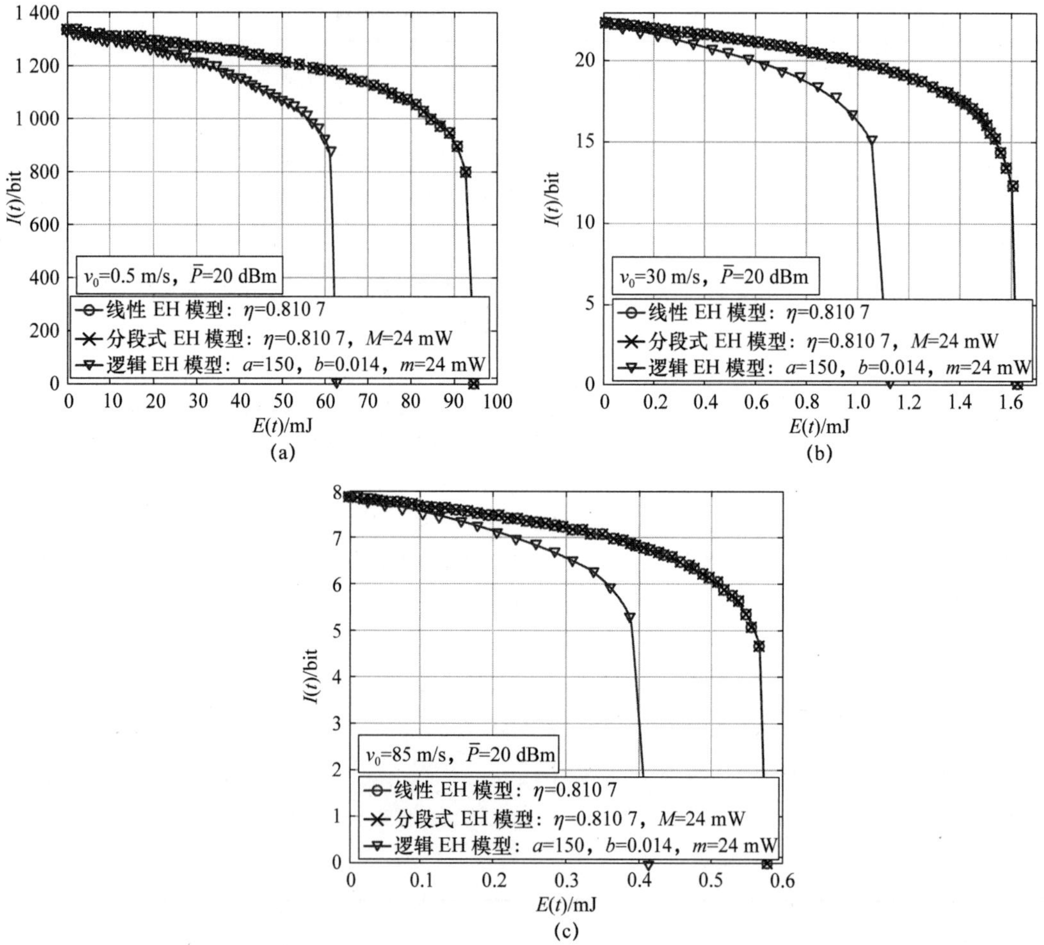

图 5.8 不同速度下的 I-E 域, 其中 $\bar{P}=20$ dBm

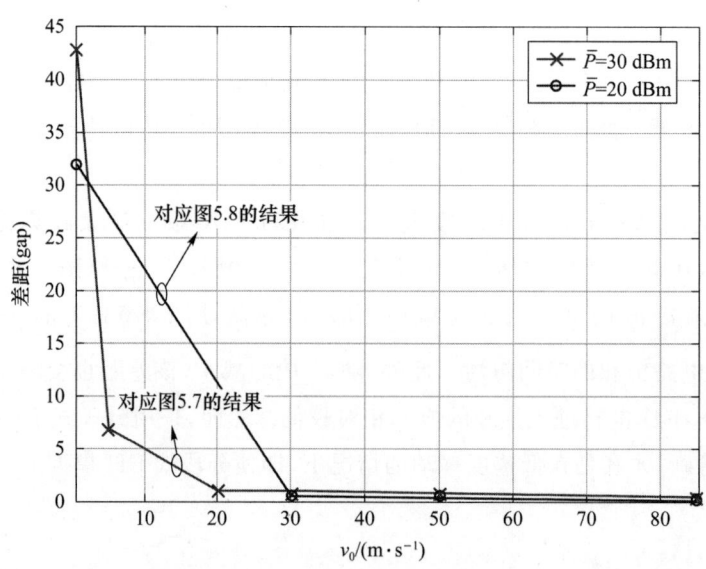

图 5.9 不同 v_0 下基于分段式 EH 模型和逻辑 EH 模型系统性能之间的差异

5.5.4 准静态场景中的信息-能量域

在本节中,考虑一个相对非常低速的移动 EH 方案,其中 $L_0 = 10$ m 和 $v_0 = 0.05$ m/s (即 0.18 km/h),代表了准静态场景。图 5.10(a)绘制了 3 种 EH 模型下的 I-E 域,其中 $\bar{P} = 30$ dBm。可以观察到,线性 EH 模型下的 I-E 域大于分段式和逻辑 EH 模型下的 I-E 域,这与图 5.7(a)至图 5.7(f)中的结果一致。与图 5.8(a)至图 5.8(c)相比,FRx 在 $v_0 = 0.05$ m/s 时接收的信息量和能量大于在 $v_0 = 0.5$ m/s,5 m/s,20 m/s,30 m/s,50 m/s,85 m/s 时接收的信息量和能量。因为速度越低,MTx 传输信息和能量的时间就越长。图 5.10(b)也展示了 3 种 EH 模型下的 I-E 域,其中 $\bar{P} = 20$ dBm。可以看出,分段式 EH 模型下的 I-E 域与线性 EH 模型下的相同。此外,线性和分段式 EH 模型下的 I-E 域大于逻辑 EH 模型下的 I-E 域,这与图 5.8(a)至图 5.8(c)中的结果一致。另外,与图 5.10(a)和图 5.10(b)相比,$\bar{P}$ 越大,I-E 域就越大。也就是说,$\bar{P}$ 越大,系统用于信息和能量传输的功率就越大。

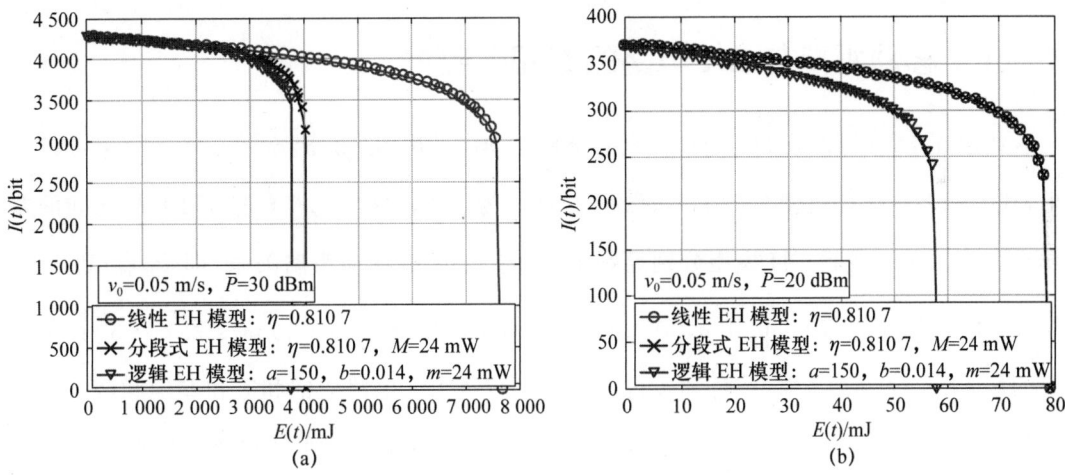

图 5.10 (a)线性、分段式和逻辑 EH 模型下的 I-E 域,其中 $v_0 = 0.05$ m/s 和 $\bar{P}$ 为 30 dBm;(b)线性、分段式和逻辑 EH 模型下的 I-E 域,其中 $v_0 = 0.05$ m/s 和 $\bar{P} = 20$ dBm

5.5.5 移动场景中的信息-能量域

本节讨论了在逻辑 EH 模型下具有不同 L_0 的较高移动速度 EH 场景中的 I-E 域,如图 5.11 所示,其中 $\bar{P} = 30$ dBm 和 $v_0 = 20$ m/s,50 m/s。可以看出,在相同 v_0 的情况下,与 $L_0 = 50$ m 和 $L_0 = 100$ m 相关的最大接收信息量之间的差距大于最大收集能量之间的差距,这意味着与具有相同 v_0 的最大接收信息量相比,L_0 对最大接收能量的影响较小。此外,对于相同的 L_0,与 $v_0 = 20$ m/s 相关的 I-E 域大于与 $v_0 = 50$ m/s 相关的 I-E 域,这与图 5.7(a)至图 5.7(f)、图 5.8(a)至图 5.8(c)和图 5.10(a)至图 5.10(b)中的结果一致。

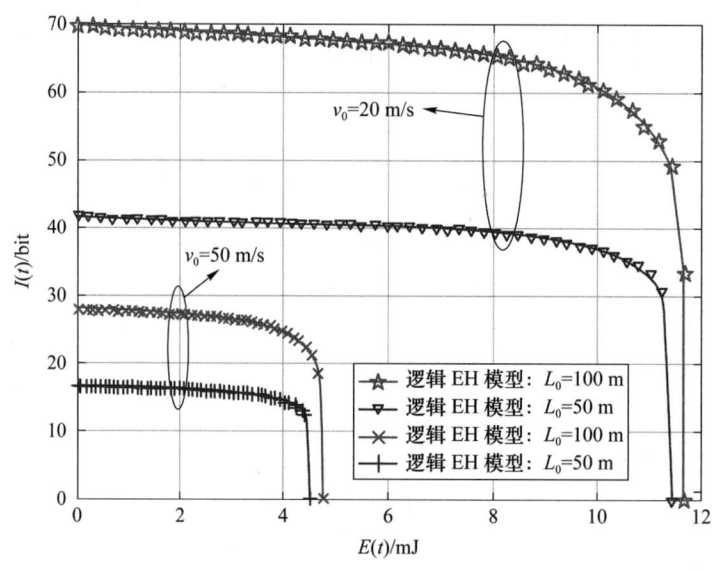

图 5.11 基于逻辑 EH 模型不同 L_0 和 v_0 下相对高速移动场景的 I-E 域,其中 $\bar{P}=30$ dBm

5.5.6 移动距离与 EH 电路的饱和效应

从图 5.7(a)至图 5.7(f)、图 5.8(a)至图 5.8(c)、图 5.10(a)至图 5.10(b)中可以看出,线性和逻辑 EH 模型会产生不同的 I-E 域。为了检测两个 EH 模型下 I-E 域之间的差异,图 5.12 基于逻辑 EH 模型分别绘制了 P_{in} 与 MTx 的移动距离关系,即 $P_{\text{in}}(t)$ 和 $E(t)$ 与 $v_0 t$ 的关系,其中 $\bar{P}=20$ dBm,30 dBm,同时也仿真验证了 $v_0=20$ m/s 和 $v_0=50$ m/s 对应的场景。在图 5.12 中,蓝色和黄色区域分别代表 EH 电路的饱和区和非饱和区。可以观察到当 $\bar{P}=20$ dBm 时,在 $v_0=20$ m/s 和 $v_0=50$ m/s 情况下 EH 电路不同时进入饱和区,但当 $\bar{P}=30$ dBm 时,EH 电路大约在 $v_0 t=7$ m 时进入饱和区,这意味着当平均发射功率相对较高且 MTx 和 FRx 之间的距离相对较小时,所考虑的移动 SWIPT 系统实际上可能发生饱和情况。这些观察结果与图 5.8(a)至图 5.8(c)和图 5.10(b)中的结果一致。从图 5.12(a1)和图 5.12(b1)中可以看出,在 $v_0=20$ m/s 和 $v_0=50$ m/s 时,$P_{\text{in}}(t)$ 几乎是相同的,这意味着移动速度对 EH 电路是否进入饱和区没有影响。然而,从图 5.12(a2)和图 5.12(b2)中可以观察到,$v_0=20$ m/s 下的 $E(t)$ 小于 $v_0=50$ m/s 下的结果,因为移动速度越快,可用于 SWIPT 的时间越短。这些现象与图 5.7(a)至图 5.7(f)、图 5.8(a)至图 5.8(c)中的结果一致。

彩图 5.12

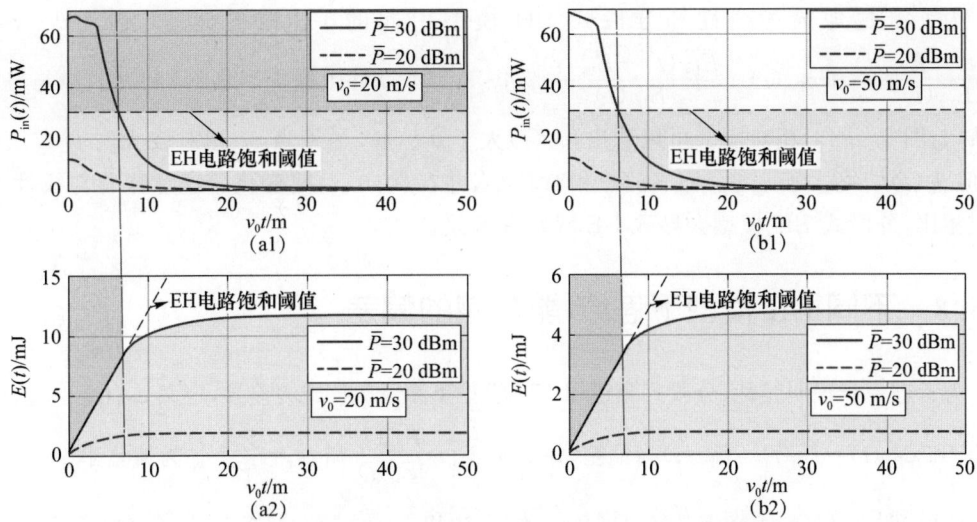

图 5.12　(a1) FRx 接收的 RF 功率 $P_{in}(t)$ 与移动距离的关系,其中 $v_0=20$ m/s;
(a2) FRx 收集的能量 $E(t)$ 与移动距离的关系,其中 $v_0=20$ m/s;
(b1) FRx 接收的 RF 功率 $P_{in}(t)$ 与移动距离的关系,其中 $v_0=50$ m/s;
(b2) FRx 收集的能量 $E(t)$ 与移动距离的关系,其中 $v_0=50$ m/s

5.5.7　收集的能量与移动速度的关系

本节将对不同 v_0 下 FRx 收集的能量进行讨论,如图 5.13(a)所示,其中 $\bar{P}=30$ dBm 和 $I=9$ bit。可以看出,收集的能量随 v_0 的增大而减少,因为速度 v_0 越大会导致 MTx 在有效的传输范围内传输信息和能量的时间变短。此外,随着 v_0 的增大,分段式 EH 模型与逻辑 EH 模型所得结果之间的差距变小。原因可能是,当固定 I 相对较小时,EH 电路进入饱和区。

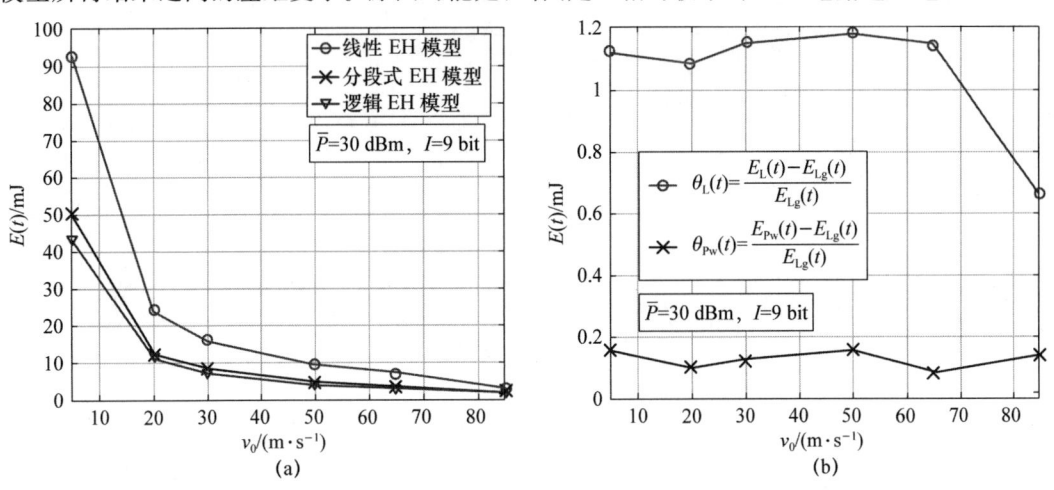

图 5.13　(a) 能量收集与移动速度 v_0 的关系,其中 $\bar{P}=30$ dBm;
(b) 能量收集率与移动速度 v_0 的关系,其中 $\bar{P}=30$ dBm

为了清楚地描述线性和分段式 EH 模型引起的 I-E 域的偏差，定义 $\theta_L(t) = \frac{E_L(t) - E_{Lg}(t)}{E_{Lg}(t)}$ 和 $\theta_{Pw}(t) = \frac{E_{Pw}(t) - E_{Lg}(t)}{E_{Lg}(t)}$。图 5.13(b)对比分析了 $\theta_L(t)$ 和 $\theta_{Pw}(t)$ 与 v_0 的关系，与图 5.13(a)相对应。可以看出，$\theta_L(t)$ 大于 $\theta_{Pw}(t)$，尽管当 v_0 相对较大时 $\theta_L(t)$ 会减小，但 $\theta_L(t)$ 始终大于 0.6。而 $\theta_{Pw}(t)$ 相对较小，并在 $\{0,0.2\}$ 间变化。这意味着与线性 EH 模型相比，分段式 EH 模型会导致 I-E 域略有偏差。

5.5.8 不同 EH 模型下信息-能量域的偏差

为了进一步说明线性、分段式和逻辑 EH 模型下系统 I-E 域的差异，定义 $\Delta_{Lg}(t) = E_L(t) - E_{Lg}(t)$ 和 $\Delta_{Pw}(t) = E_L(t) - E_{Pw}(t)$ 为偏差，并定义 $\delta_{Lg} = \frac{E_{Lg}(t)}{E_L(t)}$ 和 $\delta_{Pw} = \frac{E_{Pw}(t)}{E_L(t)}$ 为偏差率。

然后，图 5.14(a)至图 5.14(c)展示了不同 $\bar{P}$ 和 v_0 下 $\Delta_{Lg}(t)$，$\Delta_{Pw}(t)$，$\delta_{Lg}(t)$ 和 $\delta_{Pw}(t)$ 的性能趋势，这分别与图 5.7(a)、图 5.7(d)和 5.7(f)相对应。可以观察到 $\Delta_{Lg}(t)$ 和 $\Delta_{Pw}(t)$ 随着 $I(t)$ 的增大而减小。尽管如此，当 $I(t)$ 相对较小时，$\delta_{Lg}(t)$ 和 $\delta_{Pw}(t)$ 基本上保持不变，然后当 $I(t)$ 相对较大时，其逐渐增大。这些现象表明，随着所需信息量的增加，线性 EH 模型与非线性 EH 模型之间的能量偏差减小，但偏差率增大。

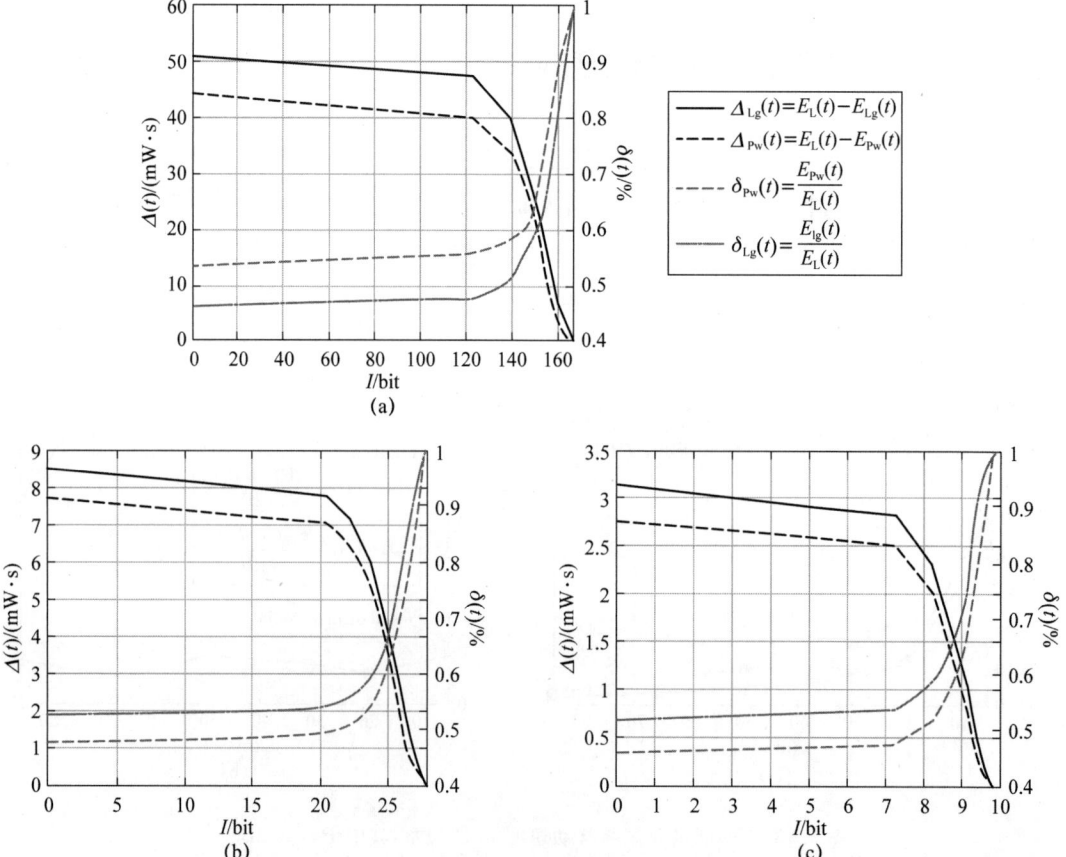

图 5.14　线性、分段式和逻辑 EH 模型下 $\Delta(t)$ 和 $\delta(t)$ 与 $I(t)$，其中 $\bar{P} = 30$ dBm，$v_0 = 0.5$ m/s，30 m/s，85 m/s

5.6 本章小结

本章基于线性、逻辑和分段式 EH 模型研究移动场景下 SWIPT 网络系统的信息-能量域,即 I-E 域。在该系统中,移动发射机同时向固定位置的接收机传输信息和能量,且固定接收机采用 PS 接收机结构。研究目标是描述系统的信息和能量传输的折衷关系。本章主要包括以下创新点和结论:

- 首先定义了 I-E 域,然后采用传统的线性、逻辑和分段式 EH 模型,通过联合优化发射机的发射功率和接收机的 PS 因子,建立了相应的优化问题,以探索 I-E 域的性能界。
- 针对逻辑 EH 模型下的优化问题,提出了 SCA 算法,能够以较低的复杂度刻画 I-E 域的下界。
- 对于线性和分段式 EH 模型,由于其对应的优化问题是凸的,利用拉格朗日对偶方法和其 KKT 条件,得到了一些闭式解和半闭式解。特别是对于分段式 EH 模型下的优化问题,得到了能量收集最大化问题最优解的闭式表达式,并提出了求解该问题的两层算法。
- 仿真结果表明,由于实际 EH 电路特性的限制,逻辑 EH 模型下的 I-E 域小于线性和分段式 EH 模型下的 I-E 域。此外,在匀速移动且传输功率较大时,逻辑 EH 模型可以用分段式 EH 模型代替。另外,对于给定的移动时间,移动速度越快,3 种 EH 模型下的 I-E 域越小。

第 6 章
低空移动 SWIPT 系统覆盖性能分析

本章基于线性和逻辑 EH 模型研究 UAV 辅助的 SWIPT 网络系统的覆盖率问题,其中 UAVs 在固定飞行高度的平面内随机分布部署且服从 2-DPPP。UAVs 作为飞行基站期望传输信息到地面用户(传感器),同时地面用户考虑采用 PS 或者 TS 接收机结构可以从 UAVs 传输的 RF 信号中收集一部分能量进行充电。针对该系统,本章利用 SG 方法推导得到了基于 PS 和基于 TS 系统的信息和能量覆盖率的一般表达式和闭式表达式。虽然相邻无人机的干扰有利于能量收集,但也给能量覆盖概率的计算带来了很大挑战。对于该问题,本章通过计算相邻 UAV 干扰的平均能量,并利用坎贝尔(Campbell)定理得到了相对较紧的能量覆盖概率。此外,仿真实验同时探讨了传统线性 EH 模型和非线性 EH 模型对系统性能的影响。结果表明线性 EH 模型带来的偏差较明显,虽然逻辑 EH 模型比线性 EH 模型具有更低的覆盖概率,但避免了采用线性 EH 模型带来的错误的系统性能评估。

6.1 引　　言

近年来,由于 UAV 的多功能、模块化、高空长续航、微型化、智能化等特点,UAV 已成为一种有效的技术,可以在无线通信网络中增强无线连接性[158]。由于 UAV 具有低成本、方便运输和易于维护操作等优点,应用也越来越广泛[159-160]。通过利用 UAV 的灵活部署的优势,UAV 可以作为空中基站或中继站,为某些特殊场景提供无线通信服务,例如,在灾害发生后提供区域覆盖的临时部署,在偶尔需要超密集传输的情况下提高容量,并为地面无线通信提供信息中继转发[161-163]。

凭借基于 RF 信号的 EH 和 UAV 的技术优势,UAV 辅助的无线网络与 EH 技术的融合应用已引发广泛关注。研究表明,部署配置大容量储能设备的无人机可发挥双重功能:一方面作为移动 RF 充电平台为低功耗地面物联网设备提供无线供能,另一方面可作为空中基站为终端用户提供通信服务[162]。由于 UAV 飞行轨迹对 UAV 辅助的无线通信网络的系统性能有很大影响,包括所需的最小功率、总能耗和可达到的吞吐量,因此大量的研究工作集中在 CSI 确定的情况下对不同 IoT 场景中 UAV 轨迹、资源分配和 UAV 调度的联合优化问题上[156,164-165]。具体而言,文献[164]通过联合优化 UAV 的三维部署、波束方向和充电时间,研究了 UAV 辅助的 WPT 网络系统的收集能量最大化问题。文献[165]通过联

第 6 章 低空移动 SWIPT 系统覆盖性能分析

合优化 UAV 轨迹、用户传输功率和任务完成时间,探究了 UAV 无线通信系统的总能耗最小化问题。文献[156]通过联合优化时间和功率分配,研究了无人机辅助多 EH 供电的 D2D 无线通信网络的平均吞吐量最大化问题。

对于旋转翼 UAV,其能够在空中某个位置悬停,充当空中基站或空中中继,增强与 GSU 之间的通信覆盖范围,因此一些研究集中在分析 UAV 辅助的网络覆盖性能上[166-171]。网络覆盖性能是衡量传感器能够检测到物理空间的程度和持续时间的度量,是 WSN 的一个经典问题,对于保持 WSN 的连通性至关重要[172]。在 UAV 辅助的无线通信网络中,如果地面传感器用户(GroundSensorUsers,GSU)由 UAV 服务,则意味着 GSU 在 UAV 的覆盖范围内。然而,由于随机信道衰落,UAV 可能不会总是很好地覆盖到 GSU,便产生了描述 UAV 覆盖性能的覆盖概率性能指标[173]。因此,分析 UAV 辅助的无线网络在衰落信道中的覆盖性能具有重要意义。基于此,文献[166]和[167]针对 UAV 辅助的蜂窝网络,分别考虑在 UAV 上配置全向和定向天线,研究系统 SNIR 覆盖率性能。文献[168]考虑在具有/不具有蜂窝网络的支持 UAV 的通信网络系统中,研究 UAV 最优部署密度以最大化可达吞吐量,同时满足 SINR 覆盖概率约束。文献[169]针对 UAV 辅助的毫米波(Millimeter Wave,mmWave)蜂窝网络,研究下行 SWIPT 和上行信息传输覆盖率性能。然而,文献[166-169]没有考虑 EH 的应用,仅讨论了信息传输的覆盖性能。

此外,UAV 允许在超低空飞行,可以装备大容量电池作为临时混合信息和能源接入点(Access Point,AP)传输信息,为地面传感器用户无线充电。然而,由于信道衰落对 RF 能量传输也有影响,因此在 UAV 辅助的 SWIPT 网络中,能量覆盖性能也应得到研究分析。此外,通过采用 SWIPT 接收机结构的功能,GSU 可以在接收来自 UAV 的信息时进行充电[162]。因此,现有的一些研究开始讨论基于 RF 信号的 EHUAV 辅助的无线网络系统的信息和能量覆盖性能[170-171]。具体而言,文献[170]研究了基于 EH 的高速缓存 UAV 地面蜂窝网络中的协作集群覆盖性能。文献[171]探究了 UAV 辅助的 EH 网络系统的能量覆盖性能。尽管如此,这些研究[170-171]仅考虑了采用传统线性 EH 模型对收集的能量进行刻画研究。

文献[31]和[115]指出,由于二极管、电阻和电容等非线性元件的影响,实际 EH 电路通常表现出非线性 EH 特性,线性 EH 模型可能会对实际系统造成不可忽视的错误评估。因此,本章基于非线性 EH 模型研究在强散射情况下 UAV 辅助的 SWIPT 网络的覆盖性能。目前,非线性 EH 模型已被用于研究各种 UAV 支持的无线 EH 网络的轨迹优化、资源分配、传输功率最小化和能量收集最大化[156,164-165],但鲜有工作研究 UAV 辅助的 SWIPT 网络在衰落信道中的覆盖性能。为了清晰起见,现将本章工作与现有工作的区别总结如下:

- 虽然 SWIPT 和 UAV 已经在现有工作中被研究[156,164-165],但大多研究主要集中在信道增益确定的情况下 UAV 的轨迹优化、资源分配和 UAV 调度上。
- 与现有研究工作相比[166-168],在没有考虑 EH 的情况下,本章仅探究了信息传输的覆盖率性能。本章将采用两种 SWIPT 接收机结构讨论分析信息和能量传输覆盖率性能。
- 多数研究工作[169-171]仅采用了传统线性 EH 模型,而不是非线性 EH 模型。因此,为了进行比较,本章讨论了线性和非线性 EH 模型对系统覆盖性能的影响。

此外,本章考虑 UAV 在相对较低的高度飞行,以无线方式对地面传感器进行充电,并将信息传输到地面传感器的情况。该系统可以应用于智能农业系统中的信息采集、铁路系统的路基检测、林草系统的环境监测等户外应用。例如,在智能生态系统中,为了长期监控森林中的濒危动物,手动更新软件或更换地面传感器的电池可能并不容易。在这种情况下,UAV 可以用来传输指令信息,也可以通过配置 SWIPT 功能给地面传感器进行充电。然而,由于树叶、树枝和草地等障碍物对发射的 RF 信号存在着丰富的散射,因此,UAV 和地面传感器之间的信息和能量传输都会经历严重的多径衰落。针对这种散射性较强的 UAV 通信场景,本章旨在分析网络的覆盖性能。

本章主要创新点包括:

① 同时考虑基于 PS 和 TS 的系统,利用 GS 方法分别推导得到了系统信息和能量传输覆盖率的一般表达式和闭式表达式。

② 虽然相邻 UAV 的干扰有利于 EH,但也给能量覆盖概率的计算带来了很大挑战。为此,通过计算相邻 UAV 干扰的平均能量,并利用坎贝尔定理得到了相对较紧的能量覆盖概率。

③ 针对所考虑的系统,本章对传统线性 EH 模型和非线性 EH 模型进行了研究讨论。此外,仿真结果表明线性 EH 模型带来的偏差较明显,虽然非线性 EH 模型比线性 EH 模型具有更低的覆盖概率,但避免了线性 EH 模型的错误的系统性能评估。

本章各节的内容安排如下:6.2 节介绍了低空移动 UAV 辅助的 SWIPT 网络系统模型;6.3 节描述了信息和能量的传输过程;6.4 节从理论上推导出了系统信息和能量传输覆盖率表达式;6.5 节对理论结果进行了仿真验证;6.6 节对本章内容进行了总结。

6.2 系统模型

考虑 UAV 辅助的 SWIPT 网络系统,如图 6.1 所示,其中悬停在固定高度的多个旋翼 UAV 随机分布在无限空间 $U, U=\{(x,y,z):x,y,z\in\mathbb{R}\}$,且服从密度为 λ 的 2-D PPP,用 Φ 表示。UAV 作为空中基站,希望将信息传输到 GSU。由于 GSU 采用了 SWIPT 接收机体系结构,即 PS 或 TS 接收机,因此每个 GSU 都能够从 UAV 发射的 RF 信号中收集能量。该 UAV 辅助的网络系统可以应用于许多户外 IoT 系统,如智慧农业、森林监测、野生动物监测、交通监控等,如图 6.1 所示。在这些 UAV 辅助的室外场景中,UAV 可以在相对较低的高度飞行,用来提供临时服务,来传输信息和能量。由农作物、树叶、草地、路基等障碍物引起的大量散射,使得 UAV 与地面传感器之间的信息和能量传输都会经历多径衰落。

令 P_t 是 UAV 的传输功率,并假设所有 UAV 都有足够的能量到达其空中位置与 GSUs 进行通信,然后飞回[168]。所有 UAV 都在同一频带上发送信号,每个 GSU 只有一个 UAV(即其最近的 UAV)提供服务,因此 GSU 在信息解码的时候会受到来自其他 UAVs 信号的干扰。然而,它可以从干扰信号中提取能量进行自身充电。考虑了大尺度信道衰落和小尺度信道衰落,其中路径损耗与 d^ℓ 成正比,其中 d 是 UAV 与 GSU 之间的距离,ℓ 是路径损耗因子,通常约为 $2\leqslant\ell\leqslant 5$。小尺度衰落信道 h 的功率增益服从单位平均值的指数分布[166-168]。

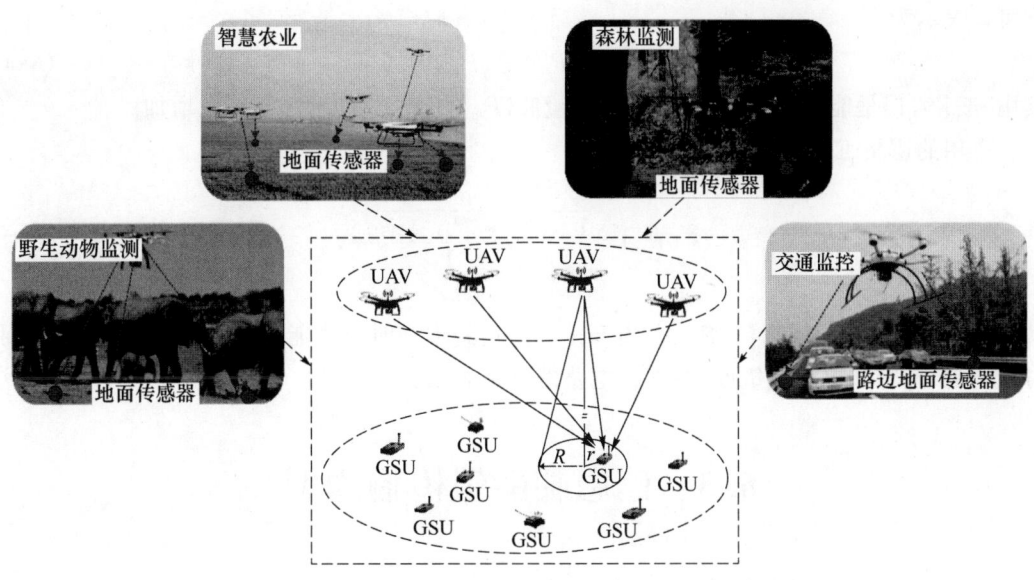

图 6.1 UAV 辅助的 SWIPT 网络系统模型及其应用

6.2.1 最近 UAV 距离

假设每个 GSU 与其最近的 UAV 进行通信,且所有 UAV 均悬停在同一高度。设 r 为地面用户与其服务 UAV 传播距离在地面的投影,如图 6.1 所示。通过利用区域 S 内 2-D 泊松过程的零概率 $\mathrm{e}^{-\lambda S}$,r 的 PDF[174] 可以表示为

$$\Pr(r>R)=\mathrm{e}^{-\lambda \pi R^2}, \tag{6-1}$$

其中 $S=\pi R^2$,R 是 UAV 部署区域的半径。因此,r 的 CDF 可以表示为

$$\Pr(r\leqslant R)=1-\mathrm{e}^{-\lambda \pi R^2}, \tag{6-2}$$

通过对 $\Pr(r\leqslant R)$ 进行微分,可以得到 r 的 PDF 为

$$f_r(r)=2\lambda \pi r \mathrm{e}^{-\lambda \pi r^2}。 \tag{6-3}$$

6.2.2 信道衰落模型

采用 Rayleigh 分布模型来捕获多径衰落在丰富的散射环境中的情况,适用于多种场景。例如,在森林环境监测数据采集应用中,由地面、树叶、树枝和草地等引起的大量散射,使得 UAV 与地面传感器或挂在树上的传感器之间的信息和能量传输都经历了多径衰落。在 Rayleigh 模型中,信道增益用 $h \cdot d^{-\ell}$ 来描述,其中 h 表示 Rayleigh 分布中的小尺度衰落,即 h 是具有单位均值的指数分布的随机变量,d 是传输距离,ℓ 表示路径损耗因子。

6.2.3 EH 模型

本章同时考虑线性 EH 模型和非线性 EH 模型。根据 1.2 节的内容,理想线性 EH 模

型可以表示为

$$\mathbb{F}(P_{\text{in}}) = \eta P_{\text{in}}, \tag{6-4}$$

其中 $\eta \in [0,1]$ 是能量转化效率，收集的能量 $\mathbb{F}(P_{\text{in}})$ 随着 P_{in} 的增大而线性增加。

采用的逻辑 EH 模型可以表示为

$$\mathbb{F}(P_{\text{in}}) = \frac{\dfrac{P_{\max}}{1+\mathrm{e}^{-a(P_{\text{in}}-b)}} - \dfrac{P_{\max}}{1+\mathrm{e}^{ab}}}{1 - \dfrac{1}{1+\mathrm{e}^{ab}}}, \tag{6-5}$$

其中 $P_{\max}$，a 和 b 都是常量。$P_{\max}$ 是当 EH 电路达到饱和时收集能量的最大值。a 和 b 分别对应电阻、电容和电路灵敏度，与 EH 电路的规格有关。

6.3 信息和能量传输模型

对于该系统，GSU 收到的 RF 信号可以表示为

$$y_{\text{GU}} = \left(\sqrt{P_t h}d^{-t} + \sum_{d_i \in \Phi \setminus \{0\}} \sqrt{P_t h_i}d_i^{-t}\right)x + n_0, \tag{6-6}$$

其中 x 表示接收到的 RF 信号，n_0 是 GUSs 的 AWGN 且方差为 σ_0。d 和 d_i 分别是 GSU 到其服务 UAV 和其他 UAVs 的距离，且 $d = \sqrt{r^2 + z^2}$。

6.3.1 基于 PS 系统

当 GSU 采用 PS 接收机结构时，$1-\rho$ 部分的接收的 RF 信号用于 ID，余下的 ρ 部分用于 EH，其中 ρ 是 PS 因子。基于 PS 的 GSU 接收的 SINR 可以表示为

$$\gamma_{\text{ps}} = \frac{(1-\rho)P_t h d^{-t}}{\sigma_0 + \sum_{d_i \in \Phi \setminus \{0\}}(1-\rho)P_t h_i d_i^{-t}} = \frac{(1-\rho)h d^{-t}}{\gamma_0 + (1-\rho)\boldsymbol{I}}, \tag{6-7}$$

其中 $\gamma_0 = \dfrac{\sigma_0}{P_t}$（即 $\dfrac{1}{\gamma_0}$ 是 SNR）和 $\boldsymbol{I} = \sum_{d_i \in \Phi \setminus \{0\}} h_i d_i^{-t}$。因此，基于 PS 的 GSU 每赫兹（Hz）收到的信息为

$$C_{\text{ps}} = T\log(1+\gamma_{\text{ps}}), \tag{6-8}$$

同时，基于 PS 的 GSU 收集的能量可以表示为

$$E_{\text{ps}} = T\mathbb{F}\left(\rho P_t h d^{-t} + \sum_{d_i \in \Phi \setminus \{0\}} \rho P_t h_i d_i^{-t}\right). \tag{6-9}$$

6.3.2 基于 TS 系统

当 GSU 采用 TS 接收机结构时，$1-\alpha$ 部分的时间内接收的 RF 信号用于 ID，剩下的 ρ 部分时间内接收的 RF 信号用于 EH，其中 α 是 TS 因子。因此，基于 TS 的 GSU 接收的 SINR 为

$$\gamma_{ts} = \frac{P_t h d^{-t}}{\sigma_0 + \sum_{d_i \in \Phi \setminus \{0\}} P_t h_i d_i^{-t}} = \frac{h d^{-t}}{\gamma_0 + I}, \tag{6-10}$$

基于 TS 的 GSU 每赫兹收到的信息可以表示为

$$C_{ps} = (1-\alpha)T\log(1+\gamma_{ts})_{\circ} \tag{6-11}$$

同时，基于 TS 的 GSU 收集的能量为

$$E_{ts} = \alpha T \mathbb{F}\left(P_t h d^{-t} + \sum_{d_i \in \Phi \setminus \{0\}} P_t h_i d_i^{-t}\right)_{\circ} \tag{6-12}$$

注意：在式(6-9)和式(6-12)中，如果采用线性 EH 模型，$\mathbb{F}(\cdot)$ 由式(6-4)决定；如果采用非线性 EH 模型，$\mathbb{F}(\cdot)$ 由式(6-5)决定。

6.4　系统覆盖率分析

6.4.1　系统覆盖率的定义

只有 GSU 接收到的 SINR 大于某个阈值 c_0（即 GSU 的信息最低需求）时，表示信息被传输成功。

1. 信息覆盖率

根据式(6-8)，系统的信息传输覆盖率（Information Coverage Probability，ICP）可以描述为

$$\mathcal{P}_{icp} = \mathbb{E}\left[\Pr(C \geqslant c_0 \mid r)\right] = \int_0^\infty \Pr(C \geqslant c_0 \mid r) f(r) \mathrm{d}r_{\circ} \tag{6-13}$$

2. 能量覆盖率

如果 GSU 收集的能量大于某个阈值 q_0（即 GSU 的 EH 最低需求），则能量传输成功。因此，一个时隙内系统能量传输覆盖率（Energy Coverage Probability，ECP）可以表示为

$$\mathcal{P}_{ecp} = \mathbb{E}\left[\Pr(E \geqslant q_0 \mid r)\right] = \int_0^\infty \Pr(E \geqslant q_0 \mid r) f(r) \mathrm{d}r_{\circ} \tag{6-14}$$

3. 联合信息和能量覆盖率

在一个时隙中 GSU 收到的信息和收集的能量不小于其需求阈值，即 c_0 和 q_0[169]，表示信息和能量同时传输成功。因此，对于所考虑的系统，在一个时隙内联合信息和能量传输的覆盖率（Joint Information and Energy Coverage Probability，JIECP）可以表示为

$$\mathcal{P}_{jiecp} = \mathbb{E}\left[\Pr(C \geqslant c_0, E \geqslant q_0 \mid r)\right] = \int_0^\infty \Pr(C \geqslant c_0, E \geqslant q_0 \mid r) f(r) \mathrm{d}r_{\circ} \tag{6-15}$$

6.4.2　基于 PS 系统的覆盖率分析

当 GSUs 采用 PS 接收机结构时，根据式(6-8)、式(6-9)、式(6-13)、式(6-14)和式(6-15)，可以得到如下结论。

引理 6.1 基于 PS 接收机结构,UAV 辅助的 SWIPT 网络的 ICP 可以表示为

$$\mathcal{P}_{\text{ps,id}} = \lambda\pi e^{\lambda\pi z^2} \int_{z^2}^{\infty} e^{-A_1 w^{\ell/2} - \lambda\pi(1+\xi(\ell))w} dw, \tag{6-16}$$

其中 $\xi(\ell) = A_0^{\frac{2}{\ell}} \int_{A_0^{-\frac{2}{\ell}}}^{\infty} \frac{1}{1+\mu^{\frac{\ell}{2}}} d\mu$,$A_0 = 2^{\frac{c_0}{T}} - 1$ 和 $A_1 = \frac{A_0 \gamma_0}{1-\rho}$。

证明: 根据式(6-13),可以得到 $\Pr(C_{\text{ps}} \geq c_0 \mid r)$:

$$\Pr(C_{\text{ps}} \geq c_0 \mid r) = \Pr\left(h \geq A_0 \left(\frac{\gamma_0}{1-\rho} + I\right) d^{\ell} \mid r\right) \tag{6-17}$$

$$\stackrel{(a)}{=} \mathbb{E}_I \left[e^{-\left(\frac{A_0 \gamma_0}{1-\rho} + A_0 I\right) d^{\ell}} \mid r \right] \tag{6-18}$$

$$= e^{-A_1 d^{\ell}} \mathcal{L}_I [A_0 d^{\ell}], \tag{6-19}$$

其中 (a) 是由于 h 为单位均值的指数分布,$A_0 = 2^{\frac{c_0}{T}} - 1$,$A_1 = \frac{A_0 \gamma_0}{1-\rho}$,$\mathcal{L}_I[A_0 d^*]$ 是干扰的拉普拉斯变换。根据 $\mathcal{L}_I(s) = \mathbb{E}_I[\exp(-sI)]^{[166]}$,可以推导得到

$$\mathcal{L}_I[s] = \mathbb{E}_I[e^{-sI}]$$

$$= \mathbb{E}_I \left[e^{-s \sum_{d_i \in \Phi \setminus \{0\}} h_i d_i^{-\ell}} \right]$$

$$= \mathbb{E}_{\Phi, h_i} \left[\prod_{d_i \in \Phi \setminus \{0\}} e^{-s h_i d_i^{-\ell}} \right] \tag{6-20}$$

$$\stackrel{(a)}{=} \mathbb{E}_{\Phi} \left[\prod_{d_i \in \Phi \setminus \{0\}} \mathbb{E}_{h_i} \left[e^{-s h_i d_i^{-\ell}} \right] \right] \tag{6-21}$$

$$\stackrel{(b)}{=} \mathbb{E}_{\Phi} \left[\prod_{d_i \in \Phi \setminus \{0\}} \frac{1}{1 + s d_i^{-\ell}} \right] \tag{6-22}$$

$$\stackrel{(c)}{=} e^{-2\lambda\pi \int_r^{\infty} \left(1 - \frac{1}{1+s(\sqrt{x^2+z^2})^{-\ell}}\right) x dx} \tag{6-23}$$

$$\stackrel{(d)}{=} e^{-\lambda\pi d^2 \int_1^{\infty} \frac{1}{1+s^{-1} d^{\ell} v^{\ell/2}} dv}, \tag{6-24}$$

其中 (a) 是由于 h_i 的独立同分布性(i.i.d.)及其与 2-DPPP(即 Φ)之间的独立性,(b) 是由于 h 为单位均值的指数分布,(c) 遵循 PPP 的概率生成函数(Probability Generating Functional,PGFL),(d) 采用了变量替换 $\frac{x^2+z^2}{d^2} \to v$。

因此,$\mathcal{L}_I[A_0 d^{\ell}]$ 可以表示为

$$\mathcal{L}_I[A_0 d^{\ell}] \stackrel{(A_0^{-\frac{2}{\ell}} v \to u)}{=} e^{-\lambda\pi d^2 A_0^{\frac{2}{\ell}} \int_{A_0^{-\frac{2}{\ell}}}^{\infty} \frac{1}{1+\mu^{\frac{\ell}{2}}} d\mu}。 \tag{6-25}$$

然后,将式(6-19)和式(6-25)代入式(6-13),基于 PS 接收机结构,UAV 辅助的 SWIPT 网络的 ICP 可以被推导得到:

$$\mathcal{P}_{\text{ps,id}} = \int_0^{\infty} 2\lambda\pi r e^{-\lambda\pi r^2} e^{-A_1 d^{\ell}} \mathcal{L}_I[A_0 d^{\ell}] dr \tag{6-26}$$

$$= \int_0^{\infty} 2\lambda\pi r e^{-\lambda\pi r^2} e^{-A_1 d^{\ell}} e^{-\lambda\pi d^2 \xi} dr \tag{6-27}$$

$$\stackrel{r^2+z^2 \to w}{=} \lambda\pi e^{\lambda\pi z^2} \int_{z^2}^{\infty} e^{-A_1 w^{\frac{\ell}{2}} - \lambda\pi(1+\xi(\ell))w} dw, \tag{6-28}$$

其中 $\xi(\ell) = A_0^{\frac{2}{\ell}} \int_{A_0^{-\frac{2}{\ell}}}^{\infty} \frac{1}{1+\mu^{\frac{\ell}{2}}} d\mu$。因此,可以推导出式(6-16)。 □

第 6 章 低空移动 SWIPT 系统覆盖性能分析

推论 6.1 当 $\ell=4$ 时,基于 PS 接收机结构,UAV 辅助的 SWIPT 网络的 ICP 可以表示为

$$\mathcal{P}_{\text{ps,id}}^{(\ell=4)} = \frac{\lambda \pi^{\frac{3}{2}}}{\sqrt{A_1}} e^{\frac{\epsilon^2}{2} + \lambda \pi z^2} Q(\epsilon + z^2 \sqrt{2A_1}), \tag{6-29}$$

其中 $Q(\cdot)$ 是 Q 函数,$\epsilon = \frac{\lambda\pi(1+\xi(\ell=4))}{\sqrt{2A_1}}$,$\xi(\ell=4) = A_0^{\frac{1}{2}}\left(\frac{\pi}{2} - \arctan(A_0^{-\frac{1}{2}})\right)$。

证明: 基于引理 6.1 的证明,当 $\ell=4$ 时,可以得到

$$\xi(\ell=4) = A_0^{\frac{1}{2}}\left(\frac{\pi}{2} - \arctan(A_0^{-\frac{1}{2}})\right). \tag{6-30}$$

所以,当 $\ell=4$ 时,可以得到基于 PS 接收机结构 UAV 辅助的 SWIPT 网络的 ICP,表示为

$$\mathcal{P}_{\text{ps,id}}^{(\ell=4)} = \lambda\pi e^{\lambda\pi z^2} \int_{z^2}^{\infty} e^{-A_1 w^2 - \lambda\pi(1+\xi(\ell=4))w} dw \tag{6-31}$$

$$= \frac{\lambda\pi^{\frac{3}{2}}}{\sqrt{A_1}} e^{\frac{\epsilon^2}{2} + \lambda\pi z^2} Q(\epsilon + z^2\sqrt{2A_1}), \tag{6-32}$$

其中 $Q(\cdot)$ 是 Q 函数,$\epsilon = \frac{\lambda\pi(1+\xi(\ell=4))}{\sqrt{2A_1}}$。因此,可以推导出式(6-29)。

□

注释 6.1 引理 6.1 和推论 6.1 分别给出了基于 PS 系统 ICP 的一般和闭式表达式。从式(6-16)中可以观察到 ICP 与噪声部分 $A_1 w^{\frac{\ell}{2}}$ 和干扰部分 $\lambda\pi(1+\xi(\ell))w - \lambda\pi z^2$ 有关,并且是关于干扰部分的递减函数。然而,干扰部分是关于 z 的递减函数,即随着 UAV 飞行高度的增加,来自其他 UAV 的干扰逐渐减小。

引理 6.2 基于 PS 接收机结构,UAV 辅助的 SWIPT 网络的 ECP 可以表示为

$$\mathcal{P}_{\text{ps,eh}} = 1 - e^{-\pi\lambda\delta(\ell)^2} + \Omega_1, \tag{6-33}$$

其中

$$\Omega_1 = \pi\lambda e^{\pi\lambda z^2} \int_{\theta(\ell)}^{\infty} e^{-A_2 w^{\frac{\ell}{2}} + \frac{4-\ell}{\ell-2}\pi\lambda w} dw, \tag{6-34}$$

$\delta(\ell) = \sqrt{\left(\frac{A_3}{A_2}\right)^{\frac{2}{\ell-2}} - z^2}$,$\theta(\ell) = \left(\frac{A_3}{A_2}\right)^{\frac{2}{\ell-2}}$,$A_2 = \frac{F'\left(\frac{q_0}{T}\right)}{\rho P_t}$ 和 $A_3 = \frac{2\pi\lambda}{\ell-2}$。

证明: 根据式(6-14),可以推导出 $\Pr(E_{\text{ps}} \geq q_0 | r)$:

$$\Pr(E_{\text{ps}} \geq q_0 | r) = \Pr(T\mathbb{F}(\rho P_t h d^{-\ell} + \sum_{d_i \in \Phi\setminus\{0\}} \rho P_t h_i d_i^{-\ell}) \geq q_0 | r) \tag{6-35}$$

$$\approx \Pr(T\mathbb{F}(\rho P_t h d^{-\ell} + \Psi_{\text{ps}}(r)) \geq q_0 | r), \tag{6-36}$$

其中 $\Psi_{\text{ps}}(r)$ 是来自相邻无人机的干扰的条件平均能量,即

$$\Psi_{\text{ps}}(r) = \mathbb{E}_{\Phi,h_i}\left(\sum_{d_i \in \Phi\setminus\{0\}} \rho P_t h_i d_i^{-\ell}\right) \geq q_0 | r) \tag{6-37}$$

$$\stackrel{(a)}{=} \mathbb{E}_{\Phi}\left(\sum_{d_i \in \Phi\setminus\{0\}} \rho P_t d_i^{-\ell}\right) \geq q_0 | r) \tag{6-38}$$

$$\stackrel{(b)}{=} 2\pi\lambda \int_r^{\infty} \rho P_t (x^2 + z^2)^{-\frac{\ell}{2}} x dx \tag{6-39}$$

$$= \frac{2\pi\lambda\rho P_t d^{2-\ell}}{\ell-2}, \tag{6-40}$$

其中(a)是由于h_i的独立同分布性(i.i.d),(b)是由于使用了坎贝尔定理来计算PPP上的总和,并将笛卡儿坐标转换为极坐标[175]。因此,可以得到

$$\Pr(E_{ps} \geq q_0 | r) = \Pr\left(h \geq \frac{F'\left(\frac{q_0}{T}\right) d^\ell}{\rho P_t} - \frac{2\pi\lambda d^2}{\ell-2} \bigg| r \right) \tag{6-41}$$

$$\stackrel{(a)}{=} \mathbb{E}_r \left[e^{-[A_2 d^\ell - A_3 d^2]^+} \right], \tag{6-42}$$

其中(a)是由于h为单位均值的指数分布,$[\cdot]^+ = \max\{0, \cdot\}$,$A_2 = \frac{F'\left(\frac{q_0}{T}\right)}{\rho P_t}$,$A_3 = \frac{2\pi\lambda}{\ell-2}$。进一步地,有

$$[A_2 d^\ell - A_3 d^2]^+ = \begin{cases} A_2 d^\ell - A_3 d^2, & r \geq \delta(\ell), \\ 0, & r < \delta(\ell), \end{cases} \tag{6-43}$$

其中$\delta(\ell) = \sqrt{\left(\frac{A_3}{A_2}\right)^{\frac{2}{\ell-2}} - z^2}$。因此

$$\mathbb{E}_r \left[e^{-[A_2 d^\ell - A_3 d^2]^+} \right] = \begin{cases} e^{-(A_2 d^\ell - A_3 d^2)}, & r \geq \delta(\ell), \\ 1, & r < \delta(\ell)。 \end{cases} \tag{6-44}$$

最后,可以推导得到基于PS接收机结构UAV辅助的SWIPT网络的ECP为

$$P_{ps,eh} = \int_0^\infty \mathbb{E}_r \left[e^{-[A_2 d^\ell - A_3 d^2]^+} \right] f(r) dr \tag{6-45}$$

$$= \int_0^{\delta(\ell)} f(r) dr + \int_{\delta(\ell)}^\infty e^{-(A_2 d^\ell - A_3 d^2)} f(r) dr \tag{6-46}$$

$$= 1 - e^{-\pi\lambda\delta(\ell)^2} + \Omega_1, \tag{6-47}$$

其中

$$\Omega_1 = \int_{\delta(\ell)}^\infty e^{-(A_2 d^\ell - A_3 d^2)} f(r) dr \tag{6-48}$$

$$= \int_{\delta(\ell)}^\infty 2\pi\lambda r e^{-\pi\lambda r^2} e^{-A_2(r^2+z^2)^{\frac{\ell}{2}} + A_3(r^2+z^2)} dr \tag{6-49}$$

$$\stackrel{r^2+z^2 \to w}{=} \pi\lambda e^{\pi\lambda z^2} \int_{\theta(\ell)}^\infty e^{-A_2 w^{\frac{\ell}{2}} + \frac{4-\ell}{\ell-2}\pi\lambda w} dw, \tag{6-50}$$

$\theta(\ell) = \delta(\ell)^2 + z^2 = \left(\frac{A_3}{A_2}\right)^{\frac{2}{\ell-2}}$。因此,可以得到式(6-33)。 □

推论6.2 当$\ell=4$时,基于PS接收机结构,UAV辅助的SWIPT网络的ECP可以表示为

$$\mathcal{P}_{ps,eh}^{(\ell=4)} = 1 - e^{-\pi\lambda\delta(4)^2} + \Omega_1', \tag{6-51}$$

其中

$$\Omega_1' = \pi\lambda e^{\pi\lambda\delta(4)^2} \sqrt{\frac{\pi}{A_2}} Q(\theta(4)\sqrt{2A_2}), \tag{6-52}$$

$\delta(4) = \sqrt{\frac{\pi\lambda}{A_2} - z^2}$ 和 $\theta(4) = \frac{\pi\lambda}{A_2}$。

第 6 章 低空移动 SWIPT 系统覆盖性能分析

证明：基于引理 6.2，当 $\ell = 4$ 时，可以得到 $\delta(4) = \sqrt{\frac{\pi\lambda}{A_2} - z^2}$。经过数学推导，可以得到

$$P_{\mathrm{ps,eh}}^{(\ell=4)} = \int_0^\infty \mathbb{E}_r\left[\mathrm{e}^{-[A_2 d^4 - \pi\lambda d^2]^+}\right] f(r)\mathrm{d}r \tag{6-53}$$

$$= 1 - \mathrm{e}^{-\pi\lambda\delta(4)^2} + \int_{\delta(4)}^\infty \mathrm{e}^{-A_2 d^4 + \pi\lambda d^2} f(r)\mathrm{d}r \tag{6-54}$$

$$= 1 - \mathrm{e}^{-\pi\lambda\delta(4)^2} + \Omega_1', \tag{6-55}$$

其中

$$\Omega_1' = \int_{\delta(4)}^\infty \mathrm{e}^{-A_2 d^4 + \pi\lambda d^2} f(r)\mathrm{d}r \tag{6-56}$$

$$= \int_{\delta(4)}^\infty 2\pi\lambda r\, \mathrm{e}^{-\pi\lambda r^2}\, \mathrm{e}^{-A_2(r^2+z^2)^2 + \pi\lambda(r^2+z^2)}\mathrm{d}r \tag{6-57}$$

$$\stackrel{r^2+z^2 \to w}{=} \pi\lambda\mathrm{e}^{\pi\lambda z^2}\int_{\theta(4)}^\infty \mathrm{e}^{-A_2 w^2}\mathrm{d}w \tag{6-58}$$

$$= \frac{\lambda\pi^{\frac{3}{2}}}{\sqrt{A_2}}\mathrm{e}^{\pi\lambda z^2} Q\left(\theta(4)\sqrt{2A_2}\right), \tag{6-59}$$

$\theta(4) = \delta(4)^2 + z^2 = \frac{\pi\lambda}{A_2}$。因此，可以得到式 (6-51)。 □

注释 6.2 引理 6.2 和推论 6.2 分别给出了基于 PS 系统 ECP 的一般和闭式表达式。从式 (6-33) 中可以看出 ECP 主要受干扰部分 $\frac{4-\ell}{\ell-2}\pi\lambda w + \lambda\pi z^2$ 和 UAV 高度的影响，即 z。当 UAV 部署半径属于区间 $[\theta(\ell), \infty]$，即 $R \in [\theta(\ell), \infty]$ 时，ECP 是一个关于干扰部分的递增函数；当 $R \in [0, \theta(\ell)]$ 时，ECP 是一个关于干扰部分的递减函数，并由 UAV 的飞行高度决定。另外，$\delta(\ell)$ 中的 $\left(\frac{A_3}{A_2}\right)^{\frac{2}{\ell-2}} - z^2$ 必须大于 0，即 UAV 在一定飞行高度范围内可以实现 EH，且其他 UAV 的干扰有益于 EH。

引理 6.3 基于 PS 接收机结构，UAV 辅助的 SWIPT 网络的 JIECP 可以表示为

$$\mathcal{P}_{\mathrm{ps}} = \Omega_2 + \begin{cases} \Omega_3, & \rho \geq \rho', \\ \Omega_1, & \rho < \rho', \end{cases} \tag{6-60}$$

其中 $\rho' = \dfrac{F'\left(\dfrac{q_0}{T}\right)}{P_t A_0 \gamma_0 + F'\left(\dfrac{q_0}{T}\right)}$ 和

$$\Omega_2 = \lambda\pi\mathrm{e}^{\lambda\pi z^2}\int_0^{\theta(\ell)} \mathrm{e}^{-A_1 w^2 - \lambda\pi(1+\xi(\ell))w}\mathrm{d}w, \tag{6-61}$$

$$\Omega_3 = \lambda\pi\mathrm{e}^{\lambda\pi z^2}\int_{\theta(\ell)}^\infty \mathrm{e}^{-A_1 w^2 - \lambda\pi(1+\xi(\ell))w}\mathrm{d}w。 \tag{6-62}$$

证明：根据式 (6-15)，可以推导出 $\mathrm{Pr}(C_{\mathrm{ps}} \geq c_0, E_{\mathrm{ps}} \geq q_0 | r)$ 为

$$\mathrm{Pr}(C_{\mathrm{ps}} \geq c_0, E_{\mathrm{ps}} \geq q_0 | r) = \mathrm{Pr}\left(h \geq \left(\frac{A_0\gamma_0}{1-\rho} + A_0 \boldsymbol{I}\right)d^\ell, h \geq \left(\frac{F'\left(\dfrac{q_0}{T}\right)}{\rho P_t} - \boldsymbol{I}\right)d^\ell \Big| r\right) \tag{6-63}$$

$$\stackrel{\text{式}(6-42)}{=} \mathbb{E}_{\boldsymbol{I}}\left[\mathrm{e}^{-\max\{(A_1 + A_0 \boldsymbol{I})d^\ell,\ [A_2 d^\ell - A_3 d^2]^+\}} \big| r\right]。 \tag{6-64}$$

然后

$$\max\{(A_1+A_0\boldsymbol{I})d^\ell,[A_2d^\ell-A_3d^2]^+\}=\begin{cases}\max\{(A_1+A_0\boldsymbol{I})d^\ell,A_2d^\ell-A_3d^2\},&r\geqslant\delta(\ell),\\(A_1+A_0\boldsymbol{I})d^\ell,&r<\delta(\ell)。\end{cases}$$
(6-65)

利用近似 $\max\{x,y\}\approx\frac{1}{2}((x+y)+|x-y|),x\geqslant0,y\geqslant0$,可以得到

$$\max\{(A_1+A_0\boldsymbol{I})d^\ell,A_2d^\ell-A_3d^2\}$$
$$=\frac{1}{2}(A_1d^\ell+A_0\boldsymbol{I}d^\ell+A_2d^\ell-A_3d^2)+\frac{1}{2}|A_1d^\ell+A_0\boldsymbol{I}d^\ell-A_2d^\ell+A_3d^2| \quad (6\text{-}66)$$

$$=\begin{cases}A_1d^\ell+A_0\boldsymbol{I}d^\ell,r\geqslant\delta(\ell),A_1\geqslant A_2,\text{i. e.},\rho\geqslant\rho',\\A_2d^\ell-A_3d^2,r\geqslant\delta(\ell),A_1<A_2,\text{i. e.},\rho<\rho',\end{cases} \quad (6\text{-}67)$$

其中 $\rho'=\dfrac{F'\left(\dfrac{q_0}{T}\right)}{P_\text{t}A_0\gamma_0+F'\left(\dfrac{q_0}{T}\right)}$。因此可以得到

$$\Pr(C_\text{ps}\geqslant c_0,E_\text{ps}\geqslant q_0\mid r)=\begin{cases}\mathbb{E}_\boldsymbol{I}[\mathrm{e}^{-A_1d^\ell-A_0\boldsymbol{I}d^\ell}],&r\geqslant\delta(\ell),\rho\geqslant\rho',\\\mathrm{e}^{-A_2d^\ell+A_3d^2},&r\geqslant\delta(\ell),\rho<\rho',\\\mathbb{E}_\boldsymbol{I}[\mathrm{e}^{-A_1d^\ell-A_0\boldsymbol{I}d^\ell}],&r<\delta(\ell)。\end{cases} \quad (6\text{-}68)$$

进一步地,可以推导出

$$\mathcal{P}_\text{ps}=\int_0^\infty\Pr(C_\text{ps}\geqslant c_0,E_\text{ps}\geqslant q_0\mid r)f(r)\mathrm{d}r$$
$$=\int_0^{\delta(\ell)}f(r)\mathrm{e}^{-A_1d^\ell}\mathrm{e}^{-\lambda\pi d^2\xi}\mathrm{d}r+\begin{cases}\int_{\delta(\ell)}^\infty f(r)\mathrm{e}^{-A_1d^\ell}\mathrm{e}^{-\lambda\pi d^2\xi}\mathrm{d}r,&\rho\geqslant\rho'\\\Omega_1,&\rho<\rho'\end{cases} \quad (6\text{-}69)$$

$$=\Omega_2+\begin{cases}\Omega_3,&\rho\geqslant\rho',\\\Omega_1,&\rho<\rho',\end{cases} \quad (6\text{-}70)$$

其中

$$\Omega_2=\lambda\pi\mathrm{e}^{\lambda\pi z^2}\int_{z^2}^{\theta(\ell)}\mathrm{e}^{-A_1w^2-\lambda\pi(1+\xi(\ell))w}\mathrm{d}w \quad (6\text{-}71)$$

和

$$\Omega_3=\lambda\pi\mathrm{e}^{\lambda\pi z^2}\int_{\theta(\ell)}^\infty\mathrm{e}^{-A_1w^2-\lambda\pi(1+\xi(\ell))w}\mathrm{d}w。 \quad (6\text{-}72)$$

因此,可以得到式(6-60)。 □

推论 6.3 当 $\ell=4$ 时,基于 PS 接收机结构,UAV 辅助的 SWIPT 网络的 JIECP 可以表示为

$$\mathcal{P}_\text{ps}^{(\ell=4)}=\Omega_2'+\begin{cases}\Omega_3',&\rho\geqslant\rho',\\\Omega_1',&\rho<\rho',\end{cases} \quad (6\text{-}73)$$

其中

$$\Omega_2'=\frac{\lambda\pi^{\frac{3}{2}}}{\sqrt{A_1}}\mathrm{e}^{\lambda\pi z^2+\frac{\bar\omega^2}{2}}(Q(z^2\sqrt{2A_1}+\bar\omega)-Q(\theta(4)\sqrt{2A_1}+\bar\omega)), \quad (6\text{-}74)$$

$$\Omega_3' = \frac{\lambda \pi^{\frac{3}{2}}}{\sqrt{A_1}} e^{\lambda \pi z^2 + \frac{\tilde{\omega}^2}{2}} Q(\theta(4)\sqrt{2A_1} + \tilde{\omega}) \tag{6-75}$$

和 $\tilde{\omega} = \dfrac{\lambda \pi (1 + \xi(4))}{\sqrt{2A_1}}$。

证明：基于引理 6.3，当 $\ell = 4$ 时，可以推导得到

$$P_{\mathrm{ps}}^{(\ell=4)} = \Omega_2' + \begin{cases} \Omega_3', & \rho \geqslant \rho', \\ \Omega_1', & \rho < \rho', \end{cases}$$

其中

$$\Omega_2' = \frac{\lambda \pi^{\frac{3}{2}}}{\sqrt{A_1}} e^{\lambda \pi z^2 + \frac{\tilde{\omega}^2}{2}} \left(Q(z^2\sqrt{2A_1} + \tilde{\omega}) - Q(\theta(4)\sqrt{2A_1} + \tilde{\omega}) \right), \tag{6-76}$$

$$\Omega_3' = \frac{\lambda \pi^{\frac{3}{2}}}{\sqrt{A_1}} e^{\lambda \pi z^2 + \frac{\tilde{\omega}^2}{2}} Q(\theta(4)\sqrt{2A_1} + \tilde{\omega}) \tag{6-77}$$

和 $\tilde{\omega} = \dfrac{\lambda \pi (1 + \xi(4))}{\sqrt{2A_1}}$。因此，可以推导得到式(6-73)。 □

注释 6.3 引理 6.3 和推论 6.3 分别给出了基于 PS 系统 JIECP 的一般和闭式表达式。从式(6-60)中可以看出，JIECP 与 ID 部分(Ω_2, Ω_3)和 EH 部分 Ω_1 相关。当 $\rho \geqslant \rho'$ 时，JIECP 由 ID 部分决定；否则，JIECP 由 ID 和 EH 两部分决定。

6.4.3 基于 TS 系统的覆盖率分析

类似基于 PS 系统的覆盖率分析，根据式(6-11)和式(6-12)，以及式(6-13)、式(6-14)和式(6-15)中的 ICP、ECP 和 JIECP 的定义，对应的基于 TS 接收机结构 UAV 辅助的 SWIPT 网络系统的覆盖率可以由以下的引理和推论推导得到。

引理 6.4 基于 TS 接收机结构，UAV 辅助的 SWIPT 网络的 ICP 可以表示为

$$\mathcal{P}_{\mathrm{ts,id}} = \lambda \pi e^{\lambda \pi z^2} \int_{z^2}^{\infty} e^{-B_1 w^{\frac{\ell}{2}} - \lambda \pi (1 + \zeta(\ell))w} \mathrm{d}w, \tag{6-78}$$

其中 $\zeta(\ell) = B_0^{\frac{2}{\ell}} \int_{B_0^{-\frac{2}{\ell}}}^{\infty} \dfrac{1}{1 + \mu^{\frac{\ell}{2}}} \mathrm{d}\mu$ 和 $B_1 = B_0 \gamma_0$。

证明：类似于引理 6.1，基于 TS 接收机结构 UAV 辅助的 SWIPT 网络的 ICP 可以表示为

$$\mathcal{P}_{\mathrm{ts,id}} = \mathbb{E}\left[\Pr(C_{\mathrm{ts}} \geqslant c_0 | r)\right] = \int_0^{\infty} \Pr(C_{\mathrm{ts}} \geqslant c_0 | r) f(r) \mathrm{d}r \tag{6-79}$$

和

$$\Pr(C_{\mathrm{ts}} \geqslant c_0 | r) = \Pr(h \geqslant (2^{\frac{c_0}{(1-\alpha)T}} - 1)(\gamma_0 + I)d^{\ell} | r)$$

$$\stackrel{(a)}{=} \mathbb{E}_I\left[e^{-B_1 d^{\ell} - B_0 I d^{\ell}} | r\right] \tag{6-80}$$

$$\stackrel{\text{式}(6-24)}{=} e^{-B_0 \gamma_0 d^{\ell}} \mathcal{L}_I[B_0 d^{\ell}], \tag{6-81}$$

其中(a)是由于 h 为单位均值的指数分布，$B_0 = 2^{\frac{c_0}{(1-\alpha)T}} - 1$ 和 $B_1 = B_0 \gamma_0$。然后，将式(6-81)代入到式(6-79)中，可以得到

$$\mathcal{P}_{\text{ts,id}} = \int_0^\infty 2\lambda\pi r e^{-\lambda\pi r^2} e^{-B_0 \gamma_0 d^\ell} \mathcal{L}_I[B_0 d^\ell] dr \tag{6-82}$$

$$\stackrel{r^2+z^2 \to w}{=} \lambda\pi e^{\lambda\pi z^2} \int_{z^2}^\infty e^{-B_1 w^{\frac{\ell}{2}} - \lambda\pi(1+\zeta(\ell))w} dw, \tag{6-83}$$

其中 $\zeta(\ell) = B_0^{\frac{2}{\ell}} \int_{B_0^{\frac{2}{\ell}}}^\infty \frac{1}{1+\mu^{\frac{\ell}{2}}} d\mu$。因此,可以得到式(6-78)。 □

推论 6.4 当 $\ell=4$ 时,基于 TS 接收机结构,UAV 辅助的 SWIPT 网络的 ICP 可以表示为

$$\mathcal{P}_{\text{ps,id}}^{(\ell=4)} = \frac{\lambda\pi^{\frac{3}{2}}}{\sqrt{B_1}} e^{\frac{\varphi^2}{2} + \lambda\pi z^2} Q(\varphi + z^2\sqrt{2B_1}), \tag{6-84}$$

其中 $\zeta(\ell=4) = B_0^{\frac{1}{2}}\left(\frac{\pi}{2} - \arctan(B_0^{-\frac{1}{2}})\right)$ 和 $\varphi = \frac{\lambda\pi(1+\zeta(4))}{\sqrt{2B_1}}$。

证明: 基于引理 6.4,当 $\ell=4$ 时,可以得到

$$\zeta(\ell=4) = B_0^{\frac{1}{2}}\left(\frac{\pi}{2} - \arctan(B_0^{-\frac{1}{2}})\right). \tag{6-85}$$

所以,当 $\ell=4$ 时,基于 TS 接收机结构 UAV 辅助的 SWIPT 网络的 ICP 可以表示为

$$\mathcal{P}_{\text{ts,id}}^{(\ell=4)} = \lambda\pi e^{\lambda\pi z^2} \int_{z^2}^\infty e^{-B_1 w^2 - \lambda\pi(1+\zeta(\ell=4))w} dw \tag{6-86}$$

$$= \frac{\lambda\pi^{\frac{3}{2}}}{\sqrt{B_1}} e^{\frac{\varphi^2}{2} + \lambda\pi z^2} Q(\varphi + z^2\sqrt{2B_1}), \tag{6-87}$$

其中 $\varphi = \frac{\lambda\pi(1+\zeta(\ell=4))}{\sqrt{2B_1}}$。因此,式(6-84)可以被推导得到。 □

注释 6.4 引理 6.4 和推论 6.4 分别给出了基于 TS 系统 ICP 的一般和闭式表达式。从式(6-78)中可以看出,ICP 与噪声部分 $B_1 w^{\frac{\ell}{2}}$ 和干扰部分 $\lambda\pi(1+\zeta(\ell))w - \lambda\pi z^2$ 有关,并且是关于干扰部分的递减函数。然而,干扰部分是关于 z 的递减函数,即随着 UAV 飞行高度的增加,来自其他 UAV 的干扰逐渐减小。

引理 6.5 基于 TS 接收机结构,UAV 辅助的 SWIPT 网络的 ECP 可以表示为

$$\mathcal{P}_{\text{ts,eh}} = 1 - e^{-\pi\lambda\beta(\ell)^2} + \Lambda_1, \tag{6-88}$$

其中

$$\Lambda_1 = \pi\lambda e^{\pi\lambda z^2} \int_{\beta(\ell)}^\infty e^{-B_2 w^{\frac{\ell}{2}} + \frac{4-\ell}{\ell-2}\pi\lambda w} dw, \tag{6-89}$$

$B_2 = \frac{\mathbb{F}'\left(\frac{q_0}{\alpha T}\right)}{P_t}$ 和 $\beta(\ell) = \left(\frac{A_3}{B_2}\right)^{\frac{2}{\ell-2}}$。

证明: 类似于引理 6.2,$\Pr(E_{\text{ts}} \geqslant q_0 | r)$ 可以表示为

$$\Pr(E_{\text{ts}} \geqslant q_0 | r) = \Pr\left(\alpha T \mathbb{F}\left(P_t h d^{-\ell} + \sum_{d_i \in \Phi\setminus\{0\}} P_t h_i d_i^{-\ell}\right) \geqslant q_0 | r\right) \tag{6-90}$$

$$\approx \Pr(\alpha T \mathbb{F}(P_t h d^{-\ell} + \Psi_{\text{ts}}(r)) \geqslant q_0 | r), \tag{6-91}$$

其中

$$\Psi_{\text{ts}}(r) = \mathbb{E}_{\Phi, h_i}\left(\sum_{d_i \in \Phi\setminus\{0\}} P_t h_i d_i^{-\ell}\right) \geqslant q_0 | r) \tag{6-92}$$

|第6章| 低空移动SWIPT系统覆盖性能分析

$$= 2\pi\lambda \int_r^R P_{\rm t} \, (x^2+z^2)^{-\frac{\ell}{2}} x {\rm d}x \tag{6-93}$$

$$= \frac{2\pi\lambda P_{\rm t} d^{2-\ell}}{\ell-2} 。\tag{6-94}$$

因此,可以得到

$$\Pr(E_{\rm ts} \geqslant q_0 \mid r) = \Pr\left(T \mathbb{F}\, (P_{\rm t} h d^{-\ell} + \frac{2\pi\lambda P_{\rm t} d^{2-\ell}}{\ell-2}) \geqslant q_0 \mid r\right) \tag{6-95}$$

$$= \Pr\left(h \geqslant \frac{\mathbb{F}'\left(\dfrac{q_0}{\alpha T}\right) d^{\ell}}{P_{\rm t}} - \frac{2\pi\lambda d^2}{\ell-2} \mid r\right) \tag{6-96}$$

$$\stackrel{(a)}{=} \mathbb{E}_r \left[{\rm e}^{-[B_2 d^{\ell} - A_3 d^2]^+} \right] 。\tag{6-97}$$

其中(a)是由于h为单位均值的指数分布和$B_2 = \dfrac{\mathbb{F}'\left(\dfrac{q_0}{\alpha T}\right)}{P_{\rm t}}$。进一步地

$${\rm e}^{-[B_2 d^{\ell} - A_3 d^2]^+} = \begin{cases} B_2 d^{\ell} - A_3 d^2, & r \geqslant \epsilon(\ell), \\ 0, & r < \epsilon(\ell), \end{cases} \tag{6-98}$$

其中$\epsilon(\ell) = \sqrt{\left(\dfrac{A_3}{B_2}\right)^{\frac{2}{\ell-2}} - z^2}$。因此,可以推导出

$$\mathbb{E}_r \left[{\rm e}^{-[B_2 d^{\ell} - A_3 d^2]^+} \right] = \begin{cases} {\rm e}^{-B_2 d^{\ell} + A_3 d^2}, & r \geqslant \epsilon(\ell), \\ 1, & r < \epsilon(\ell)。\end{cases} \tag{6-99}$$

所以,基于TS接收机结构UAV辅助的SWIPT网络的ECP可以表示为

$$\mathcal{P}_{\rm ts,eh} = \int_0^{\infty} \mathbb{E}_r \left[{\rm e}^{-[B_2 d^{\ell} - A_3 d^2]^+} \right] f(r) {\rm d}r \tag{6-100}$$

$$= \int_0^{\epsilon(\ell)} f(r) {\rm d}r + \int_{\epsilon(\ell)}^{\infty} {\rm e}^{-B_2 d^{\ell} + A_3 d^2} f(r) {\rm d}r \tag{6-101}$$

$$= 1 - {\rm e}^{-\pi\lambda\epsilon(\ell)^2} + \Lambda_1, \tag{6-102}$$

其中

$$\Lambda_1 = \int_{\epsilon(\ell)}^{\infty} {\rm e}^{-B_2 d^{\ell} + A_3 d^2} f(r) {\rm d}r \tag{6-103}$$

$$= \int_{\epsilon(\ell)}^{\infty} 2\pi\lambda r\, {\rm e}^{-\pi\lambda r^2}\, {\rm e}^{-B_2(r^2+z^2)^{\frac{\ell}{2}} + A_3(r^2+z^2)} {\rm d}r \tag{6-104}$$

$$\stackrel{r^2+z^2 \to w}{=} \pi\lambda {\rm e}^{\pi\lambda z^2} \int_{\beta(\ell)}^{\infty} {\rm e}^{-B_2 w^{\frac{\ell}{2}} + \frac{4-\ell}{\ell-2}\pi\lambda w} {\rm d}w \tag{6-105}$$

和$\beta(\ell) = \epsilon(\ell)^2 + z^2 = \left(\dfrac{A_3}{B_2}\right)^{\frac{2}{\ell-2}}$。因此,可以得到式(6-88)。□

推论6.5 当$\ell = 4$时,基于PS接收机结构,UAV辅助的SWIPT网络的ECP可以表示为

$$\mathcal{P}_{\rm ts,eh} = 1 - {\rm e}^{-\pi\lambda\epsilon(4)^2} + \Lambda_1', \tag{6-106}$$

其中

$$\Lambda' = \pi\lambda {\rm e}^{\pi\lambda z^2} \sqrt{\frac{\pi}{B_2}} Q(\beta(4)\sqrt{2B_2}), \tag{6-107}$$

· 125 ·

$$\epsilon(4) = \sqrt{\frac{\pi\lambda P_t}{\mathbb{F}'\left(\frac{q_0}{\alpha T}\right)} - z^2} \text{ 和 } \beta(4) = \frac{\pi\lambda P_t}{\mathbb{F}'\left(\frac{q_0}{\alpha T}\right)}。$$

证明：基于引理 6.5，当 $\ell=4$ 时，可以推导出 $\epsilon(4) = \sqrt{\frac{\pi\lambda P_t}{\mathbb{F}'\left(\frac{q_0}{\alpha T}\right)} - z^2}$。通过数学推导，可以得到

$$\mathcal{P}_{ts,eh}^{(\ell=4)} = \int_0^\infty \mathbb{E}_r\left[e^{-[B_2 d^4 - \pi\lambda d^2]^+}\right] f(r) dr \tag{6-108}$$

$$= 1 - e^{-\pi\lambda\epsilon(4)^2} + \Lambda_1', \tag{6-109}$$

其中

$$\Lambda' = \int_{\epsilon(4)}^\infty e^{-(B_2 d^4 - \pi\lambda d^2)} f(r) dr \tag{6-110}$$

$$= \int_{\epsilon(4)}^\infty 2\pi\lambda r e^{-\pi\lambda r^2} e^{-B_2(r^2+z^2)^2 + \pi\lambda(r^2+z^2)} dr \tag{6-111}$$

$$\stackrel{r^2+z^2 \to w}{=} \pi\lambda e^{\pi\lambda z^2} \int_{\beta(4)}^\infty e^{-B_2 w^2} dw \tag{6-112}$$

$$= \pi\lambda e^{\pi\lambda z^2} \sqrt{\frac{\pi}{B_2}} Q(\beta(4)\sqrt{2B_2}) \tag{6-113}$$

和 $\beta(4) = \epsilon(4)^2 + z^2 = \frac{\pi\lambda P_t}{\mathbb{F}'\left(\frac{q_0}{\alpha T}\right)}$。因此，可以得到式(6-106)。 □

注释 6.5 引理 6.5 和推论 6.5 分别给出了基于 TS 系统 ECP 的一般和闭式表达式。从式(6-88)中可以看出，ECP 主要受 Λ_1 中的干扰部分 $\frac{4-\ell}{\ell-2}\pi\lambda w + \lambda\pi z^2$ 和 UAV 飞行高度的影响，即 z。当 UAV 部署半径属于区间 $[\theta(\ell), \infty]$，即 $R \in [\theta(\ell), \infty]$ 时，ECP 是一个关于 $\pi\lambda \in \epsilon(\ell)^2$ 的递增函数；当 $R \in [0, \theta(\ell)]$ 时，ECP 是一个关于 $\pi\lambda \in \epsilon(\ell)^2$ 的递减函数，并由干扰和 UAV 飞行高度决定。另外，$\epsilon(\ell)$ 中的 $\left(\frac{A_3}{B_2}\right)^{\frac{2}{\ell-2}} - z^2$ 必须大于 0，即 UAV 在一定飞行高度范围内可以实现 EH，且其他 UAV 的干扰有益于 EH。

引理 6.6 基于 TS 接收机结构，UAV 辅助的 SWIPT 网络的 JIECP 可以表示为

$$\mathcal{P}_{ts} = \Lambda_2 + \begin{cases} \Lambda_3, & B_1 \geqslant B_2, \\ \Lambda_1, & B_1 < B_2, \end{cases} \tag{6-114}$$

其中

$$\Lambda_2 = \lambda\pi e^{\lambda\pi z^2} \int_0^{\beta(\ell)} e^{-B_0 \gamma_0 w^2 - \lambda\pi(1+\zeta(\ell))w} dw \tag{6-115}$$

和

$$\Lambda_3 = \lambda\pi e^{\lambda\pi z^2} \int_{\beta(\ell)}^\infty e^{-B_0 \gamma_0 w^2 - \lambda\pi(1+\zeta(\ell))w} dw。 \tag{6-116}$$

证明：类似于引理 6.3，基于 TS 接收机结构 UAV 辅助的 SWIPT 网络的 JIECP 可以表示为

|第 6 章| 低空移动 SWIPT 系统覆盖性能分析

$$\Pr(C_{ts} \geqslant c_0, E_{ts} \geqslant q_0 | r) = \Pr(h \geqslant (B_1 + B_0 \boldsymbol{I}) d^\ell, h \geqslant B_2 d^\ell - A_3 d^2 | r) \quad (6\text{-}117)$$

$$\stackrel{\text{式}(6\text{-}97)}{=} \mathbb{E}_{\boldsymbol{I}}[e^{-\max\{(B_1+B_0\boldsymbol{I})d^\ell,[B_2 d^\ell - A_3 d^2]^+\}} | r], \quad (6\text{-}118)$$

其中

$$\max\{(B_1 + B_0 \boldsymbol{I}) d^\ell, [B_2 d^\ell - A_3 d^2]^+\} = \begin{cases} \max\{(B_1 + B_0 \boldsymbol{I}) d^\ell, B_2 d^\ell - A_3 d^2\}, & r \geqslant \epsilon(\ell), \\ (B_0 \gamma_0 + B_0 \boldsymbol{I}) d^\ell, & r < \epsilon(\ell)。\end{cases}$$
$$(6\text{-}119)$$

通过利用近似 $\max\{x, y\} \approx \frac{1}{2}((x+y) + |x-y|), x \geqslant 0, y \geqslant 0$, 可以得到

$$\max\{(B_1 + B_0 \boldsymbol{I}) d^\ell, B_2 d^\ell - A_3 d^2\}$$
$$= \frac{1}{2} (B_1 d^\ell + B_0 \boldsymbol{I} d^\ell + B_2 d^\ell - A_3 d^2) + \frac{1}{2} |B_1 d^\ell + B_0 \boldsymbol{I} d^\ell - B_2 d^\ell + A_3 d^2| \quad (6\text{-}120)$$

$$= \begin{cases} B_1 d^\ell + B_0 \boldsymbol{I} d^\ell, & r \geqslant \zeta(\ell), B_1 \geqslant B_2, \\ B_2 d^\ell - A_3 d^2, & r \geqslant \zeta(\ell), B_1 < B_2。\end{cases} \quad (6\text{-}121)$$

因此,可以推导出

$$\Pr(C_{ts} \geqslant c_0, E_{ts} \geqslant q_0 | r) = \begin{cases} \mathbb{E}_{\boldsymbol{I}}[e^{-B_1 d^\ell - B_0 \boldsymbol{I} d^\ell}], & r \geqslant \epsilon(\ell), B_1 \geqslant B_2, \\ e^{-B_2 d^\ell + A_3 d^2}, & r \geqslant \epsilon(\ell), B_1 < B_2, \\ \mathbb{E}_{\boldsymbol{I}}[e^{-B_1 - B_0 \boldsymbol{I} d^\ell}], & r < \epsilon(\ell)。\end{cases} \quad (6\text{-}122)$$

然后,可以得到

$$\mathcal{P}_{ts} = \int_0^{\epsilon(\ell)} f(r) e^{-B_1 d^\ell} e^{-\lambda \pi d^2 \zeta(\ell)} dr + \begin{cases} \int_{\epsilon(\ell)}^\infty f(r) e^{-B_1 d^\ell} e^{-\lambda \pi d^2 \zeta(\ell)} dr, & B_1 \geqslant B_2 \\ \Omega_{ts}, & B_1 < B_2 \end{cases} \quad (6\text{-}123)$$

$$= \Lambda_2 + \begin{cases} \Lambda_3, & B_1 \geqslant B_2, \\ \Lambda_1, & B_1 < B_2, \end{cases} \quad (6\text{-}124)$$

其中

$$\Lambda_2 = \lambda \pi e^{\lambda \pi z^2} \int_{z^2}^{\beta(\ell)} e^{-B_0 \gamma_0 w^2 - \lambda \pi (1+\zeta(\ell))w} dw \quad (6\text{-}125)$$

和

$$\Lambda_3 = \lambda \pi e^{\lambda \pi z^2} \int_{\beta(\ell)}^\infty e^{-B_0 \gamma_0 w^2 - \lambda \pi (1+\zeta(\ell))w} dw。 \quad (6\text{-}126)$$

因此,可以得到式(6-114)。 □

推论 6.6 当 $\ell = 4$ 时,基于 TS 接收机结构,UAV 辅助的 SWIPT 网络的 JIECP 可以表示为

$$\mathcal{P}_{ts}^{(\ell=4)} = \Lambda_2' + \begin{cases} \Lambda_3', & B_1 \geqslant B_2, \\ \Lambda_1', & B_1 < B_2, \end{cases} \quad (6\text{-}127)$$

其中

$$\Lambda_2' = \frac{\lambda \pi^{\frac{3}{2}}}{\sqrt{B_1}} e^{\lambda \pi z^2 + \frac{\vartheta^2}{2}} (Q(z^2 \sqrt{2B_1} + \vartheta) - Q(\zeta(4) \sqrt{2B_1} + \vartheta)), \quad (6\text{-}128)$$

$$\Lambda_3' = \frac{\lambda\pi^{\frac{3}{2}}}{\sqrt{B_1}} e^{\lambda\pi z^2 + \frac{\vartheta^2}{2}} Q(\zeta(4)\sqrt{2B_1} + \vartheta) \qquad (6\text{-}129)$$

和 $\vartheta = \frac{\lambda\pi(1+\zeta(4))}{\sqrt{2B_1}}$。

证明：基于引理 6.6，当 $\ell=4$ 时，可以得到

$$\mathcal{P}_{\text{ts}}^{(\ell=4)} = \Lambda_2' + \begin{cases} \Lambda_3', & B_1 \geqslant B_2, \\ \Lambda_1', & B_1 < B_2, \end{cases}$$

其中

$$\Lambda_2' = \frac{\lambda\pi^{\frac{3}{2}}}{\sqrt{B_1}} e^{\lambda\pi z^2 + \frac{\vartheta^2}{2}} \left(Q(z^2\sqrt{2B_1} + \vartheta) - Q(\zeta(4)\sqrt{2B_1} + \vartheta) \right), \qquad (6\text{-}130)$$

$$\Lambda_3' = \frac{\lambda\pi^{\frac{3}{2}}}{\sqrt{B_1}} e^{\lambda\pi z^2 + \frac{\vartheta^2}{2}} Q(\zeta(4)\sqrt{2B_1} + \vartheta) \qquad (6\text{-}131)$$

和 $\vartheta = \frac{\lambda\pi(1+\zeta(4))}{\sqrt{2B_1}}$。因此，式(6-114)和式(6-127)可以被推导得到。 □

注释 6.6　引理 6.6 和推论 6.6 分别给出了基于 TS 系统 JIECP 的一般和闭式表达式。从式(6-114)中可以看出，JIECP 与 ID 部分 (Λ_2,Λ_3) 和 EH 部分 Λ_1 相关。当 $B_1 \geqslant B_2$ 时，JIECP 由 ID 部分决定；否则，JIECP 由 ID 和 EH 两部分决定。

6.4.4　基于 PS 和 TS 系统的覆盖率汇总

为了清晰可见，关于系统的信息、能量以及联合信息和能量的覆盖率，即 ICP、ECP 和 JIECP，分布总结于表 6.1 中。

表 6.1　基于 PS 和 TS 系统的覆盖率

性能指标	基于 PS 系统	基于 TS 系统
ICP	$\mathcal{P}_{\text{ps,id}} = \lambda\pi e^{\lambda\pi z^2} \int_{z^2}^{\infty} e^{-A_1 w^{\frac{\ell}{2}} - \lambda\pi(1+\xi(\ell))w} dw$ $\mathcal{P}_{\text{ps,id}}^{(\ell=4)} = \frac{\lambda\pi^{\frac{3}{2}}}{\sqrt{A_1}} e^{\frac{\epsilon^2}{2}+\lambda\pi z^2} Q(\epsilon + z^2\sqrt{2A_1})$ $\xi(\ell) = A_0^{\frac{2}{\ell}} \int_{A_0^{-\frac{2}{\ell}}}^{\infty} \frac{1}{1+\mu^{\frac{\ell}{2}}} d\mu$ $A_0 = 2^{\frac{c_0}{T}} - 1, A_1 = \frac{A_0\gamma_0}{1-\rho}$ $Q(\cdot)$ 是 Q 函数 $\epsilon = \frac{\lambda\pi(1+\xi(\ell=4))}{\sqrt{2A_1}}$ $\xi(\ell=4) = A_0^{\frac{1}{2}}\left(\frac{\pi}{2} - \arctan(A_0^{-\frac{1}{2}})\right)$	$\mathcal{P}_{\text{ts,id}} = \lambda\pi e^{\lambda\pi z^2} \int_{z^2}^{\infty} e^{-B_1 w^{\frac{\ell}{2}} - \lambda\pi(1+\zeta(\ell))w} dw$ $\mathcal{P}_{\text{ts,id}}^{(\ell=4)} = \frac{\lambda\pi^{\frac{3}{2}}}{\sqrt{B_1}} e^{\frac{\varphi^2}{2}+\lambda\pi z^2} Q(\varphi + z^2\sqrt{2B_1})$ $\zeta(\ell) = B_0^{\frac{2}{\ell}} \int_{B_0^{-\frac{2}{\ell}}}^{\infty} \frac{1}{1+\mu^{\frac{\ell}{2}}} d\mu, B_1 = B_0\gamma_0$ $\zeta(\ell=4) = B_0^{\frac{1}{2}}\left(\frac{\pi}{2} - \arctan(B_0^{-\frac{1}{2}})\right)$ $\varphi = \frac{\lambda\pi(1+\zeta(4))}{\sqrt{2B_1}}$

续表

性能指标	基于 PS 系统	基于 TS 系统
ECP	$\mathcal{P}_{\text{ps,eh}} = 1 - e^{-\pi\lambda\delta(\ell)^2} + \Omega_1$ $\mathcal{P}_{\text{ps,eh}}^{(\ell=4)} = 1 - e^{-\pi\lambda\delta(4)^2} + \Omega_1'$ $\Omega_1 = \pi\lambda e^{\pi\lambda z^2} \int_{\theta(\ell)}^{\infty} e^{-A_2 w^{\frac{\ell}{\ell-2}} + \frac{4-\ell}{\ell-2}\pi\lambda w} dw$ $\delta(\ell) = \sqrt{\left(\frac{A_3}{A_2}\right)^{\frac{2}{\ell-2}} - z^2}, \theta(\ell) = \left(\frac{A_3}{A_2}\right)^{\frac{2}{\ell-2}}$ $A_2 = \frac{\mathbb{F}'\left(\frac{q_0}{T}\right)}{\rho P_t}, A_3 = \frac{2\pi\lambda}{\ell-2}$ $\Omega_1' = \pi\lambda e^{\pi\lambda\delta(4)^2} \sqrt{\frac{\pi}{A_2}} Q(\theta(4)\sqrt{2A_2})$ $\delta(4) = \sqrt{\frac{\pi\lambda}{A_2} - z^2}, \theta(4) = \frac{\pi\lambda}{A_2}$	$\mathcal{P}_{\text{ts,eh}} = 1 - e^{-\pi\lambda\epsilon(\ell)^2} + \Lambda_1$ $\mathcal{P}_{\text{ts,eh}}^{(\ell=4)} = 1 - e^{-\pi\lambda\epsilon(4)^2} + \Lambda_1'$ $\Lambda_1 = \pi\lambda e^{\pi\lambda z^2} \int_{\beta(\ell)}^{\infty} e^{-B_2 w^{\frac{\ell}{\ell-2}} + \frac{4-\ell}{\ell-2}\pi\lambda w} dw$ $\epsilon(\ell) = \sqrt{\left(\frac{A_3}{B_2}\right)^{\frac{2}{\ell-2}} - z^2}, B_2 = \frac{\mathbb{F}'\left(\frac{q_0}{\alpha T}\right)}{P_t}$ $\beta(\ell) = \left(\frac{A_3}{B_2}\right)^{\frac{2}{\ell-2}}$ $\Lambda_1' = \pi\lambda e^{\pi\lambda z^2} \sqrt{\frac{\pi}{B_2}} Q(\beta(4)\sqrt{2B_2})$ $\epsilon(4) = \sqrt{\frac{\pi\lambda}{B_2} - z^2}, \beta(4) = \frac{\pi\lambda}{B_2}$
JIECP	$\mathcal{P}_{\text{ps}} = \Omega_2 + \begin{cases} \Omega_3, & \rho \geqslant \rho' \\ \Omega_1, & \rho < \rho' \end{cases}$ $\mathcal{P}_{\text{ps}}^{(\ell=4)} = \Omega_2' + \begin{cases} \Omega_3', & \rho \geqslant \rho' \\ \Omega_1', & \rho < \rho' \end{cases}$ $\rho' = \frac{\mathbb{F}'\left(\frac{q_0}{T}\right)}{P_t A_0 \gamma_0 + \mathbb{F}'\left(\frac{q_0}{T}\right)}$ $\Omega_2 = \lambda\pi e^{\lambda\pi z^2} \int_0^{\theta(\ell)} e^{-A_1 w^2 - \lambda\pi(1+\xi(\ell))w} dw$ $\Omega_3 = \lambda\pi e^{\lambda\pi z^2} \int_{\theta(\ell)}^{\infty} e^{-A_1 w^2 - \lambda\pi(1+\xi(\ell))w} dw$ $\Omega_2' = \frac{\lambda\pi^{\frac{3}{2}}}{\sqrt{A_1}} e^{\lambda\pi z^2 + \frac{\bar{\omega}^2}{2}} \mathcal{R}_1, \bar{\omega} = \frac{\lambda\pi(1+\xi(4))}{\sqrt{2A_1}}$ $\mathcal{R}_1 = Q(z^2\sqrt{2A_1} + \bar{\omega}) - Q(\theta(4)\sqrt{2A_1} + \bar{\omega})$ $\Omega_3' = \frac{\lambda\pi^{\frac{3}{2}}}{\sqrt{A_1}} e^{\lambda\pi z^2 + \frac{\bar{\omega}^2}{2}} Q(\theta(4)\sqrt{2A_1} + \bar{\omega})$	$\mathcal{P}_{\text{ts}} = \Lambda_2 + \begin{cases} \Lambda_3, & B_1 \geqslant B_2 \\ \Lambda_1, & B_1 < B_2 \end{cases}$ $\mathcal{P}_{\text{ts}}^{(\ell=4)} = \Lambda_2' + \begin{cases} \Lambda_3', & B_1 \geqslant B_2 \\ \Lambda_1', & B_1 < B_2 \end{cases}$ $\Lambda_2 = \lambda\pi e^{\lambda\pi z^2} \int_0^{\beta(\ell)} e^{-B_0 \gamma_0 w^2 - \lambda\pi(1+\zeta(\ell))w} dw$ $\Lambda_3 = \lambda\pi e^{\lambda\pi z^2} \int_{\beta(\ell)}^{\infty} e^{-B_0 \gamma_0 w^2 - \lambda\pi(1+\zeta(\ell))w} dw$ $\Lambda_2' = \frac{\lambda\pi^{\frac{3}{2}}}{\sqrt{B_1}} e^{\lambda\pi z^2 + \frac{\vartheta^2}{2}} \mathcal{R}_2$ $\mathcal{R}_2 = Q(z^2\sqrt{2B_1} + \vartheta) - Q(\zeta(4)\sqrt{2B_1} + \vartheta)$ $\Lambda_3' = \frac{\lambda\pi^{\frac{3}{2}}}{\sqrt{B_1}} e^{\lambda\pi z^2 + \frac{\vartheta^2}{2}} Q(\zeta(4)\sqrt{2B_1} + \vartheta)$ $\vartheta = \frac{\lambda\pi(1+\zeta(4))}{\sqrt{2B_1}}$

6.5 仿真结果与分析

本节提供了一些数值结果来讨论分析线性和非线性 EH 模型下的系统覆盖性能。除非另有说明,否则将使用以下系统参数设置:$\lambda = 6 \times 10^{-5}/\text{m}^2$,$\sigma = -65$ dBm,$P_t = 46$ dBm,$z = 10$ m①,$\ell = 4$ 和 $T = 1$。对于非线性 EH 模型,设置 $P_{\max} = 9.079\ \mu\text{W}$,$a = 0.047\ 083$ 和 $b = 2.9\ \mu\text{W}$[177]。对于线性 EH 模型,设置 $\eta = 0.8$。不失一般性,PS 和 TS 因子分别设置为 $\rho =$

---

① 由于 EH 的无线能量传输距离有限,即 $5 \sim 15$ m[9,24,176],为了实现信息和能量的同时传输,在模拟仿真实验中设 $z = 10$ m,同时,也符合实际 UAV 场景,比如低空的农林监测系统、绿色大棚监控系统等。

0.5 和 $\alpha=0.5$。信息和能量的需求分别设置为 $c_0=1.5$ bit/(s·Hz)和 $q_0=3$ μJ。在仿真实验中,理论结果是根据 6.4.2 节中的推论/引理而得到的[①],而数值结果则通过蒙特卡洛试验随机生成 10^5 次 UAV 辅助的系统场景(即 2-D PPP UAV 通信场景),计算平均值获得。仿真参数如表 6.2 所示。

表 6.2 仿真参数

参数	符号	赋值
UAVs 飞行高度	z	10 m
UAVs 部署密度	λ	$6\times10^{-5}/m^2$
UAVs 传输功率	P_t	46 dBm
系统噪声功率	σ	-65 dBm
路径损耗因子	ℓ	4
线性 EH 模型能量转换效率	η	0.8
非线性 EH 模型参数	P_{max}	9.079 μW
	a	0.047 083
	b	2.9 μW
PS 因子	ρ	0.5
TS 因子	α	0.5
系统传输时间	T	1
GSU 信息需求	c_0	1.5 bit/(s·Hz)
GSU 能量需求	q_0	3 μJ

6.5.1 用户信息和能量需求对网络覆盖率的影响

图 6.2 绘制了基于线性和非线性 EH 模型系统覆盖率与 q_0 的关系。可以看出,得到的分析结果与数值结果非常吻合,验证了理论分析的准确性。因此,理论结果可以代替数值方法用于评估和讨论系统性能。为简单起见,将在下面的仿真实验中使用理论结果讨论分析系统性能。另外还可以看出,随着 q_0 的增加,两个 EH 模型下的 ICP 保持不变,因为 q_0 在式(6-16)和式(6-78)中对信息传递没有影响。两种 EH 模型下的系统 ECP 和 JIECP 随着 q_0 的增加而降低,这是因为系统不能满足较高的能量需求。线性 EH 模型下基于 PS 和 TS 系统的 ECP 是相同的,因为其分别对应的收集能量公式是相同的,即式(6-4)和式(6-5)。

另外,从图 6.2 中可以看出,基于 PS 系统的覆盖率比基于 TS 系统的要高。因为 TS 接收机结构在传输时间内以正交的方式处理接收到的 RF 信号,而对于 PS 接收机结构,实际上在传输时间内同时处理了信息和功率传输,这与文献[38]中的结果一致。两种 EH 模型下基于 TS 系统的结果之间的差距相对大于基于 PS 系统的,这意味着对于基于 TS 系统,线性 EH 模型带来了更多的偏差。此外,由于 EH 电路饱和特性的影响,非线性 EH 模型下的 ECP 和 JIECP 与线性 EH 模型下的结果有显著差异。此外,由于 PS 和 TS 接收机结构

[①]对于系统覆盖率的一般表达式,可以利用所得到的引理,进行积分得到理论结果。

的不同,对应的 EH 电路饱和点也不同,即基于 TS 的 GSU 比基于 PS 的 GSU 更早进入饱和区域。除此之外,基于线性 EH 模型的结果优于基于非线性 EH 模型的结果。尽管如此,在实际系统中,由于实际 EH 电路的饱和特性,基于线性 EH 模型的结果无法达到。

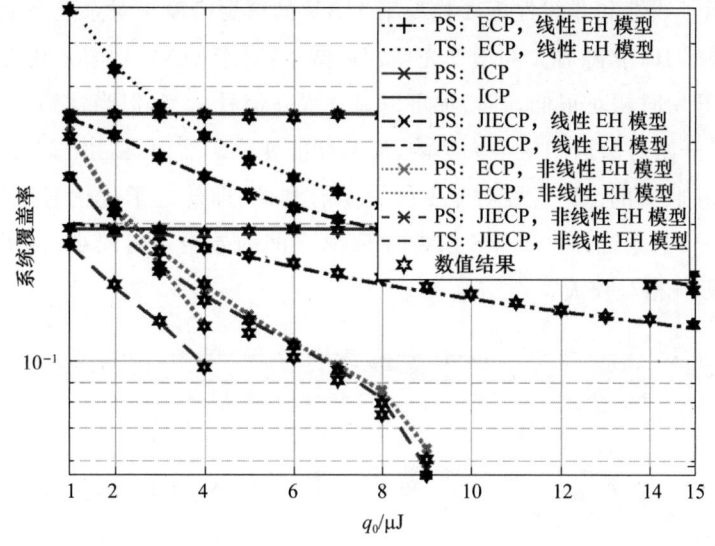

彩图 6.2

图 6.2 系统覆盖率与 q_0 的关系

图 6.3 对比分析了线性和非线性 EH 模型下系统覆盖率与 c_0 的关系。可以观察到,两种 EH 模型下的 ECP 随着 c_0 的增加而保持不变,因为 ECP 不受 c_0 影响,如式(6-9)和式(6-12)所示。此外,ICP 和 JIECP 随着 c_0 的增加而降低,因为 c_0 越大,信息需求越大。此外,JIECP 往往与 ICP 相同,这意味着当收集能量的需求固定时,将 c_0 增加到一定值后就可以决定 JIECP 的性能。

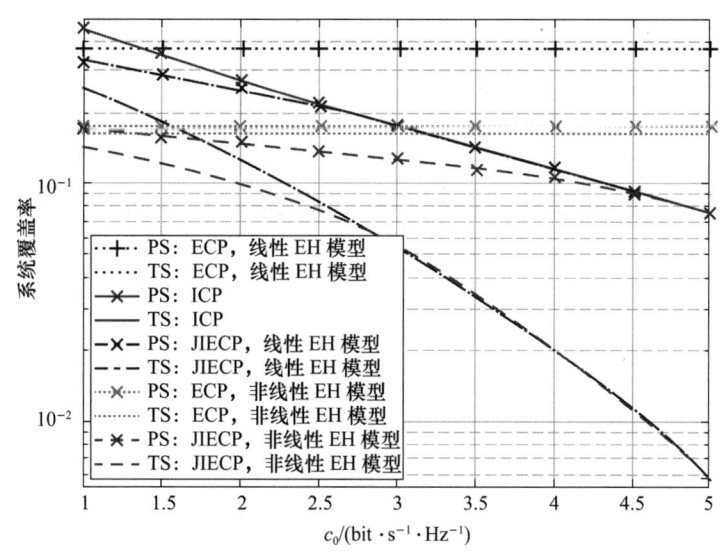

彩图 6.3

图 6.3 系统覆盖率与 c_0 的关系

6.5.2　UAV 部署密度对网络覆盖率的影响

图 6.4 展示了线性和非线性 EH 模型下 UAV 的部署密度 λ 对系统覆盖率的影响。可以观察到,ICP 和 JIECP 随着 λ 的增加先增大后减小,对于 UAV 部署来说存在一个最优的 λ。原因是 λ 在开始时相对很低,其增加可以显著提高信号功率,但当达到一定值时,来自相邻 UAV 的干扰开始对信道产生很大影响,使其性能变差。然而,ECP 总是随着 λ 的增加而增加,因为所有接收到的 RF 信号对于 EH 都是有利的,即使是干扰信号。另外,在非线性 EH 模型下,基于 PS 系统和基于 TS 系统的 ECP 之间的差距相对较小,说明非线性 EH 模型对 JIECP 的影响相对较大。

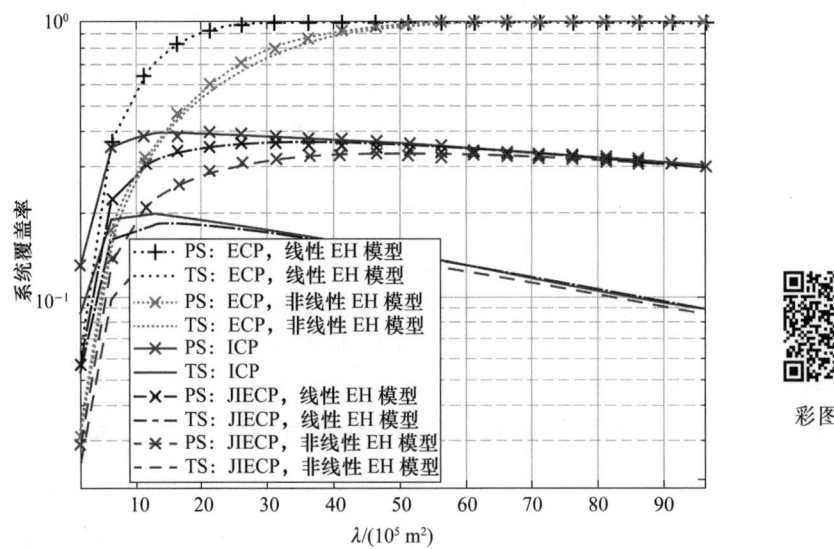

彩图 6.4

图 6.4　系统覆盖率与 λ 的关系

6.5.3　UAV 部署高度和传输功率对网络覆盖率的影响

图 6.5 绘制了线性和非线性 EH 模型下系统覆盖率与 P_t 的关系。可以看出,系统覆盖率随着 P_t 的增大而先增加然后趋于稳定,因为干扰也会随着 P_t 的增大而增加。此外,随着 P_t 的增大,基于非线性 EH 模型的 ECP 之间的差距相对较小,这意味着就 P_t 而言,非线性 EH 模型对 EH 的影响相对较小。

图 6.6 展示了线性和非线性 EH 模型下 JIECP 与 P_t 和 z 的关系。可以看出,随着 z 的增加,由于路径损耗的衰落,系统覆盖率降低。与 z 相比,P_t 对系统覆盖率的影响相对较大。因为当 z 变大时,UAV 需要更多的能量来满足信息和能量收集的需求。

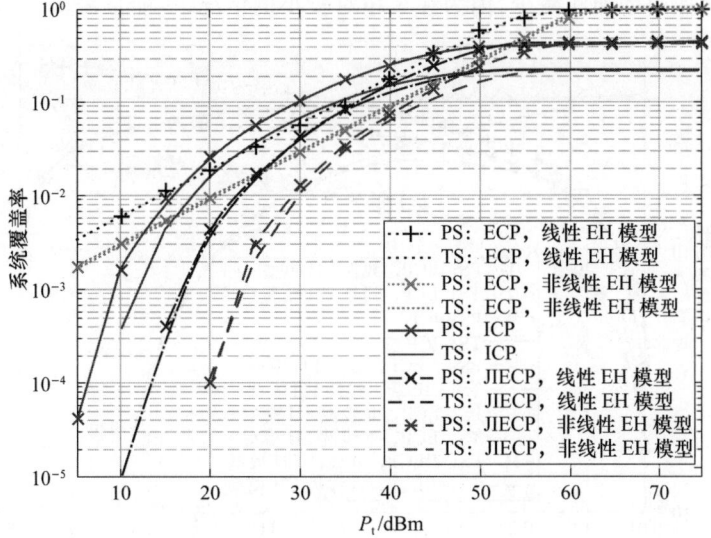

彩图 6.5

图 6.5 系统覆盖率与 P_t 的关系

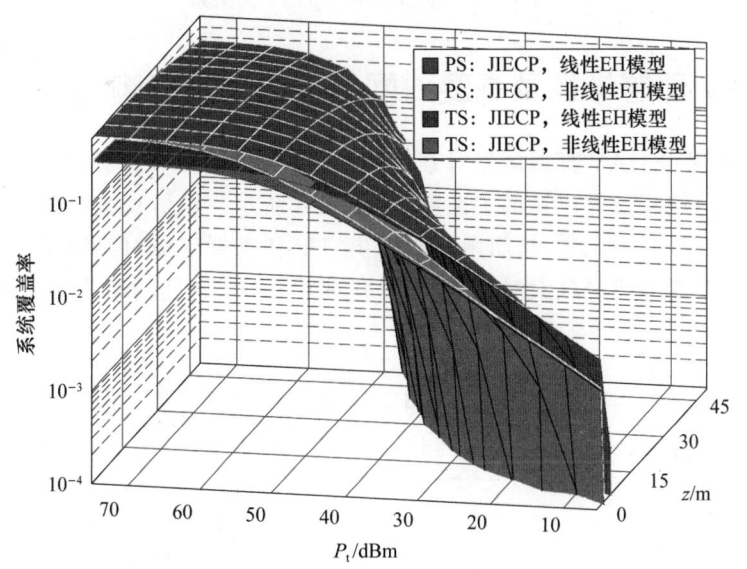

彩图 6.6

图 6.6 信息-能量覆盖率与 P_t 和 z 的关系

6.5.4 PS 和 TS 因子对网络覆盖率的影响

为了探索 ρ 和 α 对系统覆盖率的影响,基于线性和非线性 EH 模型,本节绘制了系统覆盖率与 ρ 和 α 的关系图,如图 6.7 所示。可以观察到,ICP 随 ρ(或 α)的增加而减小,而 ECP 随 ρ(或 α)的增加而增大。因为信息传输的表达式是关于 ρ 和 α 的递减函数,即式(6-8)和式(6-11),而收集能量的表达式是关于 ρ 和 α 的递增函数,即式(6-9)和式(6-12)。此外,由于 ID 和 EH 之间存在折衷,基于 PS 系统的 JIECP 随着 ρ 的增加先增加后减少,并且针对线性和非线性 EH 模型有不同的最优 ρ 存在。另外,基于 TS 系统的 ECP 和 JIECP 开始为零,

然后随着 α 的增加而增加和减少，因为在 α 相对较小的情况下，能量需求 q_0 无法满足。

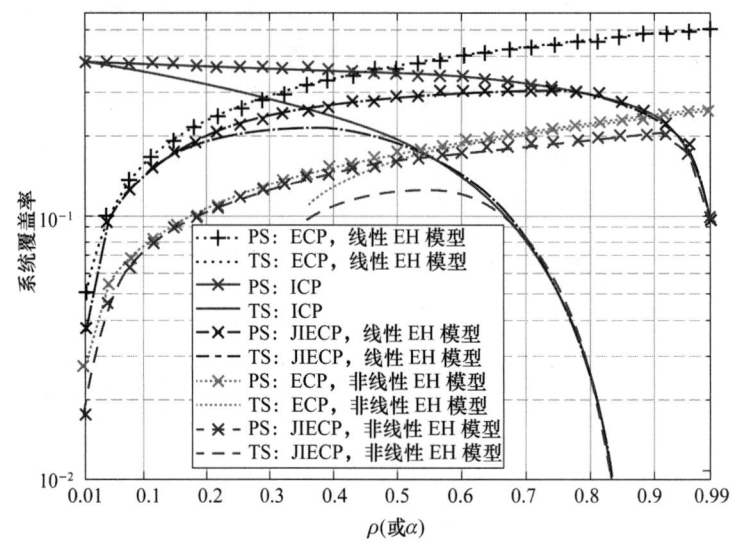

图 6.7　系统覆盖率与 ρ 和 α 的关系

6.5.5　UAV 部署半径及高度对网络覆盖率的影响

为了清楚地展示 UAV 部署区域对系统覆盖性能的影响，本节采用蒙特卡洛方法绘制了系统覆盖率与 UAV 部署区域的关系图，如图 6.8 所示。在仿真实验中，UAV 部署区域被设置为 $\pi \times 500 \times 500$ m²。① 从图中可以看出，UAV 部署区域对系统覆盖性能的影响很小。因为当 UAV 部署半径较大时，其部署区域对系统覆盖性能的影响不明显，即系统覆盖性能趋于稳定。

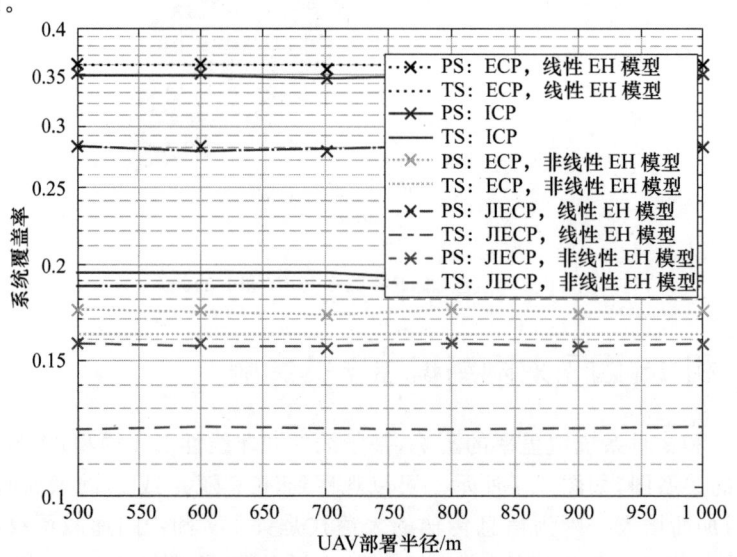

图 6.8　系统覆盖率与 UAV 随机部署半径的关系

---

① 类似于文献[168-170]，假设 UAV 在无限空间中以密度 λ 分布部署。

此外，为了进一步讨论 UAV 飞行高度对系统性能的影响，图 6.9 给出了关于 UAV 飞行高度的仿真结果。根据理论推导结果，图 6.9(a)绘制了系统覆盖率与 UAV 飞行高度的关系。结果表明，由于路径损耗衰减较大，系统覆盖率随着 UAV 飞行高度的增加而降低。图 6.9(b)和图 6.9(c)分别通过平均蒙特卡洛试验，描述了 UAV 飞行高度对基于 PS 和基于 TS 的 GSUs 接收干扰、ID 和 EH 的影响。由此可见，随着 UAV 飞行高度的增加，干扰逐渐减小。干扰对 ID 和 EH 都有影响，但对于 ID 的影响大于 EH。

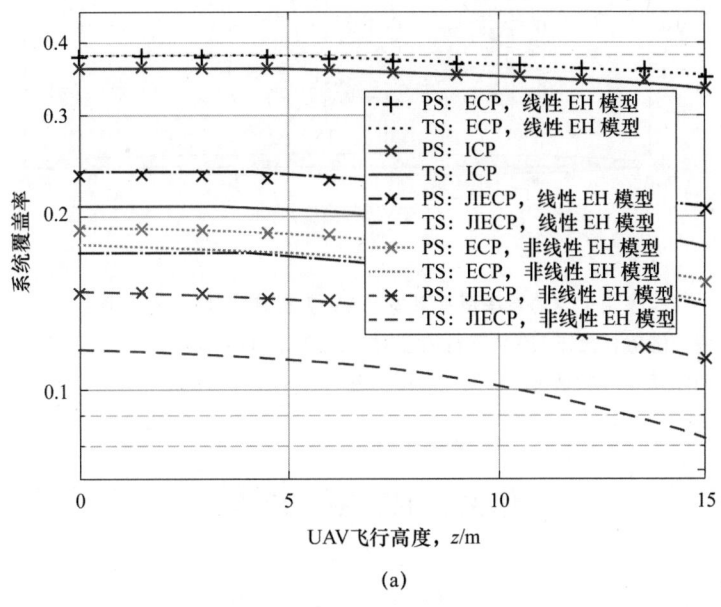

(a)

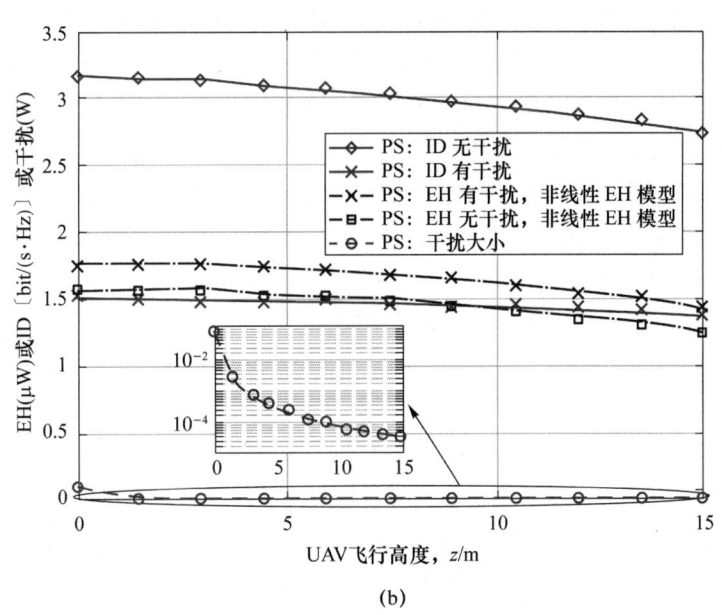

(b)

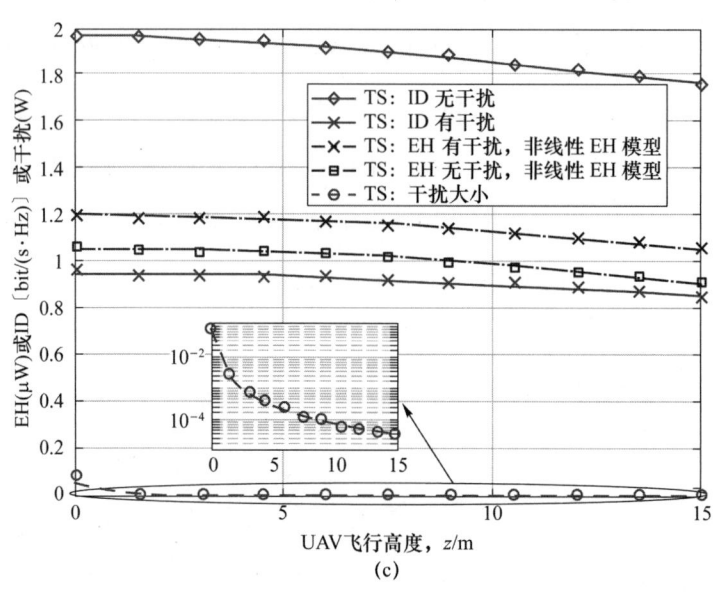

图 6.9 (a)系统覆盖率与 UAV 飞行高度(即 z)的关系;
(b)通过蒙特卡洛仿真验证 UAV 飞行高度对基于 PS 的 GSUs 接收干扰、ID 和 EH 的影响;
(c)通过蒙特卡洛仿真验证 UAV 飞行高度对基于 TS 的 GSUs 接收干扰、ID 和 EH 的影响

6.6 本章小结

本章基于线性和非线性 EH 模型研究 UAV 辅助的 SWIPT 网络系统的覆盖率问题,其中 UAVs 在固定飞行高度的平面内随机部署且服从 2-DPPP。UAVs 作为飞行基站期望给 GSU 传输信息,同时 GSU 考虑采用 PS 或者 TS 接收机结构可以从 UAVs 传输的 RF 信号中收集一部分能量进行充电。研究目标是探索 UAV 辅助的 SWIPT 网络系统的覆盖率的性能界。本章主要包括以下创新点和结论。

- 针对该系统,利用 SG 方法分别推导出了基于 PS 和基于 TS 系统的信息和能量覆盖率的一般表达式和闭式表达式。
- 虽然相邻 UAV 的干扰有利于 EH,但也给能量覆盖率的计算带来了很大的挑战。为此,通过计算相邻 UAV 干扰的平均能量,并利用坎贝尔定理得到了相对较紧的能量覆盖率。
- 同时探究了传统线性 EH 模型和非线性 EH 模型对系统覆盖性能的影响。最后,仿真结果表明线性 EH 模型带来的偏差较明显,虽然非线性 EH 模型比线性 EH 模型具有更低的覆盖率,但避免了线性 EH 模型的错误的系统性能评估。
- 非线性 EH 模型的复杂性给理论推导带来了一定的难度,不能直接推导得到闭式的结果。尽管如此,本章为了探讨 UAV 辅助的 SWIPT 的信息和能量的覆盖性能界,考虑了 IoT 典型网络场景如智能农业、智能交通等,采用瑞利信道模型进行研究,这为更复杂的网络场景以及更复杂的信道模型的应用,提供了一定的理论指导意义。此外,对于 UAV 辅助的网络进行研究,UAV 通信信道的 CSI 极为重要,可以利用人工智能(ArtificialIntelligence,AI)技术对实际 UAV 网络中的 CSI 进行学习评估,这是未来相关研究工作需要考虑研究的内容。

第 7 章

总结与展望

7.1 总　　结

随着互联网的快速发展,人的连接已经接近上限,物的连接才刚刚启动,万物互联是大势所趋。5G 的出现和全面覆盖可满足 IoT 高可靠、高速率、低功耗等需求,解决了 IoT 应用难题,使得 IoT 能够在各个场景大规模地应用。而就某些 IoT 和 WSN 等网络设备而言,低功耗才是真正的及时雨。比如绿色大棚里的小型监控设备,如何能让其在特定时间完成数据上传,而其他时间完全不耗电,这才是最大的需求。除了无线低功耗设备在使用中要节省能源消耗,在生产上也可以利用可再生能源或者环境中辐射的能源取代不可再生能源。为此,无线 EH 技术便应运而生,从周围的环境中采集可再生能源或可重复利用能源为网络节点设备持续供电。结合 WIT 和 WPT 技术,有望为未来无线能量受限网络,在保证其节点设备能量供给和网络信息有效传输的同时,降低网络能量消耗并延长网络的工作时间。

首先,本书基于非线性 EH 模型,考虑同构和异构多用户 SWIPT 网络,研究了系统传输功率最小化问题,优化设计了波束赋形向量、PS 因子以及 TS 因子。其次,本书基于非线性 EH 模型研究分析了多中继非完美 CSI 下 SWIPT 网络系统的性能,提出了多中继和多天线选择方案,推导得到了系统中断概率和可靠吞吐量闭式表达式。再次,本书基于非线性 EH 模型探究了地面移动 SWIPT 网络的信息-能量域最大化问题,优化设计了时间域上的 PS 因子和传输功率大小。最后,本书基于非线性 EH 模型探索了低空移动 SWIPT 网络信息和能量覆盖率性能界,利用 SG 推导出了信息、能量、联合信息-能量覆盖率的闭式表达式。

本书主要创新点和结论归纳如下。

① 针对同构多用户 SWIPT 网络,基于非线性 EH 模型研究了同构多用户 SWIPT 网络系统传输功率最小化问题,即在分别满足用户的能量和信息需求的约束下,联合优化波束赋形向量和 PS 因子,最小化网络所需总传输功率。由于优化变量间的耦合性以及非线性 EH 模型的非凸性,优化问题难以求解,采用了 SDR 和变量替换的方法进行求解。在多个同构用户不完全共存的场景下,本书从理论上证明了所提出求解方法保证了优化问题的全局最优性。在多个同构用户完全共存的场景下,本书通过仿真讨论了问题的全局最优性。

仿真结果验证了所提出的求解方法的可行性和准确性,并且表明了虽然传统的线性 EH 模型在某些系统场景情况下适用于实际的 EH 电路,但相应的设计系统比非线性 EH 模型下设计的系统消耗更多的发射功率。

② 针对异构多用户 SWIPT 网络,本书基于非线性 EH 模型研究了异构多 PS 用户和 TS 用户共存 SWIPT 网络系统的传输功率最小化问题,即在分别满足 PS 用户和 TS 用户的信息和能量需求的约束下,联合优化波束赋形向量、PS 和 TS 因子,最小化网络所需总传输功率。由于优化问题非凸,本书提出了一种两层算法对优化问题进行求解,并从理论上证明了该算法的全局最优性。由于两层算法复杂度较高,本书还提出了一种 SCA 算法,其能够利用一阶泰勒近似找到低复杂度的近似最优解。研究表明,在相同的 EH 需求下,TS 用户比 PS 用户更容易进入实际 EH 电路的饱和区,TS 用户的 EH 效率高于 PS 用户。此外,在可行域内,非线性 EH 模型下的最小传输功率远低于线性 EH 模型下的最小传输功率。

③ 针对非完美 CSI 下多中继 SWIPT 网络,本书基于非线性 EH 模型研究了系统中断概率和可靠吞吐量性能。本书提出了一种基于 J 次最佳中继选择和发射天线选择的传输协议,使得信息和功率在具有最大瞬时功率增益的信道上传输。本书利用非线性 EH 模型和非完美 CSI 分析了瑞利衰落下系统的信息传输性能,推导得到了系统中断概率和可靠吞吐量的闭式表达式。为了得到更简洁的结果,在低 SNR 和高 SNR 下,本书推导出了相应的近似表达式。结果表明,得到的理论结果与蒙特卡洛仿真结果吻合,证明了理论分析结果的有效性。源-中继链路的不完美 CSI 对系统性能的影响要大于中继-目的节点链路的不完美 CSI 对系统性能的影响。此外,采用非线性 EH 模型可以减少线性 EH 模型对系统性能的错误评估。

④ 针对地面移动 SWIPT 网络,本书基于线性、非线性分段式和非线性逻辑 EH 模型研究了系统的 I-E 域。为了刻画接收到的信息和收集的能量之间的权衡,本书首先定义了 I-E 域,并建立了相应的优化问题,联合优化了发射功率和接收端 PS 因子,探索了系统 I-E 域。为了有效地解决非线性逻辑 EH 模型下非凸优化问题,本书提出了 SCA 算法,该算法能够以较低的复杂度得到系统 I-E 域的下界。针对线性和分段式 EH 模型下凸的优化问题,本书利用拉格朗日对偶方法和 KKT 条件,得到了一些闭式解和半闭式解。结果表明,与线性和分段式 EH 模型下系统 I-E 域相比,由于实际 EH 电路特性的限制,逻辑 EH 模型下系统 I-E 域更小。在固定的移动速度下,当发射功率较大时,可以用分段式 EH 模型代替逻辑 EH 模型,由于其对应的 I-E 域差距较小,并且分段式 EH 模型下 I-E 域计算复杂度较低。此外,在给定的移动时间内,移动速度越快,3 种 EH 模型下的 I-E 域越小。

⑤ 针对低空移动 SWIPT 网络,本书基于非线性 EH 模型研究了 UAV 辅助的 SWIPT 网络的信息和能量的覆盖率问题。利用 SG 方法,本书推导得到了基于 PS 和基于 TS 系统的信息传递、能量收集以及联合信息和能量覆盖率的一般表达式和显式表达式。虽然相邻 UAV 带来的干扰有利于 EH,但也给能量覆盖率的计算带来了很大挑战。为此,本书通过计算相邻 UAV 干扰的平均能量,并利用坎贝尔定理推导得到了相对较紧的能量覆盖率表达式。结果表明,与非线性 EH 模型相比,线性 EH 模型引起的系统分析结果偏差明显,虽然非线性 EH 模型的覆盖率比线性 EH 模型低,但避免了线性 EH 模型带来的错误的系统性能评估。此外,非线性 EH 模型对基于 TS 系统的能量覆盖率的影响比基于 PS 系统的大。但是,基于 PS 系统的覆盖性能要优于基于 TS 系统的。

7.2 展　　望

　　移除连接蜂窝设备和电网进行充电的电源线是未来蜂窝通信系统的一个设想解决方案。SWIPT 技术同时传输信息和能量在海量无线通信网络中引起了广泛关注,并被认为是实现这一设想的一个有前途的解决方案。SWIPT 的实现将给未来移动通信设计带来根本性的变化和新的挑战。为此,本书基于非线性 EH 模型,考虑实际网络中用户类型的多样性,研究了同构到异构 SWIPT 多用户网络系统所需功率最小化问题;考虑源端到目的端不存在直连链路或者距离较远的网络情况,探究了多用户多中继非完美 CSI 下 SWIPT 网络的系统中断概率和可靠吞吐量性能界;考虑实际网络场景的移动性,研究了从地面移动到低空移动 SWIPT 网络系统的信息和能量之间的折中和覆盖问题。针对研究的不足,结合当前关于 SWIPT 的研究和其未来的发展趋势,总结现阶段关于 SWIPT 主要探讨的研究点如下。

　　① 中继 SWIPT 网络中信息和能量传输自适应切换的研究。目前的研究大多考虑中继 SWIPT 网络中的能量传输,很少关注接收端的能量消耗,而这在制订合适的调度方案时不可被忽视。何时将中继切换为接收机或者发射机,以及何时保持休眠,都需要进行适当的考虑。中继 SWIPT 系统的研究主要集中在短距离通信上,但也需要对长距离通信进行研究。在中继 SWIPT 网络中,中继的电池可能会被 EH 溢出较长时间,或中继可能会因为没有足够的能量而不能正常工作。因此,中继 SWIPT 系统的信息和能量传输之间应该具有自适应切换操作,使具有 SWIPT 功能的中继不会溢出或面临能量不足的情况,这也是目前关于中继 SWIPT 一个有待解决的问题。

　　② 非移动/移动多中继(可以是 UAV)SWIPT 网络中中继调度问题的研究。中继 SWIPT 网络可以应用在车载移动网络中,比如 UAV 可以结合 SWIPT,为远程节点、无线设备或者用户提供信息和能量传输服务。在中继 SWIPT 中继网络中,可以通过多个源或目的节点同时使用一个或者多个中继来提高 QoS 或者提高能量效率等。因此,在存在多个中继节点时,如何协调调度中继,如何部署移动空中基站或空中中继,也是 SWIPT 非移动/移动多中继 SWIPT 网络中一个值得研究的问题。为此,机器学习(Machine Learning,ML)方法在中继 SWIPT 网络中的应用得到了关注,其可以提高中继节点的整体性能。ML 可以应用于中继节点,了解周围环境,从而做出正确、快速的路由决策,进行最优的调度以及最佳的资源分配等。如何应用 ML 于非移动/移动多中继 SWIPT 网络解决中继调度问题也是一个待探讨的问题。

　　③ 高速移动场景中 SWIPT 网络系统性能的研究。在无线网络中,节点、电源和信息网关的高速移动是一个重要的问题。5G 系统的设想是,在高速铁路场景中,以高达 500 km/h 的速度运行,实现高达 150 Mbit/s 的数据速率。由于 EH 和信息传输的时变特性,移动节点的资源分配方案必须具有实时性和自适应性。节点的功率大小会因为移动性而降低,从而影响网络系统性能。此外,移动性问题也影响网络 CSI 的可用性,这给研究的实现带来了巨大的挑战。先前的波束赋形技术可以用来缓解这一问题,但关于移动 SWIPT 网络的研究却很少,需要更多的关注、进一步的研究。此外,由于移动性管理,路由和动态资源分

配,以及多普勒频移会降低和自适应波束的形成,高移动性对网络设计也提出了挑战。

④ 基于信息年龄(Age of Information,AoI)的 SWIPT 网络优化设计的研究。基于 RF 信号的 EH 技术可以为无线低功耗设备提供持久、稳定的能量供给,使网络具有自我能量供给的能力,是构建万物智联网络的重要技术。信息时效性对各种智能应用也至关重要,使得 AoI 成为一个新的关键网络系统性能评估指标。然而 RF 能量传输需占用通信资源,采能和用能之间存在时间上的因果关系,给保障网络的 AoI 性能带来了困难和挑战。如何深入理解 EH、信息传输对 AoI 性能的影响,构建满足信息时效性需求的高效的无线信息和能量传输机制是亟待研究的问题。此外,目前对此展开的研究较少,对基于 AoI 的 SWIPT 网络设计理论与方法的研究还有待进一步完善。

⑤ 结合 AI 技术,探究 SWIPT 网络系统的性能。如何充分挖掘 AI 在未来后 5G (Beyond 5G,B5G)和 6G 等无线通信中的潜力,是目前极为热门的跨学科研究主题。一方面,AI 通过强大的学习和自适应功能,可以为无线通信增强智能资源管理能力;另一方面,将 AI 应用于无线通信资源管理中需要新的网络体系架构和系统模型,以及标准化的接口/协议/数据格式,以便于 AI 在未来 B5G/6G 网络中大规模应用。对于未来无线通信,应用 AI 技术,可以支持海量连接,提高资源效率;处理大量数据,从数据中学习;满足多样化 QoS 需求,提供高效定制的解决方案。因此,基于 AI 技术的优点,可以利用机器学习评估 CSI,尤其是 UAV 和地面用户之间的通信信道的学习。根据学习的 CSI,可以进一步挖掘出实际 UAV 辅助无线网络的系统性能,从而能够提高网络的通信效率。此外,利用基于 AI 的网络切片技术也为解决用户需求的多样性提供了新的网络架构模型,从而能够更加综合地管理网络资源以及实现复用。

参 考 文 献

[1] Center C I N I. The 40th China statistical report on internet development [J]. Office of the Central Leading Group for Cyberspace Affairs, 2017.

[2] Chettri L, Bera R. A comprehensive survey on Internet of Things (IoT) toward 5G wireless systems [J]. IEEE Internet of Things Journal, 2019, 7(1):16-32.

[3] Al-Fuqaha A, Guizani M, Mohammadi M, et al. Internet of things: a survey on enabling technologies, protocols, and applications [J]. IEEE Communications Surveys & Tutorials, 2015, 17(4):2347-2376.

[4] Liu Y, Zhang Y, Yu R, et al. Integrated energy and spectrum harvesting for 5G wireless communications [J]. IEEE Network, 2015, 29(3):75-81.

[5] Weldon M K. The future X network: a Bell Labs perspective [M]. Florida: CRC Press, 2016.

[6] Hossain M A, Noor R M, Yau K L A, et al. A survey on simultaneous wireless information and power transfer with cooperative relay and future challenges [J]. IEEE Access, 2019, 7:19166-19198.

[7] Ngo H Q, Larsson E G, Marzetta T L. Energy and spectral efficiency of very large multiuser MIMO systems [J]. IEEE Transactions on Communications, 2013, 61(4):1436-1449.

[8] Mao Y, Zhang J, Letaief K B. A Lyapunov optimization approach for green cellular networks with hybrid energy supplies [J]. IEEE Journal on Selected Areas in Communications, 2015, 33(12):2463-2477.

[9] Lu X, Wang P, Niyato D, et al. Wireless networks with RF energy harvesting: a contemporary survey [J]. IEEE Communications Surveys & Tutorials, 2014, 17(2):757-789.

[10] Ma D, Lan G, Hassan M, et al. Sensing, computing, and communications for energy harvesting IoTs: a survey [J]. IEEE Communications Surveys & Tutorials, 2019, 22(2):1222-1250.

[11] Eshaghi M. An energy harvesting solution for IoT sensors using MEMS technology [M]. Canada: University of Windsor, 2018.

[12] Liu V, Parks A, Talla V, et al. Ambient backscatter: wireless communication out of thin air [J]. ACM SIGCOMM Computer Communication Review, 2013, 43(4): 39-50.

[13] Hertz H. Dictionary of scientific biography [J]. Scribner, 1990, 6:340-349.

[14] Cheney M. Tesla: man out of time [M]. Simon and Schuster, 2011.

[15] Glaser E G. Power from the sun: its future [J]. Science, 1968, 162(3856): 857-861.

[16] Jull A L, Turner R M. SHARP (stationary high altitude relay platform) telecommunications missions and systems[C]// Proceedings of GLOBECOM'85-Global Telecommunications Conference. New Orleans, USA, 1989: 955-959.

[17] Shinohara N. Beam control technologies with a high-efficiency phased array for microwave power transmission in Japan [J]. IEEE, 2013, 101(6):1448-1463.

[18] Weigan Z Y, Geyi W. Power transmission by microwave-a propulsion for modernization construction [J]. Science and Technology Review, 1994, 3:31-34.

[19] Luk L S. Point-to-point wireless power transportation in reunion island [C]// Proceedings of 48th International Astronautical Congress. Turin, Italy, 1997.

[20] Kurs e a. Wireless power transfer via strongly coupled magnetic resonances [J]. Science, 2007, 317(5834):83-86.

[21] Whitesides L H. Researchers beam 'space' solar power in hawaii [J]. Wired, 2008.

[22] Zeng Y, Clerckx B, Zhang R. Communications and signals design for wireless power transmission [J]. IEEE Transactions on Communications, 2017, 65(5): 2264-2290.

[23] Kim S, Vyas R, Bito J, et al. Ambient RF Energy-Harvesting Technologies for Self-Sustainable Standalone Wireless Sensor Platforms[J]. Proceedings of the IEEE, 2014, 102(11):1649-1666.

[24] Ku M L, Li W, Chen Y, et al. Advances in energy harvesting communications: past, present, and future challenges [J]. IEEE Communications Surveys & Tutorials, 2015, 18(2):1384-1412.

[25] Alsaba Y, Rahim S K A, Leow C Y. Beamforming in wireless energy harvesting communications systems: a survey [J]. IEEE Communications Surveys & Tutorials, 2018, 20(2):1329-1360.

[26] RF energy harvest & wireless power[EB/OL]. https://www.powercastco.com/.

[27] Dialog semiconductor and Energous[EB/OL]. https://www.dialog-semiconductor.com/node/3708.

[28] Zhang Xu, Jesus G, Jose L V-R, et al. Two-dimensional MoS2-enabled flexible rectenna for Wi-Fi-band wireless energy harvesting [J]. Nature, 2019, 566(7744): 368-372.

[29] Mophie introduces multi-device 4-in-1 wireless charging mat to combat cable-clutter [EB/OL]. https://stockhouse.com/news/press-releases/2020/10/20/.

[30] Xiaomi introduces pioneering 80W Mi wireless charging technology [EB/OL]. https://blog.mi.com/en/2020/10/19/xiaomi-introduces-pioneering-80w-mi-wireless-charging-technology/.

[31] Clerckx B, Zhang R, Schober R, et al. Fundamentals of wireless information and power transfer: from RF energy harvester models to signal and system designs [J]. IEEE Journal on Selected Areas in Communications, 2018, 37(1):4-33.

[32] Kim J, Clerckx B, Mitcheson P D. Experimental analysis of harvested energy and throughput trade-off in a realistic SWIPT system [C]// Proceedings of 2019 IEEE Wireless Power Transfer Conference (WPTC). London, United Kingdom, 2019: 1-5.

[33] Clerckx B, Kim J. On the beneficial roles of fading and transmit diversity in wireless power transfer with nonlinear energy harvesting [J]. IEEE Transactions on Wireless Communications, 2018, 17(11):7731-7743.

[34] Perera T D P, Jayakody D N K, Sharma S K, et al. Simultaneous wireless information and power transfer (SWIPT): recent advances and future challenges [J]. IEEE Communications Surveys & Tutorials, 2017, 20(1):264-302.

[35] Varshney L R. Transporting information and energy simultaneously [C]// Proceedings of 2008 IEEE International Symposium on Information Theory. Toronto, Ontario Canada, 2008: 1612-1616.

[36] Huang J, Xing C C, Wang C. Simultaneous wireless information and power transfer: technologies, applications, and research challenges [J]. IEEE Communications Magazine, 2017, 55(11):26-32.

[37] Xu J, Liu L, Zhang R. Multiuser MISO beamforming for simultaneous wireless information and power transfer [J]. IEEE Transactions on Signal Processing, 2014, 62(18):4798-4810.

[38] Zhang R, Ho C K. MIMO broadcasting for simultaneous wireless information and power transfer [J]. IEEE Transactions on Wireless Communications, 2013, 12(5): 1989-2001.

[39] Liu L, Zhang R, Chua K C. Wireless information transfer with opportunistic energy harvesting [J]. IEEE Transactions on Wireless Communications, 2012, 12(1):288-300.

[40] Benkhelifa F, Salem A S, Alouini M S. Sum-rate enhancement in multiuser MIMO decode-and-forward relay broadcasting channel with energy harvesting relays [J]. IEEE Journal on Selected Areas in Communications, 2016, 34(12):3675-3684.

[41] Tam H H M, Tuan H D, Nasir A A, et al. MIMO energy harvesting in full-duplex multi-user networks [J]. IEEE Transactions on Wireless Communications, 2017, 16(5):3282-3297.

[42] Hu Z, Wei N, Zhang Z. Optimal resource allocation for harvested energy maximization in wideband cognitive radio network with SWIPT [J]. IEEE Access,

2017, 5:23383-23394.

[43] Xiong K, Fan P, Zhang C, et al. Wireless information and energy transfer for two-hop non-regenerative MIMO-OFDM relay networks [J]. IEEE Journal on Selected Areas in Communications, 2015, 33(8):1595-1611.

[44] Di X, Xiong K, Fan P, et al. Simultaneous wireless information and power transfer in cooperative relay networks with rateless codes [J]. IEEE Transactions on Vehicular Technology, 2016, 66(4):2981-2996.

[45] Xiong K, Zhang Y, Chen Y, et al. Power splitting based SWIPT in network-coded two-way networks with data rate fairness: an information-theoretic perspective [J]. China Communications, 2016, 13(12):107-119.

[46] Ali Z, Sidhu G A S, Zhang S, et al. Achieving green transmission with energy harvesting based cooperative communication [J]. IEEE Access, 2018, 6: 27507-27517.

[47] Wang S, Xia M, Wu Y C. Multipair two-way relay network with harvest-then-transmit users: resolving pairwise uplink-downlink coupling [J]. IEEE Journal of Selected Topics in Signal Processing, 2016, 10(8):1506-1521.

[48] Bannour A, Sacchi C, Sun Y. MIMO-OFDM based energy harvesting cooperative communications using coalitional game algorithm [J]. IEEE Transactions on Vehicular Technology, 2017, 66(12):11166-11179.

[49] Tang J, Luo J, Liu M, et al. Energy efficiency optimization for NOMA with SWIPT [J]. IEEE Journal of Selected Topics in Signal Processing, 2019, 13(3): 452-466.

[50] Ye Y, Li Y, Wang D, et al. Power splitting protocol design for the cooperative NOMA with SWIPT [C]// Proceedings of 2017 IEEE International Conference on Communications (ICC). Paris, France, 2017: 1-5.

[51] Lim D W, Kang J, Chun C J, et al. Joint transmit power and time-switching control for device-to-device communications in SWIPT cellular networks [J]. IEEE Communications Letters, 2018, 23(2):322-325.

[52] Sreelakshmy K, Jacob L. SWIPT techniques in multi-tier D2D networks for energy efficiency [C]// Proceedings of TENCON 2019-2019 IEEE Region 10 Conference (TENCON). Kochi, India, 2019: 123-128.

[53] Clerckx B, Costanzo A, Georgiadis A, et al. Toward 1G mobile power networks: RF, signal, and system designs to make smart objects autonomous [J]. IEEE Microwave Magazine, 2018, 19(6):69-82.

[54] Boshkovska E, Ng D W K, Zlatanov N, et al. Practical non-linear energy harvesting model and resource allocation for SWIPT systems [J]. IEEE Communications Letters, 2015, 19(12):2082-2085.

[55] Chen Y, Sabnis K T, Abd-Alhameed R A. New formula for conversion efficiency of RFEH and its wireless applications [J]. IEEE Transactions on Vehicular

Technology, 2016, 65(11):9410-9414.

[56] Dong Y, Hossain M J, Cheng J. Performance of wireless powered amplify and forward relaying over Nakagami-m fading channels with nonlinear energy harvester [J]. IEEE Communications Letters, 2016, 20(4):672-675.

[57] Wang S, Xia M, Huang K, et al. Wirelessly powered two-way communication with nonlinear energy harvesting model: rate regions under fixed and mobile relay [J]. IEEE Transactions on Wireless Communications, 2017, 16(12):8190-8204.

[58] Xu X, Özçelikkale A, McKelvey T, et al. Simultaneous information and power transfer under a non-linear RF energy harvesting model [C]// Proceedings of 2017 IEEE International Conference on Communications Workshops (ICC Workshops). Paris, France, 2017: 179-184.

[59] Chen Y, Zhao N, Alouini M S. Wireless energy harvesting using signals from multiple fading channels [J]. IEEE Transactions on Communications, 2017, 65(11):5027-5039.

[60] Alevizos P N, Bletsas A. Sensitive and nonlinear far-field RF energy harvesting in wireless communications [J]. IEEE Transactions on Wireless Communications, 2018, 17(6):3670-3685.

[61] Valenta C R, Durgin G D. Harvesting wireless power: survey of energy-harvester conversion efficiency in far-field, wireless power transfer systems [J]. IEEE Microwave Magazine, 2014, 15(4):108-120.

[62] Boshkovska E, Koelpin A, Ng D W K, et al. Robust beamforming for SWIPT systems with non-linear energy harvesting model [C]// Proceedings of 2016 IEEE 17th International Workshop on Signal Processing Advances in Wireless Communications (SPAWC). Edinburgh, UK, 2016: 1-5.

[63] Boshkovska E, Morsi R, Ng D W K, et al. Power allocation and scheduling for SWIPT systems with non-linear energy harvesting model [C]// Proceedings of 2016 IEEE International Conference on Communications (ICC). Kuala Lumpur, Malaysia, 2016: 1-6.

[64] Boshkovska E, Ng D W K, Zlatanov N, et al. Robust resource allocation for MIMO wireless powered communication networks based on a non-linear EH model [J]. IEEE Transactions on Communications, 2017, 65(5):1984-1999.

[65] Boshkovska E, Zlatanov N, Dai L, et al. Secure SWIPT networks based on a non-linear energy harvesting model [C]// Proceedings of 2017 IEEE Wireless Communications and Networking Conference Workshops (WCNCW). San Francisco, CA, 2017: 1-6.

[66] Boshkovska E, Ng D W K, Dai L, et al. Power-efficient and secure WPCNs with hardware impairments and non-linear EH circuit [J]. IEEE Transactions on Communications, 2017, 66(6):2642-2657.

[67] Boshkovska E, Chen X, Dai L, et al. Max-min fair beamforming for SWIPT

systems with non-linear EH model [C]// Proceedings of 2017 IEEE 86th Vehicular Technology Conference (VTC-Fall). Toronto, Canada, 2017: 1-6.

[68] Shi L, Zhao L, Liang K. Power allocation for wireless powered MIMO transmissions with non-linear RF energy conversion models [J]. China Communications, 2017, 14(2):57-64.

[69] Zhang J, Pan G. Outage analysis of wireless-powered relaying MIMO systems with non-linear energy harvesters and imperfect CSI [J]. IEEE Access, 2016, 4: 7046-7053.

[70] Pejoski S, Hadzi-Velkov Z, Schober R. Optimal power and time allocation for WPCNs with piece-wise linear EH model [J]. IEEE Wireless Communications Letters, 2017, 7(3):364-367.

[71] Wang S, Xia M, Wu Y C. Space-time signal optimization for SWIPT: linear versus nonlinear energy harvesting model [J]. IEEE Communications Letters, 2017, 22(2):408-411.

[72] Wang S, Xia M, Wu Y C. Multicast wirelessly powered network with large number of antennas via first-order method [J]. IEEE Transactions on Wireless Communications, 2018, 17(6):3781-3793.

[73] Ju H, Zhang R. Throughput maximization in wireless powered communication networks [J]. IEEE Transactions on Wireless Communications, 2013, 13(1): 418-428.

[74] Tran H V, Kaddoum G, Truong K T. Resource allocation in SWIPT networks under a nonlinear energy harvesting model: power efficiency, user fairness, and channel nonreciprocity [J]. IEEE Transactions on Vehicular Technology, 2018, 67(9):8466-8480.

[75] Lu Y, Xiong K, Fan P, et al. SWIPT for MISO wiretap networks: channel uncertainties and nonlinear energy harvesting features [C]// Proceedings of GLOBECOM 2017-2017 IEEE Global Communications Conference. Singapore, Singapore, 2017: 1-7.

[76] Lu Y, Xiong K, Liu J, et al. Secrecy energy efficiency in SWIPT networks with two-layer power-splitting receiver [C]// Proceedings of 2018 IEEE Globecom Workshops (GC Wkshps). Abu Dhabi, United Arab Emirates, 2018: 1-7.

[77] Lu Y, Xiong K, Fan P, et al. Robust transmit beamforming with artificial redundant signals for secure SWIPT system under non-linear EH model [J]. IEEE Transactions on Wireless Communications, 2018, 17(4):2218-2232.

[78] Zhang M, Cumanan K, Ni L, et al. Robust beamforming for AN aided MISO SWIPT system with unknown eavesdroppers and non-linear EH model [C]// Proceedings of 2018 IEEE Globecom Workshops (GC Wkshps). Abu Dhabi, United Arab Emirates, 2018: 1-7.

[79] Lu Y, Xiong K, Fan P, et al. Global energy efficiency in secure MISO SWIPT

[79] systems with non-linear power-splitting EH model [J]. IEEE Journal on Selected Areas in Communications, 2018, 37(1):216-232.

[80] Zhou F, Chu Z, Sun H, et al. Artificial noise aided secure cognitive beamforming for cooperative MISO-NOMA using SWIPT [J]. IEEE Journal on Selected Areas in Communications, 2018, 36(4):918-931.

[81] Sun H, Zhou F, Hu R Q, et al. Robust beamforming design in a NOMA cognitive radio network relying on SWIPT [J]. IEEE Journal on Selected Areas in Communications, 2018, 37(1):142-155.

[82] Niu H, Guo D, Huang Y, et al. Robust energy efficiency optimization for secure MIMO SWIPT systems with non-linear EH model [J]. IEEE Communications Letters, 2017, 21(12):2610-2613.

[83] Huang Y, Li Z, Zhou F, et al. Robust AN-aided beamforming design for secure MISO cognitive radio based on a practical nonlinear EH model [J]. IEEE Access, 2017, 5:14011-14019.

[84] Liu B, Bai Y, Lu G, et al. Optimal spectrum sensing interval in MISO cognitive Small cell networks [J]. IEEE Access, 2018, 6:3479-3490.

[85] Jang S, Lee H, Kang S, et al. Energy efficient SWIPT systems in multi-cell MISO networks [J]. IEEE Transactions on Wireless Communications, 2018, 17(12):8180-8194.

[86] Lu Y, Xiong K, Fan P, et al. Coordinated beamforming with artificial noise for secure SWIPT under non-linear EH model: centralized and distributed designs [J]. IEEE Journal on Selected Areas in Communications, 2018, 36(7):1544-1563.

[87] Kim J, Lee H, Park S H, et al. Minimum rate maximization for wireless powered cloud radio access networks [J]. IEEE Transactions on Vehicular Technology, 2018, 68(1):1045-1049.

[88] Xu K, Shen Z, Zhang M, et al. Beam-domain SWIPT for mMIMO system with nonlinear energy harvesting legitimate terminals and a non-cooperative terminal [J]. IEEE Transactions on Green Communications and Networking, 2019, 3(3):703-720.

[89] Benkhelifa F, Alouini M S. Practical nonlinear energy harvesting model in MIMO DF relay system with channel uncertainty [C]// Proceedings of 2018 IEEE Global Communications Conference (GLOBECOM). Abu Dhabi, United Arab Emirates, 2018:1-7.

[90] Liu X, Li Z, Wang C. Secure decode-and-forward relay SWIPT systems with power splitting schemes [J]. IEEE Transactions on Vehicular Technology, 2018, 67(8):7341-7354.

[91] Banerjee A, Maity S P. On residual energy maximization in cognitive relay networks with eavesdropping [J]. IEEE Systems Journal, 2018, 13(4):3836-3846.

[92] Hoang T M, Duy T T, Bao V N Q. On the performance of non-linear wirelessly

powered partial relay selection networks over Rayleigh fading channels [C]// Proceedings of 2016 3rd National Foundation for Science and Technology Development Conference on Information and Computer Science (NICS). Danang, Vietnam, 2016: 6-11.

[93] Wang K, Li Y, Ye Y, et al. Dynamic power splitting schemes for non-linear EH relaying networks: perfect and imperfect CSI [C]// Proceedings of 2017 IEEE 86th Vehicular Technology Conference (VTC-Fall). Toronto, ON, Canada, 2017: 1-5.

[94] Feng Y, Wen M, Ji F, et al. Performance analysis for BDPSK modulated SWIPT cooperative systems with nonlinear energy harvesting model [J]. IEEE Access, 2018, 6:42373-42383.

[95] Shi L, Cheng W, Ye Y, et al. Heterogeneous power-splitting based two-way DF relaying with non-linear energy harvesting [C]// Proceedings of 2018 IEEE Global Communications Conference (GLOBECOM). Abu Dhabi, United Arab Emirates, 2018: 1-7.

[96] Shi L, Ye Y, Hu R Q, et al. Energy efficiency maximization for SWIPT enabled two-way DF relaying [J]. IEEE Signal Processing Letters, 2019, 26(5):755-759.

[97] Xie X, Chen J, Fu Y. Outage performance and QoS optimization in full-duplex system with non-linear energy harvesting model [J]. IEEE Access, 2018, 6:44281-44290.

[98] Lu G, Shi L, Ye Y. Maximum throughput of TS/PS scheme in an AF relaying network with non-linear energy harvester [J]. IEEE Access, 2018, 6:26617-26625.

[99] Maleki M, Hoseini A M D, Masjedi M. Performance analysis of SWIPT relay systems over Nakagami-m fading channels with non-linear energy harvester and hybrid protocol [C]// Proceedings of Electrical Engineering (ICEE), Iranian Conference on. Mashhad, Iran, 2018: 610-615.

[100] Ye Y, Li Y, Shi L, et al. Improved hybrid relaying protocol for DF relaying in the presence of a direct link [J]. IEEE Wireless Communications Letters, 2018, 8(1):173-176.

[101] Nguyen K G, Vu Q D, Tran L N, et al. Energy efficiency fairness for multi-pair wireless-powered relaying systems [J]. IEEE Journal on Selected Areas in Communications, 2018, 37(2):357-373.

[102] Rao X, Yang P, Yan Y, et al. Optimal recharging with practical considerations in wireless rechargeable sensor network [J]. IEEE Access, 2017, 5:4401-4409.

[103] Wang W, Tang J, Zhao N, et al. Joint precoding optimization for secure SWIPT in UAV-aided NOMA networks [J]. IEEE Transactions on Communications, 2020.

[104] Park J, Lee H, Eom S, et al. UAV-aided wireless powered communication networks: trajectory optimization and resource allocation for minimum throughput maximization [J]. IEEE Access, 2019, 7:134978-134991.

[105] Dong Y, Cheng J, Hossain M J, et al. Extracting the most weighted throughput

in UAV empowered wireless systems with nonlinear energy harvester [C]// Proceedings of 2018 29th Biennial Symposium on Communications (BSC). Toronto, ON, Canada, 2018: 1-5.

[106] Zhang P, Wang Z, Zhang Q, et al. Max-min placement optimization for UAV enabled wireless powered networks with non-linear energy harvesting model [C]// Proceedings of 2020 IEEE 5th International Conference on Cloud Computing and Big Data Analytics (ICCCBDA). Chengdu, China, 2020: 436-439.

[107] Zhang Q, Wang Z, Zhang P, et al. Sum energy maximization for UAV-enabled wireless power transfer networks with nonlinear energy harvesting model [C]// Proceedings of 2020 IEEE 4th Information Technology, Networking, Electronic and Automation Control Conference (ITNEC). Chengdu, China, 2020: 1417-1420.

[108] Gao H, Ejaz W, Jo M. Cooperative wireless energy harvesting and spectrum sharing in 5G networks [J]. IEEE Access, 2016, 4:3647-3658.

[109] Xiong K, Fan P, Lu Y, et al. Energy efficiency with proportional rate fairness in multirelay OFDM networks [J]. IEEE Journal on Selected Areas in Communications, 2016, 34(5):1431-1447.

[110] Pan G, Lei H, Yuan Y, et al. Performance analysis and optimization for SWIPT wireless sensor networks [J]. IEEE Transactions on Communications, 2017, 65(5):2291-2302.

[111] Liu J, Xiong K, Fan P, et al. RF energy harvesting wireless powered sensor networks for smart cities [J]. IEEE Access, 2017, 5:9348-9358.

[112] Pan G, Tang C, Li T, et al. Secrecy performance analysis for SIMO simultaneous wireless information and power transfer systems [J]. IEEE Transactions on Communications, 2015, 63(9):3423-3433.

[113] Shi Q, Liu L, Xu W, et al. Joint transmit beamforming and receive power splitting for MISO SWIPT systems [J]. IEEE Transactions on Wireless Communications, 2014, 13(6):3269-3280.

[114] Mohjazi L, Ahmed I, Muhaidat S, et al. Downlink beamforming for SWIPT multi-user MISO underlay cognitive radio networks [J]. IEEE Communications Letters, 2016, 21(2):434-437.

[115] Xiong K, Wang B, Liu K R. Rate-energy region of SWIPT for MIMO broadcasting under nonlinear energy harvesting model [J]. IEEE Transactions on Wireless Communications, 2017, 16(8):5147-5161.

[116] Boyd S, Boyd S P, Vandenberghe L. Convex optimization [M]. Cambridge: Cambridge University Press, 2004.

[117] Chae S H, Jeong C, Lim S H. Simultaneous wireless information and power transfer for Internet of Things sensor networks [J]. IEEE Internet of Things Journal, 2018, 5(4):2829-2843.

[118] Wang L, Hu F, Ling Z, et al. Wireless information and power transfer to maximize information throughput in WBAN [J]. IEEE Internet of Things Journal, 2017, 4(5):1663-1670.

[119] Xiong K, Chen C, Qu G, et al. Group cooperation with optimal resource allocation in wireless powered communication networks [J]. IEEE Transactions on Wireless Communications, 2017, 16(6):3840-3853.

[120] Tang J, So D K, Zhao N, et al. Energy efficiency optimization with SWIPT in MIMO broadcast channels for Internet of Things [J]. IEEE Internet of Things Journal, 2017, 5(4):2605-2619.

[121] Kang J M, Kim I M, Kim D I. Wireless information and power transfer: rate-energy tradeoff for nonlinear energy harvesting [J]. IEEE Transactions on Wireless Communications, 2017, 17(3):1966-1981.

[122] Moon J H, Park J J, Kim D I. New reconfigurable nonlinear energy harvester: boosting rate-energy tradeoff [C]// Proceedings of 2018 IEEE 87th Vehicular Technology Conference (VTC Spring). Porto, Portugal, 2018: 1-5.

[123] Zhu Y, Wong K K, Zhang Y, et al. Geometric power control for time-switching energy-harvesting two-user interference channel [J]. IEEE Transactions on Vehicular Technology, 2016, 65(12):9759-9772.

[124] Lee H, Lee K J, Kim H, et al. Joint transceiver optimization for MISO SWIPT systems with time switching [J]. IEEE Transactions on Wireless Communications, 2018, 17(5):3298-3312.

[125] Chi C Y, Li W C, Lin C H. Convex optimization for signal processing and communications: from fundamentals to applications [M]. Boca Raton: CRC Press, 2017.

[126] Grant M, Boyd S. CVX: matlab software for disciplined convex programming, version 2.1 [M]. 2014.

[127] Luo Z Q, Ma W K, So A M C, et al. Semidefinite relaxation of quadratic optimization problems [J]. IEEE Signal Processing Magazine, 2010, 27(3): 20-34.

[128] Wang K Y, So A M C, Chang T H, et al. Outage constrained robust transmit optimization for multiuser MISO downlinks: tractable approximations by conic optimization [J]. IEEE Transactions on Signal Processing, 2014, 62(21): 5690-5705.

[129] Marks B R, Wright G P. A general inner approximation algorithm for nonconvex mathematical programs [J]. Operations Research, 1978, 26(4):681-683.

[130] He J, Tervo V, Zhou X, et al. A tutorial on lossy forwarding cooperative relaying [J]. IEEE Communications Surveys & Tutorials, 2018, 21(1):66-87.

[131] Du G, Xiong K, Zhang Y, et al. Outage analysis and optimization for four-phase two-way transmission with energy harvesting relay [J]. KSII Transactions on

Internet & Information Systems, 2014, 8(10).

[132] Nasir A A, Zhou X, Durrani S, et al. Relaying protocols for wireless energy harvesting and information processing [J]. IEEE Transactions on Wireless Communications, 2013, 12(7):3622-3636.

[133] Mukherjee A, Acharya T, Khandaker M R. Outage analysis for SWIPT-enabled two-way cognitive cooperative communications [J]. IEEE Transactions on Vehicular Technology, 2018, 67(9):9032-9036.

[134] Hu J, Yang K, Wen G, et al. Integrated data and energy communication network: a comprehensive survey [J]. IEEE Communications Surveys & Tutorials, 2018, 20(4):3169-3219.

[135] Do T P, Song I, Kim Y H. Simultaneous wireless transfer of power and information in a decode-and-forward two-way relaying network [J]. IEEE Transactions on Wireless Communications, 2017, 16(3):1579-1592.

[136] Lee H, Song C, Choi S H, et al. Outage probability analysis and power splitter designs for SWIPT relaying systems with direct link [J]. IEEE Communications Letters, 2016, 21(3):648-651.

[137] Zhang J, Pan G, Xie Y. Secrecy analysis of wireless-powered multi-antenna relaying system with nonlinear energy harvesters and imperfect CSI [J]. IEEE Transactions on Green Communications and Networking, 2017, 2(2):460-470.

[138] Chen X, Yuen C. On interference alignment with imperfect CSI: characterizations of outage probability, ergodic rate and SER [J]. IEEE Transactions on Vehicular Technology, 2015, 65(1):47-58.

[139] Ferdinand N S, Costa D B, Latva-aho M. Effects of outdated CSI on the secrecy performance of MISO wiretap channels with transmit antenna selection [J]. IEEE Communications Letters, 2013, 17(5):864-867.

[140] Gradshteyn I S, Ryzhik I M. Table of integrals, series, and products [M]. New York: Academic Press, 2014.

[141] Tomiuk B R, Beaulieu N C, Abu-Dayya A A. General forms for maximal ratio diversity with weighting errors [J]. IEEE Transactions on Communications, 1999, 47(4):488-492.

[142] Abramowitz M, Stegun I A. Handbook of mathematical functions with formulas, graphs, and mathematical tables [M]. US Government Printing Office, 1948.

[143] Navarro-Ortiz J, Romero-Diaz P, Sendra S, et al. A survey on 5G usage scenarios and traffic models [J]. IEEE Communications Surveys & Tutorials, 2020, 22(2): 905-929.

[144] Ansari R I, Chrysostomou C, Hassan S A, et al. 5G D2D networks: techniques, challenges, and future prospects [J]. IEEE Systems Journal, 2017, 12(4): 3970-3984.

[145] Kim I M, Kim D I, Kang J M. Rate-energy tradeoff and decoding error

probability-energy tradeoff for SWIPT in finite code length [J]. IEEE Transactions on Wireless Communications, 2017, 16(12):8220-8234.

[146] Gupta R, Chaturvedi A K, Budhiraja R. Improved rate-energy tradeoff for energy harvesting interference alignment networks [J]. IEEE Wireless Communications Letters, 2017, 6(3):410-413.

[147] Kim Y B, Shin D K, Choi W. Rate-energy region in wireless information and power transfer: new receiver architecture and practical modulation [J]. IEEE Transactions on Communications, 2018, 66(6):2751-2761.

[148] Tran H V, Kaddoum G. Robust design of AC computing-enabled receiver architecture for SWIPT networks [J]. IEEE Wireless Communications Letters, 2019, 8(3):801-804.

[149] Tran H V, Kaddoum G, Diamantoulakis P D, et al. Ultra-small cell networks with collaborative RF and lightwave power transfer [J]. IEEE Transactions on Communications, 2019, 67(9):6243-6255.

[150] Kang J M, Kim I M, Kim D I. Joint Tx power allocation and Rx power splitting for SWIPT system with multiple nonlinear energy harvesting circuits [J]. IEEE Wireless Communications Letters, 2018, 8(1):53-56.

[151] Jameel F, Wyne S, Javed M A, et al. Interference-aided vehicular networks: future research opportunities and challenges [J]. IEEE Communications Magazine, 2018, 56(10):36-42.

[152] Atallah R F, Assi C M, Yu J Y. A reinforcement learning technique for optimizing downlink scheduling in an energy-limited vehicular network [J]. IEEE Transactions on Vehicular Technology, 2016, 66(6):4592-4601.

[153] Atoui W S, Ajib W, Boukadoum M. Offline and online scheduling algorithms for energy harvesting RSUs in VANETs [J]. IEEE Transactions on Vehicular Technology, 2018, 67(7):6370-6382.

[154] Li T, Fan P, Chen Z, et al. Optimum transmission policies for energy harvesting sensor networks powered by a mobile control center [J]. IEEE Transactions on Wireless Communications, 2016, 15(9):6132-6145.

[155] Yin S, Zhao Y, Li L. UAV-assisted cooperative communications with time-sharing SWIPT [C]// Proceedings of 2018 IEEE International Conference on Communications (ICC). Kansas City, MO, USA, 2018:1-6.

[156] Wang H, Wang J, Ding G, et al. Resource allocation for energy harvesting-powered D2D communication underlaying UAV-assisted networks [J]. IEEE Transactions on Green Communications and Networking, 2018, 2(1):14-24.

[157] Cho Y S, Kim J, Yang W Y, et al. MIMO-OFDM wireless communications with MATLAB [M]. John Wiley & Sons, 2010.

[158] Gupta L, Jain R, Vaszkun G. Survey of important issues in UAV communication networks [J]. IEEE Communications Surveys & Tutorials, 2015, 18(2):

1123-1152.

[159] Ullah Z, Al-Turjman F, Mostarda L. Cognition in UAV-aided 5G and beyond communications: a survey [J]. IEEE Transactions on Cognitive Communications and Networking, 2020.

[160] Liu Y, Xiong K, Ni Q, et al. UAV-assisted wireless powered cooperative mobile edge computing: joint offloading, CPU control, and trajectory optimization [J]. IEEE Internet of Things Journal, 2019, 7(4):2777-2790.

[161] Zeng Y, Zhang R, Lim T J. Wireless communications with unmanned aerial vehicles: opportunities and challenges [J]. IEEE Communications Magazine, 2016, 54(5):36-42.

[162] Xu J, Zeng Y, Zhang R. UAV-enabled wireless power transfer: trajectory design and energy optimization [J]. IEEE Transactions on Wireless Communications, 2018, 17(8):5092-5106.

[163] Wu Q, Xu J, Zhang R. Capacity characterization of UAV-enabled two-user broadcast channel [J]. IEEE Journal on Selected Areas in Communications, 2018, 36(9):1955-1971.

[164] Feng W, Zhao N, Ao S, et al. Joint 3D trajectory design and time allocation for UAV-enabled wireless power transfer networks [J]. IEEE Transactions on Vehicular Technology, 2020.

[165] Yang Z, Xu W, Shikh-Bahaei M. Energy efficient UAV communication with energy harvesting [J]. IEEE Transactions on Vehicular Technology, 2019, 69(2):1913-1927.

[166] Zhou L, Yang Z, Zhou S, et al. Coverage probability analysis of UAV cellular networks in urban environments [C]// Proceedings of 2018 IEEE International Conference on Communications Workshops (ICC Workshops). Kansas City, MO, USA, 2018: 1-6.

[167] Zhou L, Ma H, Zhou S, et al. Coverage analysis and optimization of UAV networks with directional antennas [C]// Proceedings of 2018 IEEE International Conference on Communication Systems (ICCS). Chengdu, China, 2018: 120-125.

[168] Zhang C, Zhang W. Spectrum sharing for drone networks [J]. IEEE Journal on Selected Areas in Communications, 2016, 35(1):136-144.

[169] Wang X, Gursoy M C. Coverage analysis for energy-harvesting UAV-assisted mmWave cellular networks [J]. IEEE Journal on Selected Areas in Communications, 2019, 37(12):2832-2850.

[170] Wu H, Tao X, Zhang N, et al. Cooperative UAV cluster-assisted terrestrial cellular networks for ubiquitous coverage [J]. IEEE Journal on Selected Areas in Communications, 2018, 36(9):2045-2058.

[171] Turgut E, Gursoy M C, Guvenc I. Energy harvesting in unmanned aerial vehicle networks with 3D antenna radiation patterns [J]. IEEE Transactions on Green

Communications and Networking, 2020.

[172] Mulligan R, Ammari H M. Coverage in wireless sensor networks: a survey [J]. Network Protocols and Algorithms, 2010,2(2):27-53.

[173] Chen H Z, Xu M. The coverage problem in UAV network: a survey [C]// Proceedings of Fifth IEEE International Conference on Computing, Communications and Networking Technologies (ICCCNT). Hefei, China, 2014: 1-5.

[174] Andrews J G, Baccelli F, Ganti R K. A tractable approach to coverage and rate in cellular networks [J]. IEEE Transactions on communications, 2011, 59(11): 3122-3134.

[175] Kishk M A, Dhillon H S. Downlink performance analysis of cellular-based IoT network with energy harvesting receivers [C]// Proceedings of 2016 IEEE Global Communications Conference (GLOBECOM). Washington, DC, USA, 2016: 1-6.

[176] Lu X, Wang P, Niyato D, et al. Wireless charging technologies: fundamentals, standards, and network applications [J]. IEEE Communications Surveys & Tutorials, 2015, 18(2):1413-1452.

[177] Morsi R, Boshkovska E, Ramadan E, et al. On the performance of wireless powered communication with non-linear energy harvesting [C]// Proceedings of 2017 IEEE 18th International Workshop on Signal Processing Advances in Wireless Communications (SPAWC). Sapporo, Japan, 2017: 1-5.